Accounting IFRS
會計學

徐惠慈　著

重點內容與經典試題解析

東華書局

國家圖書館出版品預行編目資料

會計學：重點內容與經典試題解析（IFRS）/ 徐惠慈著. -- 1 版. -- 臺北市 : 臺灣東華, 2019.08

512 面 ; 19x26 公分

ISBN 978-957-483-977-3（平裝）

1. 會計學 2. 國際財務報導準則

495.1　　　　　　　　　　　　108013060

會計學：重點內容與經典試題解析 (IFRS)

著　　者	徐惠慈
發 行 人	陳錦煌
出 版 者	臺灣東華書局股份有限公司
地　　址	臺北市重慶南路一段一四七號三樓
電　　話	(02) 2311-4027
傳　　眞	(02) 2311-6615
劃撥帳號	00064813
網　　址	www.tunghua.com.tw
讀者服務	service@tunghua.com.tw
門　　市	臺北市重慶南路一段一四七號一樓
電　　話	(02) 2371-9320
出版日期	2020 年 10 月 1 版 2 刷

ISBN　　978-957-483-977-3

版權所有 ‧ 翻印必究

作者簡歷：

徐　惠　慈

現任：東吳大學會計學系專任講師

東吳大學會計學研究所碩士

裴陶裴榮譽學會會員

73 年會計師考試第三名及格

71 年高考會計審計人員第一名

71 年普考會計審計人員第三名

內部稽核師(CIA)考試及格

國營事業會計處主管綜合帳務

東吳大學會計學系兼任講師

自　序（第一版）

願以此書

獻給我最親愛的媽媽！

以及紀念最懷念的爸爸！

　　我國公開發行公司之財務會計準則適用**國際會計準則**(IAS)與**國際財務報導準則**(IFRS)；非公開發行企業則適用「**企業會計準則公報**」，該公報係以國際財務報導準則為藍本而由我國自行制定。

　　本書以我國適用之國際會計準則與國際財務報導準則為依據，列示各章節之重點內容並輔以相關國家考試試題解析以強化會計觀念；國家考試試題解析主要取材自**普考**經典試題，再加列**初等特考**(會計學大意)、**地方四等特考**(會計學概要)及**地方五等特考**(會計學大意)經典試題。本書特色為：

1. 每章均有**加註**「**重點內容**」。
2. **依國際會計準則與國際財務報導準則之規定列示解題過程**。
3. 若原題目不符合國際會計準則與國際財務報導準則之規定時，**則予以改編**。
4. 除解析相關計算題及分錄題之外，**亦詳解選擇題，一般書籍只列示考選部公布的答案，相信本書此部分必對讀者有重大助益**。
5. 解析選擇題部分，除說明正確選項，必要時會補充國際會計準則與國際財務報導準則之相關規定，**並會解釋錯誤之處**，可使讀者增強會計能力並能應付題型之變化。
6. **修改部分原試題之年度**，以符合近期出題模式。

筆者撰寫本書,已力求內容正確與完整,若有疏漏及錯誤之處,請各位先進見諒並不吝指正,使本書更臻完善,嘉惠更多學子與讀者。非常感謝東華書局給予本書出版的機會。

徐惠慈　2019 年 7 月

引用「會計科目名稱」之說明

會計科目之設訂為會計制度的重要環節，為配合我國自民國 102 年(2013 年)起採用國際財務報導準則，我國相關主管機關陸續修訂發布及公告與會計科目設訂有關之法規及規定，如：

1. 金融監督管理委員會發布之「證券發行人財務報告編製準則」。

2. 臺灣證券交易所股份有限公司公告之「一般行業會計項目及代碼」。

本書使用之會計科目係引用前述相關法規及規定。

目　　錄

自　　序（第一版）

引用「會計科目名稱」之說明

第一章　　會計理論及觀念架構

第二章　　調整分錄與財務報導

第三章　　存貨

第四章　　現金

第五章　　應收款項

第六章　　不動產、廠房及設備

第七章　　遞耗資產、農業、投資性不動產

第八章　　無形資產

第九章　　流動負債、負債準備、或有負債及資產

第十章　　非流動負債

第十一章　股東權益

第十二章　投資

第十三章　現金流量表

第十四章　財務報表比率及分析

第十五章　合夥

第十六章　製造業會計

第一章　會計理論及觀念架構

重點內容：

- 我國適用國際財務報導準則之政策

    我國**公開發行公司**之財務會計準則係適用**國際財務報導準則**。

    我國**非公開發行企業**之財務會計準則係適用「**企業會計準則公報**」，該公報係以國際財務報導準則為藍本而由我國自訂。

- 國際財務報導準則之沿革

    1. 國際財務報導準則制定機構於 2001 年改組，並更名為**國際會計準則理事會**(International Accounting Standards Board，縮寫為 IASB)。

    2. 改組前(2001 年)制定的會計準則為**國際會計準則**(International Accounting Standards，縮寫為 IAS)；改組後制定的準則為**國際財務報導準則**(International Financial Reporting Standards，縮寫為 IFRS)。除非所發布的會計準則修正或廢止之前的會計準則，其仍具效力。

    本書將以「**國際財務報導準則**」一詞為國際財務報導準則(IFRS)及國際會計準則(IAS)之通稱。

- 國際財務報導準則之觀念架構中的品質特性

    1. **基本品質特性**為「攸關性」及「忠實表述」。

    2. **攸關性**之組成成分為「**預測價值**」及「**確認價值**」。企業於評估資訊是否具攸關性時，須納入「**重大性**」之考量；基於重大性考量，**會計帳務處理可採權宜處理**。

    3. **忠實表述**之組成成分為「**完整**」、「**中立**」及「**免於錯誤**」。

    4. 資訊若要**有用**，必須兼具「**攸關性**」及「**忠實表述**」。

5. 強化性品質特性為「可比性」、「可驗證性」、「時效性」及「可了解性」。國際財務報導準則說明強化性品質特性應儘可能予以最大化。

6. 限制為「成本」，此項並非品質特性。

● 會計假設

1. 會計假設為一般會計理論及實務能夠運作而須存有的假設前提。

2. **一般會計假設有繼續經營個體假設、經濟個體假設、會計期間假設及貨幣單位假設。**

3. 國際財務報導準則之觀念架構僅列入「繼續經營個體假設」。

4. 「繼續經營個體假設」係指個體為一繼續經營且於可預見之未來將持續營運之個體。企業基於「繼續經營個體之假設」排除了以「清算價值」列帳與資產及負債應劃分流動及非流動部分。

5. 「經濟個體假設」係指將企業視為與業主分離的經濟個體，能擁有資源並承擔義務；業主個人的資產、負債不得與其所經營企業之資產、負債相混淆，業主個人的交易也應與企業的交易有所劃分。

6. 「會計期間假設」係為使各決策者能「及時(或即時)」了解企業之各種資訊以做適當的決策，會計上，以人為的方法將企業生命劃分段落以計算損益、編製報表，每一段落稱為會計期間。一般會計期間設定為一年，稱為會計年度。

收入認列(實現)原則與配合原則之目的在於使收益(含收入及利益)及費損(含費用及損失)於適當會計期間認列，此係基於會計期間假設，因為其以人為的方法將企業生命劃分段落。

配合原則為費用認列的遵循準則，指當某項收益在某一會計期間認列時，所有為創造該項收益之相關成本及費用亦應於同一期間認列。

7. 「**貨幣單位假設**」其包含兩層意義：

　　(1) 凡不能以貨幣衡量者即無法在帳上加以記錄並在報表上表達。

　　(2) 會計人員以貨幣作為衡量單位，故**貨幣本身應具穩定性特質**；雖然貨幣之幣值會波動，**但在會計上係假定其幣值波動小到可以忽略**(補充：並非假設幣值永遠不變)。

● 財務報表之要素

財務報表要素包括**資產、負債、權益、收益**(包括：收入及利益)**及費損**(包括：費用及損失)。

【108年初等特考試題】

1. 甲公司X1年營業額約100億元，X1年初甲公司以$1,500購買一台裁紙機，借記費用項目，請問甲公司對該交易的會計處理主要是根據：
(1)重大性　　　　　　　　(2)會計期間假設
(3)保守原則　　　　　　　(4)配合原則

答案：(1)

📝補充說明：

此為基於重大性考量，會計之帳務處理採權宜處理。

【105年普考試題】

1. 皇佳公司在X1年1月1日與12月31日之權益總額分別為$57,000與$85,400，在X1年間公司之收益總額為$63,500，費損總額為$39,600，此外X1年5月1日，股東再投資$12,000。在沒有其他事件的情況下，皇佳公司X1年之股利為：
(1)$7,500　　　(2)$11,900　　　(3)$19,500　　　(4)$23,900

答案：(1)

📝補充說明：

$57,000＋$63,500－$39,600＋$12,000－股利＝$85,400

股利＝**$7,500**

【105年初等特考試題】

1. 關於雙式簿記系統(double entry system，也稱複式簿記系統)之交易處理法則，下列敘述何者正確？
(1)借記之帳戶個數必等於貸記之帳戶個數
(2)任一交易僅會影響兩個帳戶
(3)會計恆等式左右兩邊之帳戶必同時受到影響
(4)借記金額必等於貸記金額

答案：(4)

【103年四等地方特考試題】

1.下列有關會計憑證之敘述，何者錯誤？
(1)傳票在會計上稱為「原始憑證」
(2)銷貨發票屬於對外憑證
(3)購買存貨所取得之發票屬於外來憑證
(4)應付帳款付現之交易，應編製「現金支出傳票」
答案：(1)

　　✎補充說明：傳票為「**記帳憑證**」。

【102年初等特考試題】

1.運輸設備之續後評價未採用清算價值，主要係基於下列那一個假設？
(1)企業個體假設　　　　　(2)繼續經營假設
(3)會計期間假設　　　　　(4)幣值不變假設
答案：(2)

【102年四等地方特考試題】

1.平均一年營業額高達新臺幣9億元的甲公司，其會計人員將新臺幣900元的電動削鉛筆機認列為營業費用，請問此作法最符合下列何項考量？
(1)行業特性　　(2)成本與效益考量　　(3)審慎　　(4)重大性
答案：(4)

【101年初等特考試題】

1.下列何者非屬財務報表要素？
(1)資產、負債　　(2)企業員工的價值　　(3)權益　　(4)收益及費損
答案：(2)

　　✎補充說明：
　　　　財務報表要素包括**資產、負債、權益、收益**(包括收入及利益)**及費損**(包括費用及損失)。

第5頁 (第一章 會計理論及觀念架構)

【100年普考試題】

1.【依IAS或IFRS改編】借貸法則下,下列何者交易之分錄不成立?
(1)資產增加與收益增加
(2)資產增加與負債減少
(3)資產增加與權益增加
(4)資產減少與費用增加

答案:(2)

> 補充說明:
>
> 借貸法則係指「分錄有借必有貸,借貸必相等」,選項(2):資產增加與負債減少,表示「借記」資產並「借記」負債,**此交易之分錄均為借記,是不成立的**;故答案為本選項。其他選項之分錄均有借、有貸。

【99年初等特考試題】

1.【依IAS或IFRS改編】企業除編製主要財務報表外,另編製補充報表乃依循會計之:
(1)配合原則
(2)成本原則
(3)忠實表述品質特性
(4)一致性原則

答案:(3)

> 補充說明:
>
> 忠實表述之組成成分之一為「完整」,「完整」係指應包括讓使用者了解所欲描述現象所須之所有資訊,包括所有必要之敘述及解釋。

【99年四等地方特考試題】

1.【依IAS或IFRS改編】企業將資產、負債劃分為流動與非流動二類,係基於:
(1)經濟個體假設
(2)繼續經營個體假設
(3)會計期間假設
(4)貨幣單位假設

答案:(2)

【99年五等地方特考試題】

1.【依 IAS 或 IFRS 改編】獨資企業的業主雖然在法律上對企業的負債負有連帶清償責任，但企業的財務報表不得將業主個人的資產、負債列入，此係基於：
(1)繼續經營個體假設　　　　　　(2)會計期間假設
(3)重要性原則　　　　　　　　　(4)經濟個體假設

答案：(4)

【98年普考試題】

1.【依 IAS 或 IFRS 改編】收入實現原則與配合原則，係基於：
(1)經濟個體假設　　　　　　　　(2)繼續經營個體假設
(3)會計期間假設　　　　　　　　(4)貨幣單位假設

答案：(3)

【98年初等特考試題】

1.【依 IAS 或 IFRS 改編】每一企業的活動，必須與其業主及其他企業的活動分開，並作區隔。此假設稱之為：
(1)貨幣單位假設　　　　　　　　(2)經濟個體假設
(3)繼續經營個體假設　　　　　　(4)會計期間假設

答案：(2)

【98年四等地方特考試題】

1.【依 IAS 或 IFRS 改編】當業主提取企業現金以繳交個人使用之水電費，而企業將其記錄為水電費時，係違反下列何種假設？
(1)會計期間假設　　　　　　　　(2)貨幣評價假設
(3)繼續經營個體假設　　　　　　(4)經濟個體假設

答案：(4)

【97年普考試題】

1. 企業僱用員工，除認列薪資費用外，尚須認列員工將來退休後之退休金為當期費用，係基於下列何項原則？
(1)配合原則　　　　　　　　(2)穩健原則
(3)一致性原則　　　　　　　(4)成本原則

答案：(1)

　　✎補充說明：
　　　　退休金係於員工退休後支付，因為員工於服務期間為企業創造**收益**，其相對之退休金也應於當期認列為**費用**，此為**配合原則**觀念。

【97年初等特考試題】

1. 【依IAS或IFRS改編】配合原則用於下列何種帳戶之認列基礎？
(1)費用　　　(2)資產　　　(3)負債　　　(4)權益

答案：(1)

2. 【依IAS或IFRS改編】會計恆等式，係指：
(1)毛利＝期初存貨＋進貨成本－期末存貨
(2)淨利＝收入－毛利－營業費用
(3)淨利＝收入－費用
(4)資產＝負債＋權益

答案：(4)

【97年五等地方特考試題】

1. 【依IAS或IFRS改編】繼續經營個體假設在下列何種情況不適用？
(1)企業剛開始營運　　　　　　(2)進行清算
(3)公允價值較成本為高　　　　(4)變現價值無法取得

答案：(2)

　　✎補充說明如下：

國際財務報導準則於觀念架構中說明，**若個體有意圖或需要清算或重大縮減其營運規模時，則財務報表可能須按不同基礎編製。**

【96年初等特考試題】

1. 【依 IAS 或 IFRS 改編】折舊性資產需提列折舊費用是根據：
(1)穩健原則 (2)一致性原則
(3)成本原則 (4)配合原則

答案：(4)

　補充說明：

提列折舊費用是為使該折舊性資產所產生的**收益與費用配合**。

第二章　調整分錄與財務報導

重點內容：

●**本章主題**
　1.會計循環。
　2.調整分錄。
　3.財務報導內容。
　4.報導期間後事項(即過去所稱之「期後事項」)。
　5.結帳分錄。

●**會計循環與憑證、帳簿之關係**

　1.**交易分析**：分析交易對於財務報表要素(資產、負債、權益、收益及費損)之影響。

　2.**編製分錄**：編製分錄，記載在**傳票**(此為記帳憑證)。分錄可分為一般交易之分錄、調整分錄及結帳分錄；若企業為改正先前之錯誤分錄所編製的分錄稱為更正分錄。

　3.**登帳**：將傳票之借、貸方會計科目、金額及摘要登錄至**日記簿**之程序，稱為登帳。

　4.**過帳**：將日記簿資料過入**分類帳**(簡化格式，稱為 T 字帳)之程序，稱為過帳。過帳的目的在彙總各會計科目於某期間內的變動金額。

　5.**試算**：依據各會計科目的分類帳餘額編製**試算表**，以驗證所有會計科目之餘額借、貸方總金額是否相等。可分為調整前試算表、調整後試算表及結帳後試算表。

　6.**編製財務報表**。

● 國際財務報導準則規定財務報表之種類

1. 本期期末**財務狀況表**。

2. 本期**損益及其他綜合損益表**。

   企業應於下列報表表達某一期間所認列的所有收益及費損項目：

   (1) **單一綜合損益表**，或

   (2) **兩張財務報表：第一張財務報表為單獨損益表**，列示損益組成部分；**第二張財務報表為綜合損益表**。若企業選擇編製二張財務報表之方式，損益表則為整套財務報表之一部分並應列示於綜合損益表之前。

3. 本期**權益變動表**。

4. 本期**現金流量表**。

5. **附註**，包含重大會計政策之彙總說明及其他解釋資訊。

6. **前一期之比較資訊**。

● 國際財務報導準則所稱之「財務狀況表」，**我國金融監督管理委員會(簡稱「金管會」)發布之「證券發行人財務報告編製準則」仍使用「資產負債表」之報表名稱**；本書則比照國際財務報導準則使用「財務狀況表」之報表名稱。

● 編製調整分錄須考量之因素

編製調整分錄須確定交易發生時是採「**記實轉虛**」或「**記虛轉實**」之會計處理。調整分錄之議題亦涉及「**迴轉分錄**」之考量；迴轉分錄為**選擇性的帳務處理**。

● 企業若有發生停業單位損益，國際財務報導準則規定**停業單位之經營績效宜單獨列示於綜合損益表或損益表(如有列報時)中，並分列營業損益及處分損益等項目**。

●國際財務報導準則**不允許將損益分類為非常損益項目**，即已無非常損益項目之分類及表達。

●國際財務報導準則**規定會計政策變動(過去稱為「會計原則變動」)均應追溯適用**，即須計算累積影響數並重編以前年度財務報表；累積影響數應列為當年度期初保留盈餘金額之調整數。

●報導期間後事項之會計處理
　1.所謂報導期間後事項即過去所稱之「期後事項」，**係指企業於報導期間結束日後至通過發布財務報表日前(即期後期間)發生的所有事項。**

　2.依國際財務報導準則之規定，**報導期間後事項可分為報導期間後調整事項及非調整事項二種**，說明如下：
　　(1)報導期間後**調整事項**：
　　　　指報導期間後事項的發生，**能提供證據以佐證存在於報導期間結束日之狀況**，而該狀況造成須調整原認列之金額或增加認列原未認列的項目及金額。

　　(2)報導期間後**非調整事項**：
　　　　報導期間後事項的發生，**僅為發生於報導期間後某種狀況之事件**，此為報導期間後非調整事項；於此情況，企業不須調整財務報表已認列之金額；但該事項若屬重大，則應揭露表達。

【108年普考試題】

1. 甲公司曾在 X0 年投保火險，該保險契約至 X1 年 5 月底到期。俟該保約到期後，甲公司在 X1 年 6 月初重新投保為期 1 年之火險，並支付 1 年保費 $15,000，且隨即認列為保險費用 $15,000。已知預付保險費在 X1 年期初的帳戶餘額為 $7,000，若甲公司在 X1 年中除於 6 月認列 $15,000 保險費用外，並未作其他相關分錄，則甲公司在 X1 年底應作調整分錄為：

(1)借記：預付保險費 $6,250；貸記：保險費用 $6,250
(2)借記：保險費用 $750；貸記：預付保險費 $750
(3)借記：保險費用 $1,250；貸記：預付保險費 $1,250
(4)借記：保險費用 $8,750；貸記：預付保險費 $8,750

答案：(2)

✎ 補充說明：

此題可由甲公司於 X1 年期初是否編製迴轉分錄，分別分析如下：

1. 若甲公司於 X1 年期初 有編製 迴轉分錄，則 X1 年度相關分錄為：

X1/01/01	保險費用	7,000	
	預付保險費		7,000

X1/12/31	預付保險費	6,250	
	保險費用		6,250✎

✎ $15,000×5/12＝$6,250

本題答案➔合併上列二項分錄：

X1/12/31	**保險費用**	**750**	
	**　預付保險費**		**750**

2. 若甲公司於 X1 年期初 未編製 迴轉分錄，則 X1 年度相關分錄為：

X1/12/31	保險費用	7,000	
	預付保險費		7,000

X1/12/31	預付保險費	6,250	
	保險費用		6,250✎

✎ $15,000×5/12＝$6,250

本題答案→合併上列二項分錄：

X1/12/31	保險費用	750	
	預付保險費		750

3. **結論：** 不論甲公司於 X1 年期初是否有編製迴轉分錄，其調整分錄均相同。

【108 年初等特考試題】

1. 下列何者不是會計程序的必要步驟？
(1)作結帳分錄和過帳　　　　(2)編製工作底稿
(3)編製財務報表　　　　　　(4)作交易分錄

答案：(2)

✎ **補充說明：**
一般而言，於人工作業情況下，編製工作底稿有助於會計人員彙總試算、調整及財務報表資料；其並非必要的會計程序。

【107 年五等地方特考試題】

1. 下列敘述何者錯誤？
(1)日記簿乃按時間先後順序記錄交易
(2)每一分錄均應包括交易日期、借貸方項目及金額
(3)日記簿為過帳之依據
(4)作分錄時，可以不必考慮借貸是否平衡

答案：(4)

2. 當以試算表查核錯誤時，將試算表上借方、貸方金額重新加總，發現不平衡之差額除以9，所得之商數為$7,800。假設只出現一個錯誤，請問下列何者是可能發生的錯誤？
(1)$7,800抄成$8,700　　　　(2)$7,800抄成$78,000
(3)$7,800抄成$87,000　　　　(4)$7,800抄成$780

答案：(2)

 📌補充說明：

  試算表上借方、貸方金額重新加總，不平衡之差額除以9，所得之商數為$7,800→表示差額為$70,200(=$7,800×9)→**答案為選項**(2)。

3.關於調整，下列敘述何者錯誤？
(1)於應計基礎下編製財務報表始需調整
(2)即使已使用工作底稿仍需另作調整分錄
(3)應作而未作調整將使資產負債項目高估
(4)調整之進行先於結帳

答案：(3)

 📌補充說明：

  應作而未作調整**不一定使資產負債項目高估，也可能會低估**。

4.某公司於3月25日簽發90天期票據，則該票據之到期日為：
(1)6月22日 (2)6月23日 (3)6月24日 (4)6月25日

答案：(2)

 📌補充說明：

  3月有6天(=31天-25天)+4月有30天+5月有31天

  +6月有？天=90天

    ？天=**6月的第23天**

【106年五等地方特考試題】

1.甲公司於X2年8月1日預收3年期租金$540,000，貸記為租金收入，甲公司採曆年制，則甲公司X2年度綜合損益表上，應認列之該筆租金收入金額為何？
(1)$75,000 (2)$105,000 (3)$180,000 (4)$540,000

答案：(1)

 📌補充說明：$540,000÷3年×5/12=**$75,000**

【105年初等特考試題】

1.甲公司X1年12月31日調整前辦公用品與辦公用品費用之項目餘額分別為$0與$5,000，當日盤點辦公用品之庫存金額為$700。請問甲公司X1年12月31日之調整分錄為何？

(1)借記：辦公用品$4,300，貸記：辦公用品費用$4,300

(2)借記：辦公用品$700，貸記：辦公用品費用$700

(3)借記：辦公用品費用$4,300，貸記：辦公用品$4,300

(4)借記：辦公用品費用$700，貸記：現金$700

答案：(2)

> 補充說明：
> 由題目「調整前辦公用品與辦公用品費用之項目餘額分別為$0與$5,000」之敘述可知**甲公司對於辦公用品之帳務處理係採用記虛轉實**，故X1年12月31日調整時，應借記：辦公用品$700，貸記：辦公用品費用$700，**答案為選項**(2)。

【104年普考試題】

1.甲公司X1年底應收加工收入為$7,000，預收加工收入為$21,000。X2年底應收加工收入為$12,000，預收加工收入為$15,000。甲公司在X2年總共收到加工收入的現金$146,000，試問甲公司X2年綜合損益表上加工收入為多少？

(1)$135,000　　(2)$145,000　　(3)$147,000　　(4)$157,000

答案：(4)

> 補充說明：
> X2年底應收加工收入$12,000－X1年底應收加工收入$7,000
> 　＋X1年底預收加工收入$21,000
> 　＋X2年總共收到加工收入的現金$146,000
> 　－X2年底預收加工收入為$15,000
> ＝$157,000

2.【依IAS或IFRS改編】下列敘述何者正確？
(1)認列於權益項下之其他綜合損益項目，應以稅前金額表達於財務報告中
(2)企業於會計年度結束時，應將權益項下之其他綜合損益進行結帳之程序
(3)認列於其他綜合損益之不動產廠房設備重估價增加數，可於該資產除列時直接轉入當期損益
(4)透過其他綜合損益按公允價值衡量之債務工具投資處分時，其累計之公允價值變動應重分類調整至本期損益

答案：(4)

📝補充說明：

1.選項(1)：敘述是錯誤的，認列於權益項下之其他綜合損益項目，**若涉及所得稅，則應以稅後金額表達於財務報導中**。

2.選項(2)：敘述是錯誤的，企業於會計年度結束時，權益項下之其他綜合損益(其他權益)**不須結帳**。

3.選項(3)：敘述是錯誤的，認列於其他綜合損益之不動產廠房設備重估價增加數，**不可透過損益結轉至保留盈餘**。

4.選項(4)：敘述是正確的。

【101年普考試題】

1.【依IAS或IFRS改編】甲公司X1年相關資料如下：繼續營業單位稅後淨利$1,800,000，停業單位稅後損失$450,000，龍捲風災害稅後損失$200,000(甲公司所在地之前從未發生過類似災害)，及本期發生存貨成本假設由加權平均法改為先進先出法之會計政策變動，對當期期初保留盈餘產生之稅後累積影響數為$170,000(貸餘)。該公司X1年綜合損益表中本期淨利金額為：
(1)$1,150,000　　(2)$1,320,000　　(3)$1,350,000　　(4)$1,520,000

答案：(3)

📝補充說明如下：

1. 龍捲風災害稅後損失$200,000 為計算繼續營業單位稅後淨利項目之一，**已包括於繼續營業單位稅後淨利之內，不須再納入計算**，以免重複計算。

2. 題目所述存貨成本假設由加權平均法改為先進先出法為會計政策變動，**應列於權益變動表，作為期初保留盈餘之調整項目**。

3. X1年綜合損益表中本期淨利金額
   ＝繼續營業單位稅後淨利$1,800,000
   －停業單位稅後損失$450,000＝**$1,350,000**

【101年初等特考試題】

1.【依IAS或IFRS改編】 備抵損失在財務報表上應如何表達？
(1)在財務狀況表上列為資產之減項
(2)在財務狀況表上列為負債之減項
(3)在財務狀況表上列為權益之減項
(4)在綜合損益表上列為費用

答案：(1)

> 📝 **補充說明：**
>
> **備抵損失**(為我國採用之會計科目名稱)**為應收帳款的減項**，應收帳款為資產，故備抵損失在財務狀況表上列為資產之減項。

2. 年初財務狀況表有預付保險費$6,300，當年度支付保險費$34,000以預付保險費列記，該年底尚有$5,800預付保險費未過期，則調整分錄應為：
(1)借：預付保險費$34,500　　(2)借：保險費用$5,800
(3)借：預付保險費$5,800　　(4)借：保險費用$34,500

答案：(4)

> 📝 **補充說明：**
>
> 建議以T字帳分析預付保險費會計科目金額之變動，即可求得答案，分析如下：

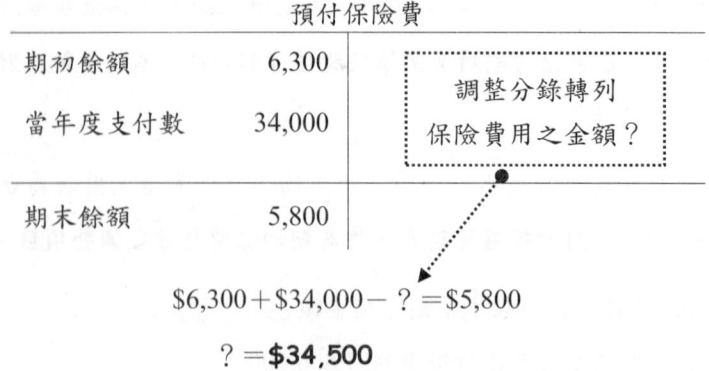

$$\$6,300+\$34,000-?=\$5,800$$

$$?=\$34,500$$

調整分錄為：

xx/12/31	保險費用	34,500	
	預付保險費		34,500

3.甲公司主要經銷商之一於 X2 年 1 月發生火災，導致資金週轉不靈而倒帳，致對該公司 X1 年底之應收帳款$3,000,000 已確定無法收回。甲公司於 X1 年度財務報表中，對此事件應如何處理？

(1)附註揭露

(2)調整入帳

(3)不須調整入帳或附註揭露，但須於 X2 年度調整入帳

(4)不須附註揭露，但須於 X2 年度調整入帳

答案：(1)

　　✎補充說明：

　　　甲公司之主要經銷商於 X2 年 1 月發生火災，導致資金週轉不靈而倒帳，對甲公司而言發生報導期間後非調整事項，企業不須調整 X1 年財務報表已認列之金額；但該事項係屬於重大，應予揭露表達。

4.下列何種項目若未做調整分錄會造成負債之高估與收入之低估？

(1)預收收入　　　　　　　　(2)預付費用

(3)應收收入　　　　　　　　(4)應付費用

答案：(1)

　　✎補充說明如下：

本題建議先思考各選項應編製的調整分錄，再分析若未做調整分錄會造成的影響，分析如下：

1. 選項(1)，**答案為本選項**

    ①應編製的調整分錄：

xx/12/31	預收收入	xx,xxx	
	XX收入		xx,xxx

    ②若未做調整分錄會造成的影響為：

    ❶未借記預收收入→造成「預收收入」未減少→造成負債未減少→**造成負債高估**。

    ❷未貸記XX收入→造成「XX收入」未增加→**造成收入低估**。

2. 選項(2)

    ①應編製的調整分錄：

xx/12/31	XX費用	xx,xxx	
	預付費用		xx,xxx

    ②若未做調整分錄會造成的影響為：

    ❶未借記XX費用→造成「XX費用」未增加→**造成費用低估**。

    ❷未貸記預付費用→造成「預付費用」未減少→造成資產未減少→**造成資產高估**。

3. 選項(3)

    ①應編製的調整分錄：

xx/12/31	應收收入	xx,xxx	
	XX收入		xx,xxx

    ②若未做調整分錄會造成的影響為：

    ❶未借記應收收入→造成「應收收入」未增加→造成資產未增加→**造成資產低估**。

    ❷未貸記XX收入→造成「XX收入」未增加→**造成收入低估**。

4.選項(4)

①應編製的調整分錄：

xx/12/31	XX費用	xx,xxx	
	應付費用		xx,xxx

②若未做調整分錄會造成的影響為：

❶未借記XX費用→造成「XX費用」未增加→**造成費用低估**。

❷未貸記應付費用→造成「應付費用」未增加→造成負債未增加→**造成負債低估**。

快速解題：

以上解題是完整的解題程序，建議讀者具備能逐項分析的能力，方可應付各種考試的題型變化。以下說明快速解題方法：

①題目是問「造成 負債 之高估與 收入 之低估」，表示該調整分錄會影響「負債」及「收入」；**由此可知答案一定是選項(1)或選項(3)，因為其會影響「收入」**。

②**再決定選項(1)或選項(3)那一選項為「負債」會計科目**，結果為選項(1)的「預收收入」。

【100年四等地方特考試題】

1. X2年10月3日購買一批文具用品$12,000，借記「文具用品費用」帳戶。年底經過盤點發現尚有$3,800的文具用品未耗用，12月31日未作調整分錄，試問X2年財務報表產生什麼錯誤？

(1)資產低估$3,800，權益低估$3,800

(2)資產高估$8,200，費用低估$8,200

(3)資產低估$3,800，費用低估$3,800

(4)資產低估$8,200，權益低估$8,200

答案：(1)

✎補充說明如下：

本題告知購買文具用品時是借記「文具用品費用」，表示採「記虛轉實」之會計處理。

本題建議先思考各選項應編製的調整分錄，再分析若未做調整分錄會造成的影響，分析如下：

1. 應編製的調整分錄：

X2/12/31	文具用品	3,800	
	文具用品費用		3,800

2. 若未做調整分錄會造成的影響為：

❶未借記文具用品→造成「文具用品」未增加→造成資產未增加→**造成資產低估**$3,800。

❷未貸記文具用品費用→造成「文具用品費用」未減少→造成費用高估→結帳後，造成保留盈餘低估→**權益低估**$3,800。

2. 甲公司購買一年期保險並認列為預付保險費。X3 年 4 月當月保險費用為$360，4 月底調整後預付保險費餘額為$1,800。試問甲公司何時買入保險？
(1)X2 年 9 月 1 日　　　　　　(2)X2 年 10 月 1 日
(3)X2 年 11 月 1 日　　　　　 (4)X2 年 12 月 1 日

答案：(2)

✎補充說明：

1. 題目告知「X3 年 4 月當月保險費用為$360」，表示每個月的保險費為$360。

2. 題目告知 4 月底調整後預付保險費餘額為$1,800，表示預付保險費尚有 5 個月(＝$1,800÷$360)。

3. 由第 2 項可知一年期預付保險費尚有 5 個月，表示已發生 7 個月的保險費。

4. **自 4 月底往前推算 7 個月為 X2 年 10 月 1 日**，該日即為甲公司買入保險之日期，此即為答案。

【100年五等地方特考試題】

1.【依 IAS 或 IFRS 改編】甲公司於 X1 年 2 月 1 日決定處分其食品部門。此部門於 X1 年 7 月 1 日出售，其資產之帳面金額為$780,000，出售得款$660,000。此部門 X1 年 1 月 1 日至 6 月 30 日之營業淨利(損)為$(40,000)。假設所得稅率 35%，則依國際財務導準則之規定，甲公司 X1 年度綜合損益表或損益表(如有列報時)中，停業單位處分損益金額(稅後)為何？
(1)$(39,000)　　　(2)$(42,000)　　　(3)$(78,000)　　　(4)$(117,000)

答案：(3)

✎補充說明：

(帳面金額$780,000－出售價款$660,000)×(1－35%)

＝處分損失$78,000

【99年普考試題】

1.甲公司第一年年底有應付薪資為$7,200，第二年年初未作任何轉回分錄，1月 6 日支付薪資$12,000 時全數作為當期薪資費用。第二年 9 月 1 日預收六個月租金$18,000 全數認列租金收入。第二年年底未作任何更正與調整分錄前，淨利為$38,000，試問第二年正確的淨利為多少？
(1) $27,200　　　(2)$36,800　　　(3)$39,200　　　(4)$48,800

答案：(3)

✎補充說明：

本題有二項錯誤，題目要求計算正確淨利，故須分析二項錯誤對於淨利的影響。分析如下：

1.第二年 1 月 6 日支付薪資$12,000 時全數作為當期薪資費用，分別列示正確分錄及錯誤分錄如下：

①正確分錄：

第二年 01/06	應付薪資	7,200	
	薪資費用	4,800	
	現金		12,000

②錯誤分錄：

第二年 01/06	薪資費用	12,000	
	現金		12,000

2. 由第 1 項說明，**可知甲公司於第二年 1 月 6 日支付薪資 $12,000 時，因為多計薪資費用，造成淨利低估 $7,200。**

3. 第二年 9 月 1 日預收六個月租金 $18,000 全數認列租金收入，分別列示第二年應有的正確分錄及錯誤分錄如下：

①正確分錄：

第二年 09/01	現金	18,000	
	預收租金		18,000

於 12 月 31 日認列已賺得 4 個月租金時之分錄為：

第二年 12/31	預收租金	12,000	
	租金收入		12,000☜

☜＝$18,000×4/6

②錯誤分錄：

第二年 12/31	現金	18,000	
	租金收入		18,000

4. 由第 3 項說明，**可知甲公司於第二年租金收入多計 $6,000($18,000－$12,000)，造成淨利高估 $6,000。**

5. 彙總第 2 項及第 4 項對於淨利影響之說明，**可知甲公司二項錯誤對於第二年淨利之淨影響為低估 $1,200(＝淨利低估 $7,200－淨利高估 $6,000)；第二年正確淨利應為 $39,200(＝$38,000＋$1,200)。**

【99年初等特考試題】

1. 下列會計科目何者為虛帳戶？
(1)預收收入　　(2)應收帳款　　(3)銷貨收入　　(4)預付費用

答案：(3)

✎補充說明：

　　損益表之會計科目即為虛帳戶。選項(3)銷貨收為損益科目，其為虛帳戶；其他選項為資產或負債科目，則為實帳戶。

2. 期初用品盤存$1,200，期中曾現購用品$3,000，期末盤點未耗用部分為$1,500，則本年度用品費用金額應為多少？
(1)$1,500　　(2)$1,800　　(3)$2,700　　(4)$3,000

答案：(3)

✎補充說明：

　　建議以 T 字帳分析用品盤存會計科目金額的變動，即可求得答案，分析如下：

用品盤存

期初餘額	1,200	調整分錄轉列
現購用品	3,000	用品費用之金額？
期末餘額	1,500	

$1,200 + $3,000 − ? = $1,500

? = **$2,700**

3. 現購$2,000，卻誤記為借：應付帳款 $2,000 及貸：現金$2,000，則該錯誤對試算表之影響為：
(1)試算表仍平衡且借貸總和正確
(2)試算表仍平衡，但借貸方皆高估$2,000
(3)試算表仍平衡，但借貸方皆低估$2,000
(4)試算表不平衡且借貸方相差$4,000

答案：(3)

✎補充說明：

本題應先分析錯誤對各相關會計科目的影響，再分析對試算表的影響。分析如下：

1. 分別列示正確分錄及錯誤分錄如下：

   ①正確分錄（假設採用定期盤存制）：

xx/xx/xx	進貨	2,000	
	現金		2,000

   ②錯誤分錄：

xx/xx/xx	應付帳款	2,000	
	現金		2,000

2. 經由比對第 1 項的正確分錄及錯誤分錄，可知貸方科目均相同，故只須分析借方科目之錯誤對對試算表之影響。

3. 未做正確借方科目對試算表之影響為：

   未借記「進貨」→進貨低估→「進貨」正常餘額在借方，結論：造成試算表借方低估$2,000。

4. 做錯誤借方科目對試算表之影響為：

   多借記「應付帳款」→造成「應付帳款」多減→「應付帳款」正常餘額在貸方，結論：造成試算表貸方低估$2,000。

5. 彙總第 3 項及第 4 項對於試算表之影響說明，可知題目所述之錯誤會造成試算表借方及貸方均低估$2,000。

【99年五等地方特考試題】

1. **【依IAS或IFRS改編】** 甲公司為一家生產家電產品的企業，以下為甲公司本年度相關資訊：

銷貨收入淨額	$10,000,000
銷貨毛利率	20%
銷售費用	500,000
管理費用	750,000
處分投資損失	250,000
停業單位利益	300,000

試問甲公司本年度營業損益為：

(1)營業利益$1,250,000　　(2)營業利益$1,000,000

(3)營業利益$750,000　　　(4)營業利益$500,000

答案：(3)

> **補充說明：**
>
> 營業利益＝銷貨收入－銷貨成本－營業費用，計算如下：
>
> 1. 銷貨毛利＝銷貨收入淨額－銷貨成本
>
>   ＝銷貨收入淨額×銷貨毛利率＝$10,000,000×20%＝$2,000,000
>
> 2. 營業利益＝銷貨毛利$2,000,000－銷售費用$500,000
>
>   －管理費用 750,000＝**$750,000**

2. 甲公司期初「預收收入」科目餘額為$200,000，本期實現$150,000，請問甲公司於期末財務報表中應如何表達「預收收入」科目餘額？

(1)資產$50,000　　　(2)資產$350,000

(3)負債$50,000　　　(4)負債$350,000

答案：(3)

> **補充說明：**
>
> 建議以T字帳求算預收收入會計科目之餘額，計算如下：

```
            預收收入
本期實現數  $150,000 │ 期初餘額    200,000
                    │ 期末餘額       ?
```

期末餘額 = $200,000 - $150,000

= **$50,000** → 預收收入為負債科目

【98年普考試題】

1. A雜誌社收到新訂客戶2年份之訂閱費,且以預收收益入帳,則期末之調整分錄需:

(1)借費用　　　　(2)借資產　　　　(3)貸收入　　　　(4)貸負債

答案:(3)

補充說明:

期末應編製之調整分錄為:

xx/12/31	預收收益	xx,xxx	
	xx收入		xx,xxx

2.【依IAS或IFRS改編】某化工公司發生如下報導期間後事項:所生產的X產品依據新頒布的法令應停止生產,該公司因停產所遭受之損失高達1億元,稅率若為30%,則此報導期間後事項在財務報表上應如何表達?

(1)不須作任何表達　　　　　　(2)僅須附註揭露

(3)認列1億元之營業外損失　　(4)認列7千萬元之非常損失

答案:(2)

補充說明:

某化工公司發生之報導期間後事項,**屬報導期間後非調整事項,不須調整列帳;但因其金額重大,應予揭露表達。**

【98年初等特考試題】

1.下列科目何者的正常餘額為借方餘額：
(1)應付租金　　　　　　　　　　(2)預收租金
(3)租金收入　　　　　　　　　　(4)預付租金

答案：(4)

✎補充說明：

選項(1)及選項(2)屬負債科目，其正常餘額為貸方餘額；選項(3)為收入科目，其正常餘額為貸方餘額；**僅選項(4)為資產科目，其正常餘額為借方餘額，故答案為選項(4)。**

2.年初帳列資產辦公用品$5,000，年底實際盤點計列$2,000。則調整分錄應為：
(1)借：辦公用品費用$2,000；貸：辦公用品$2,000
(2)借：辦公用品$2,000；貸：辦公用品費用$2,000
(3)借：辦公用品$3,000；貸：辦公用品費用$3,000
(4)借：辦公用品費用$3,000；貸：辦公用品$3,000

答案：(4)

✎補充說明：

年底應編製之調整分錄為：

| xx/12/31 | 辦公用品費用 | 3,000 | |
| | 　辦公用品 | | 3,000 |

3.帳戶之正常餘額係指：
(1)帳戶之借方　　　　　　　　　(2)帳戶之貸方
(3)帳戶餘額增加時記錄之一方　　(4)帳戶餘額減少時記錄之一方

答案：(3)

【98年四等地方特考試題】

1. 公司每月編製財務報表。公司在 X2 年中購買一張 1 年期保單，在 X3 年 1 月 31 日作完調整分錄後，保險費餘額為$300，預付保險費為$1,200。試問公司在 X2 年中的那一天購買保單？

(1) 5 月 1 日 　　　　　　　　 (2) 6 月 1 日
(3) 7 月 1 日 　　　　　　　　 (4) 8 月 1 日

答案：(2)

補充說明：

1. 題目告知「在 X3 年 1 月 31 日作完調整分錄後，保險費餘額為$300」表示一個月的保險費為$300。

2. 題目告知 1 月底調整後預付保險費餘額為$1,200，表示預付保險費尚有 4 個月(＝$1,200÷$300)，表示 X3 年會發生 5 個月的保險費。

3. 由第 2 項可知 X2 年預付之保險費有 5 個月會發生在 X3 年，表示有 7 個月的保險費會發在 X2 年。

4. 自 X2 年底往前推算 7 個月為 X2 年 6 月 1 日，該日即為公司買入保險之日期，此即為答案。

【98年五等地方特考試題】

1.【依 IAS 或 IFRS 改編】下列帳戶何者是虛帳戶？
(1) 累計折舊　　　　　　　　(2) 備抵存貨跌價
(3) 停業單位損益　　　　　　(4) 資本公積

答案：(3)

補充說明：

選項(1)及選項(2)為資產的抵減科目；選項(4)為權益科目；**只有選項(3)為損益科目**，損益科目為虛帳戶，故答案為選項(3)。

2.關於迴轉，下列敘述何者正確？
(1)迴轉的對象僅限於與次期損益計算有關的調整分錄
(2)迴轉是必要的會計程序
(3)本期的估計事項需要迴轉
(4)以上皆非

答案：(1)

✎補充說明：

分析各選項如下：

1. 選項(1)：敘述是正確的，**編製迴轉分錄之目的在於簡化調整分錄次期之帳務處理**，如應收收入及應付費用項目，**故答案為本選項**。

2. 選項(2)：敘述是錯誤的，對於可以編製迴轉分錄的交易事項，**企業可以自由選擇是否要編製迴轉分錄，並非必要的會計程序**。

3. 選項(3)：敘述是錯誤的，**估計事項(如：提列折舊)不須編製迴轉分錄；此類交易若編製迴轉分錄，並不會簡化調整分錄次期之帳務處理**。

3.甲公司在 4 月 16 日收到一張面額$100,000，180 天期，利率 6%票據，該公司會計年度結束日為 6 月 30 日，則下列甲公司 6 月 30 日結帳日票據利息調整分錄的敘述何者正確？(一年以 360 天計)
(1)借記應收利息$1,250　　(2)借記應收利息$3,000
(3)借記應收利息$1,750　　(4)貸記利息收入$3,500

答案：(1)

✎補充說明：

6 月 30 日結帳日應編製之調整分錄為：

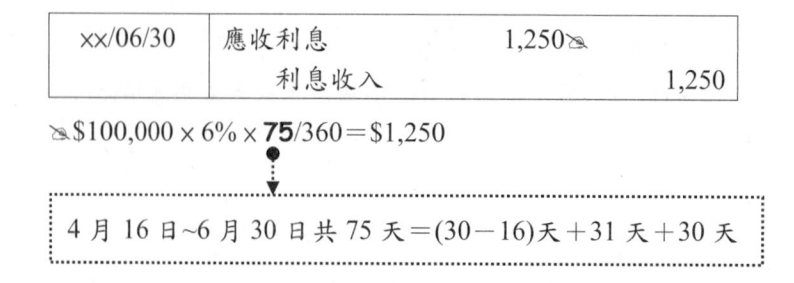

xx/06/30	應收利息	1,250✎	
	利息收入		1,250

✎ $100,000 × 6% × **75**/360 ＝ $1,250

4 月 16 日～6 月 30 日共 75 天＝(30－16)天＋31 天＋30 天

4.【依 IAS 或 IFRS 改編】下列項目何者不須於財務報表附註中加以說明？
(1)存貨評價方法　　　　　　　　(2)盈餘分配所受之限制
(3)公司重要經理人之任免方式　　(4)廠房資產之抵押設定情形
答案：(3)

　　✎補充說明：
　　　依國際財務報導準則規定，**財務報表附註應包含重大會計政策之彙總說明及其他解釋資訊**。選項(1)、選項(2)及選項(4)為會計政策之說明及其他解釋資訊，選項(3)屬公司內部人事制度，不須對外揭露說明。

【97年普考試題】

1.【依 IAS 或 IFRS 改編】下列報導期間後事項何者不須調整財務報表數字，而須以附註揭露？
(1)董事長退休
(2)發行大量普通股
(3)客戶破產，導致大筆應收帳款無法收回
(4)纏訟多年之訴訟案判決確定，法院判賠金額超出預期
答案：(2)

　　✎補充說明：
　　1.選項(1)及選項(2)為報導期間後非調整事項，**但選項(2)發行大量普通股可能影響企業重大，應予揭露表達。**
　　2.選項(3)客戶破產，導致大筆應收帳款無法收回，須進一步評估造成客戶破產之原因係存在於報導期間結束日之前或之後；**本題未明確說明造成客戶破產之原因係存在於報導期間結束日之前或之後，無法確定應調整帳列金額或應予揭露表達**，但因為選項(2)一定是屬報導期間後非調整事項且金額重大，應予揭露表達，故考選部公布答案為選項(2)。
　　3.選項(4)屬報導期間後調整事項，應調整帳列金額。

【97年初等特考試題】

1.企業在 X1 年 7 月 1 日預付二年保險費$12,000,當時以借:預付保險費$12,000 及貸:現金$12,000 入帳,則 X1 年期末調整時應為:
(1)借:保險費用$3,000　　　　　(2)借:保險費用$6,000
(3)貸:預付保險費$6,000　　　　(4)不必作調整分錄

答案:(1)

✍補充說明:

X1 年期末應編製之調整分錄為:

X1/12/31	保險費用	3,000✍	
	預付保險費		3,000

✍$12,000 × 6/24 = $3,000

2.下列那種分錄不屬於調整分錄?
(1)借:應收利息,貸:利息收入
(2)借:稅捐費用,貸:應付稅捐
(3)借:折舊費用,貸:累計折舊
(4)借:預付保費,貸:現金

答案:(4)

✍補充說明:

選項(4)為預付保險費時之分錄,而非調整分錄。

3.【依 IAS 或 IFRS 改編】「X2 年 2 月 8 日本公司桃園廠發生大火,廠房及設備受到嚴重焚燬,此項財產雖均可得到保險 理賠,惟修復期間之營業損失,未在理賠範圍之內,其金額亦無法估計。」X1 年財務報表中之附註揭露,最有可能描述:
(1)很有可能發生之或有事項　　(2)有可能發生之或有事項
(3)負債準備　　　　　　　　　(4)報導期間後事項

答案:(4)

4.下列為甲公司之部分支出資料：利息費用$50，銷貨運費$160，呆帳費用$380，進貨關稅$2,100。上列資料屬營業費用者共計？
(1)$160　　　　　　(2)$540　　　　　　(3)$2,310　　　　　　(4)$2,640

答案：(2)

> 補充說明：
>
> 1.營業費用＝$160＋$380＝$540。
>
> 2.利息費用$50屬其他損益項目。
>
> 3.進貨關稅$2,100屬進貨成本。

【97年四等地方特考試題】

1.【依IAS或IFRS改編】下列事項何者發生時須調整前期損益？
(1)建築物之耐用年限由25年改為30年
(2)折舊方法由直線法改為年數合計法
(3)去年度購買機器之成本 $150,000 當成修理費用
(4)今年實際發生的呆帳比去年提列的備抵呆帳還多

答案：(3)

> 補充說明：
>
> 1.選項(1)耐用年限之變動屬估計變動，不須調整前期損益。
>
> 2.選項(2)折舊方法變動屬會計估計變動，不須調整前期損益。折舊方法變動之會計處理，請參閱本書第六章「不動產、廠房及設備」重點內容之說明。
>
> 3.選項(3)**資本支出列為費用，於發現時須調整前期損益，屬錯誤更正，故答案為本選項**。
>
> 4.選項(4)實際發生的呆帳比去年估列金額多時，應以會計估計變動處理，不須調整前期損益。

【97年五等地方特考試題】

1. 結帳後：
(1)所有帳戶餘額均為零
(2)資產、負債及業主權益帳戶餘額為零
(3)收入、費用、本期損益及保留盈餘帳戶餘額為零
(4)收入、費用及本期損益帳戶餘額為零

答案：(4)

> 補充說明：
> 結帳是將損益科目及股利(虛帳戶)之會計科目餘額結轉至保留盈餘；虛帳戶餘額會結清為零，實帳戶會結轉下期。

2. 下述會計科目何者屬於永久性(實)帳戶：
①應付帳款　②辦公設備　③銷貨收入　④折舊費用　⑤投入資本
(1) ①③④　　(2) ②④⑤　　(3) ③④⑤　　(4) ①②⑤

答案：(4)

> 補充說明：
> 永久性帳戶(實帳戶)係指資產、負債及權益(股利除外)科目。

3. 【依 IAS 或 IFRS 改編】下列何者不應列於綜合損益表？
(1)每股盈餘　(2)所得稅費用　(3)前期損益調整　(4)停業單位損益

答案：(3)

> 補充說明：
> 選項(3)前期損益調整應列於保留盈餘表或權益變動表。

【96年普考試題】

1. 某律師事務所預先自客戶處收到現金$100,000，而承諾將於未來提供法律諮詢服務，當時並貸記「預收收入」$100,000；若期末已提供服務，但並未作調整分錄，則將使：
(1)負債高估　　(2)淨利高估　　(3)資產低估　　(4)費用高估

答案：(1)

📖 補充說明：

1. 應編製之調整分錄為：

xx/12/31	預收收入	100,000	
	XX收入		100,000

2. 若未做調整分錄會造成的影響為：

①未借記預收收入➜造成「預收收入」未減少➜造成負債未減少➜**造成負債高估**。

②未貸記XX收入➜造成「XX收入」未增加➜造成收入低估➜**造成淨利低估**。

【96年初等特考試題】

1.【依 IAS 或 IFRS 改編】甲公司購買檯燈1只，成本$800，根據產品說明書，該品牌檯燈之平均耐用年限約為 5 年。甲公司之會計人員在購買日將$800全數認列為費用，期末亦未做相關調整分錄。試問下列敘述何者正確？
(1)甲公司會計人員此種做法違反了一般公認會計原則
(2)甲公司會計人員此種做法係反映一致性，未違反一般公認會計原則
(3)甲公司會計人員此種做法係反映重大性，未違反一般公認會計原則
(4)甲公司會計人員此種做法會降低財務報表之攸關性

答案：(3)

📖 補充說明：

因為檯燈成本$800(金額)**不具重大性，故會計處理可為權宜處理，而不須嚴格遵守會計準則之規定**(即認列為費用，而不須認列為資產，也就無須提列折舊)；故甲公司之會計人員將檯燈成本$800全數認列為費用係基於重大性之考量。

【96年四等地方特考試題】

1.【依IAS或IFRS改編】預付費用在財務狀況表當中，係屬於下列那一大項之項目？
(1)流動資產　　　　　　　　　　(2)流動負債
(3)非流動負債　　　　　　　　　(4)費用

答案：(1)

> 補充說明：
> 除非另有說明，**一般預付費用在財務狀況表中係歸類為流動資產**；但若其不符合流動資產之定義，則應歸類為非流動資產。

2.某企業期初之資產總額及負債總額分別為$1,050,000及$600,000，假設該企業期末資產總額較期初增加$350,000，而負債減少$150,000，則該企業期末之業主權益應為：
(1)$100,000　　(2)$450,000　　(3)$950,000　　(4)$1,850,000

答案：(3)

> 補充說明：
> 期初業主權益＝期初資產總額$1,050,000－期初負債總額$600,000
> 　　　　　　＝$450,000
>
> 期末業主權益＝$(1,050,000＋$350,000)－$(600,000－$150,000)
> 　　　　　　＝$1,400,000－$450,000＝**$950,000**

【96年五等地方特考試題】

1.關於會計循環之各項步驟，下列順序何者正確？
(1)交易分析→登帳→試算→過帳
(2)交易分析→登帳→過帳→試算
(3)交易分析→過帳→登帳→試算
(4)登帳→交易分析→過帳→試算

答案：(2)

2.帳戶必須進行期末調整之主要原因為：
(1)在平時記錄交易時，一定會有錯誤發生
(2)在期中，管理當局尚無法決定當年度之財務報導目標
(3)有許多企業交易之影響係跨越一個以上的會計期間
(4)會計師在期末查帳時因報表編製不符一般公認會計原則要求公司必須進行調整

答案：(3)

▶ 補充說明：

調整分錄係因為時間的經過等原因，造成企業帳列會計科目餘額已與編製報表時之實際狀況有所不同，**為使帳列會計科目餘額與實際狀況符合所編製的分錄，並非發生錯誤**；依此說明答案為選項(3)。

【95年普考試題】

1.【依 IAS 或 IFRS 改編】下列敘述何者正確？
(1)備抵損失的借餘為正常餘額
(2)應收帳款的貸餘為正常餘額
(3)預收收益的借餘為正常餘額
(4)預付費用的借餘為正常餘額

答案：(4)

2.下列那一項是流動資產？
(1)人壽保險之解約金價值，公司為受益人
(2)有價證券投資，其目的在控制被投資公司
(3)指定償債專用之現金
(4)分期付款銷貨之應收帳款，通常在18個月內收回

答案：(4)

▶ 補充說明：

1.選項(1)為**長期投資**，「人壽保險之解約金價值」即支付保險費中屬於儲蓄部分。

2.選項(2)為長期投資，因為投資目的在於「控制」被投資公司，其期間不會是短期間。

3.選項(3)為長期投資，一般均將指定償債專用之現金稱為償債基金，並分類為長期投資。國際財務報導準則規定，償債基金之分類須比照將以該基金償還之負債是流動或非流動分類之。

4.選項(4)為流動資產，題目所述之「通常在18個月內收回」表示該企業之營業週期為18個月，**分期付款銷貨之應收帳款屬營業活動所產生且於營業週期內收回**，應分類為流動資產，故答案為本選項。

【95年初等特考試題】

1.忠孝企業一月份的帳務記錄如下：月初業主權益$200,000，月底業主權益$300,000。收入總額$335,000，業主提取$15,000，當月份並無資本投入。則一月份的費用總額為：

(1)$320,000　　　　(2)$335,000　　　　(3)$235,000　　　　(4)$220,000

答案：(4)

　補充說明：

期初業主權益$200,000＋業主增加投資$0－業主提取$15,000
＋當期收入$335,000－當期費用？＝期末業主權益$300,000

當期費用＝**$220,000**

2.編製試算表可以發現過帳時：

(1)所發生之一切錯誤　　　　　　(2)借貸金額不一致之錯誤
(3)會計科目用錯之錯誤　　　　　(4)整個分錄重複過帳之錯誤

答案：(2)

　補充說明：

試算表僅能驗證所有會計科目之餘額的借、貸方總金額是否相等，當借、貸方總金額不相等時，只知道有錯誤發生，須進一步查證才可以得知是發生什麼錯誤。

3.下列那一帳戶在調整後試算表上之餘額與結帳後試算表上之餘額相同？
(1)保留盈餘
(2)銷貨收入
(3)累計折舊
(4)折舊費用

答案：(3)

✎補充說明：

結帳是將損益科目及股利(虛帳戶)之會計科目餘額結轉至保留盈餘，故結帳時會影響到損益科目、股利及保留盈餘，其他會計科目則不受影響，故本題答案為選項(3)。

4.下列何帳戶之結帳分錄須借記「本期損益」？
(1)銷貨收入
(2)預收收入
(3)租金費用
(4)預付租金

答案：(3)

✎補充說明：

題目指結帳分錄須「**借記**」本期損益的會計科目，表示該會計科目結帳前之會計科目餘額為「借餘」；**故答案須該會計科目為損益科目或股利且正常餘額為借餘**，選項(3)之租金費用符合條件，故答案為選項(3)。

【95年四等地方特考試題】

1.下列有關財務狀況表之敘述，何者為真？
(1)係表達特定時點公司之營業結果
(2)係表達某段會計期間公司之營業結果
(3)係表達特定時點公司之財務狀況
(4)係表達某段會計期間公司之財務狀況

答案：(3)

✎補充說明：

財務狀況表係表達**特定日期**企業的**財務狀況**。

第 31 頁 (第二章 調整分錄與財務報導)

2.若公司將支付廣告費用$2,000入帳為借記廣告費用$200、貸記現金$200，則將使：

(1)現金低估$1,800
(2)廣告費用低估$1,800
(3)現金高估$2,200
(4)廣告費用高估$2,200

答案：(2)

> 補充說明：
> 公司發生的錯誤為**低估廣告費用**$1,800($2,000－$200)，**高估現金**$1,800(少貸記現金)。

【95年五等地方特考試題】

1.【依IAS或IFRS規定】損益表中之非常項目通常需符合下列那一項條件？
(1)性質特殊
(2)性質特殊且不常發生
(3)不常發生
(4)不可以分類為非常項目

答案：(4)

> 補充說明：
> **國際財務報導準則不允許將損益分類為非常損益項目**，即已無非常損益項目之表達。

2.預付費用這個會計科目是代表：
(1)資產　　(2)負債　　(3)收入　　(4)費用

答案：(1)

3.編製試算表可以發現下列何種錯誤？
(1)交易漏未登帳至日記簿
(2)同一筆交易分錄之借貸項均重複過帳
(3)在將分錄之借項過至分類帳時，發生換位之金額錯誤
(4)交易之科目記錯但金額正確

答案：(3)

☛補充說明：

試算表僅能驗證所有會計科目之餘額的借、貸方總金額是否相等，**試算表無法發現所有的錯誤，也無法發現不影響試算表借、貸金額相等之錯誤，僅能發現借、貸金額不一致之錯誤**，本題只有選項(3)會使試算表借方及貸方總金額不一致，編製試算表可以發現此種錯誤。

4. 某雜誌社即將出版一年六期之雜誌，該雜誌採預購方式出售，雜誌推出時即有1,000人預定並分別繳交一年期雜誌費$900，雜誌社應有之會計紀錄為：

(1) 應收雜誌收入　　　　900,000
　　雜誌收入　　　　　　　　　　900,000
(2) 現金　　　　　　　　900,000
　　預收雜誌收入　　　　　　　　900,000
(3) 應收雜誌收入　　　　900,000
　　預收雜誌收入　　　　　　　　900,000
(4) 預付雜誌收入　　　　900,000
　　現金　　　　　　　　　　　　900,000

答案：(2)

☛補充說明：

此為預收雜誌收入之交易，其入帳可採「記實轉虛」或「記虛轉實」之帳務處理。**若採記實轉虛，則於預收雜誌費時應借記：現金，貸記：預收雜誌收入；若採記虛轉實，則於預收雜誌費時應借記：現金，貸記：雜誌收入**。各選項所列的分錄，只有選項(2)是正確的，其係採記實轉虛之帳務處理。題目並未列示記虛轉實之帳務處理所應編製之分錄。

第三章　存貨

重點內容：

- 本章主題
    1. 存貨盤存制度。
    2. 存貨之成本流動假設。
    3. 存貨錯誤影響之分析。
    4. 存貨之估計方法：毛利法及零售價法。
    5. 存貨評價方法：成本與淨變現價值孰低法。

- 存貨盤存制度

    存貨盤存制度係用以決定存貨數量的方法，其包括：
    1. 永續盤存制。
    2. 定期盤存制。

- 存貨計價方法

    存貨之計價方法應採**成本流動假設**。當企業分批進貨，且各批單位成本不同時，須以成本流動假設決定出售存貨之成本。
    1. 個別認定法。
    2. 先進先出法。
    3. 平均法。

    國際財務報導準則已廢止後進先出法之存貨計價方法。

    成本流動假設採平均法搭配不同的存貨盤存制度，分別稱為：
    1. 平均法搭配**定期盤存制**，稱為**加權平均法**。
    2. 平均法搭配**永續盤存制**，稱為**移動平均法**。

    國際財務報導準則說明**通常不可替換之存貨項目及依專案計畫生產且能區隔之商品或勞務**，其存貨成本之計算應採用成本個別認定法；其他存貨之存貨成本應採用**先進先出法**或平均法計算。

- 存貨評價方法

    存貨應採成本與淨變現價值孰低法評價，當存貨之成本高於淨變現價值時，應將成本沖減至淨變現價值。**若企業有多種存貨時，國際財務報導準則規定原則上應採逐項比較法，符合特定條件方可採用分類比較法，但不允許採用總額比較法。**

- 企業之存貨項目

    下列項目應謹慎判斷是否為企業之存貨，以免高估或低估存貨：

    1. 在途存貨

        在途存貨是指貨物已由賣方運出正在路途中。**在途存貨是否應列為企業的存貨，須先確定企業是 賣方 還是 買方 的？且須確認買賣雙方約定的交貨條件為「起運點交貨」或「目的地交貨」？**

        (1) 若為「起運點交貨」，表示買賣雙方已在「起運點」(即賣方處)移轉所有權，**在途存貨是屬於「買方」的存貨**。

        (2) 若為「目的地交貨」，表示買賣雙方尚未交貨，**在途存貨是屬於「賣方」的存貨**。

    2. 寄銷品

        寄銷品為寄銷人(企業)將商品委由承銷人代為出售之存貨。**尚未出售的寄銷品屬寄銷人(企業)的存貨**。

    3. **製造業之存貨包括原料、在製品及製成品**。詳細說明請參閱本書第第十六章「製造業會計」。

- 估計存貨之方法

    國際財務報導準則之相關規定為：

    1. 依存貨成本衡量技術(如標準成本法或零售價法)衡量而得之存貨成本若近似於實際成本，企業得因方便而採用該技術。

    2. 零售業對於大量快速週轉、毛利率類似之存貨，且採用其他成本計價方法於實務上不可行者，經常採用零售價法衡量。

● 存貨錯誤對於損益的影響，不但會影響當年度損益金額，亦會影響次年度的損益金額；因為本年度的期末存貨為下一年度的期初存貨。**存貨錯誤發現年度之前已經過二年度的結帳程序，保留盈餘即會自動更正錯誤，但以前各年度的淨利金額仍為錯誤的。**

● 存貨計價方法之變動，過去稱為會計原則變動，國際財務報導準則稱為「會計政策變動」。**會計政策變動應採追溯適用之會計處理，即應追溯調整會計政策變動前之各年度損益金額，追溯計算之金額稱為累積影響數，並應重編以前年度報表；累積影響數須以稅後金額表達。**

【108年普考試題】

1. 甲公司採定期盤存制,於 20x7 年 11 月 20 日向乙公司賒購商品$800,000,進貨的付款條件為「2/10,n/30」。甲公司於 11 月 30 日償還 20 日所欠乙公司貨款的 1/4。12 月 15 日則開立三個月期 12%(年利率)票據償還乙公司剩餘貨款。20x8 年 3 月 15 日支付此張到期票據之本金及利息。

試作:甲公司有關上述交易之相關分錄及 20x7 年底資產負債表與 20x7 年度綜合損益表之表達(假設甲公司年底並無其他應付票據)。

解題:

相關分錄列示如下:

20x7/11/20	進貨	800,000	
	應付帳款		800,000

20x7/11/30	應付帳款	200,000	
	進貨折扣		4,000
	現金		196,000

20x7/12/15	應付帳款	600,000	
	應付票據		600,000

20x7/12/31	利息費用	3,000	
	應付利息		3,000✍

✍ = $600,000×12%×0.5/12。

20x8/03/15	應付票據	600,000	
	應付利息	3,000	
	利息費用	15,000✍	
	現金		618,000

✍ = $600,000×12%×2.5/12。

甲公司
資產負債表
20x7 年 12 月 31 日

……

負債

流動負債

應付票據	$600,000	
應付利息	3,000	$603,000

甲公司
綜合損益表
20x7 年

……

銷貨成本

期初存貨		xxx,xxx	
本期進貨	$800,000		
減：進貨折扣	4,000		
進貨淨額		796,000	
可供銷售商品成本		x,xxx,xxx	
期末存貨		xxx,xxx	xxx,xxx

……

其他收入及費用

  利息費用   3,000

……

2. 甲公司倉庫發生火災，經實際盤點後發現倉庫存貨剩餘價值為$200,000，甲公司擬採毛利法估計存貨之火災損失金額，甲公司有對存貨投保最高賠償$500,000之火災保險。甲公司截至火災發生前帳列之相關紀錄如下：

期初存貨	$1,500,000	銷貨收入	$8,000,000
進　貨	5,400,000	銷貨退回	300,000
進貨運費	100,000	上年度毛利率	30%

試作：甲公司存貨火災損失之最少金額為何？

解題：

設：期末存貨為 x

銷貨收入(淨額)	$8,000,000－$300,000＝$7,700,000
期初存貨 ＋進貨淨額 － 期末存貨	$1,500,000 $5,400,000＋$100,000＝$5,500,000 x
銷貨成本	$7,700,000×(1－30%)＝$5,390,000 或 $7,700,000－$2,310,000＝$5,390,000
銷貨毛利	$7,700,000×30%＝$2,310,000

將銷貨成本組成項目列為算式

$1,500,000＋$5,500,000－x＝$5,390,000

x＝期末存貨$1,610,000

甲公司存貨損失金額

＝$1,610,000－$200,000－$500,000＝**$910,000**

3. 甲公司於 X3 年初有商品存貨$500,000，年間向供應商購買存貨$2,000,000，交貨條件為目的地交貨，運費$500。若甲公司 X3 年度銷貨$2,500,000，且期末存貨為$600,000，試問銷貨成本與銷貨毛利率為多少？

(1)$1,900,000 與 76%　　　　(2)$1,900,000 與 24%

(3)$1,250,000 與 24%　　　　(4)$1,900,500 與 23.98%

答案：(2)

☛補充說明：

1.銷貨成本＝$500,000＋$2,000,000－$600,000＝**$1,900,000**

2.銷貨毛利＝$2,500,000－$1,900,000＝$600,000

3.銷貨毛利率＝$600,000÷$2,500,000＝**24%**

4.甲公司對客戶之訂單係採專案接單客製化之方式供貨。X1年底相關資料顯示，甲公司為因應乙客戶之訂單共計生產100件，總成本$58,000，已供貨95件；丙客戶，共計生產50件，總成本$13,500，已交貨48件；丁客戶，共計生產80件，總成本$46,000，尚餘存貨6件。甲公司在X1年底之存貨成本為多少？

(1)$6,175　　　　(2)$6,641　　　　(3)$6,890　　　　(4)$7,475

答案：(3)

☛補充說明：

$58,000÷100件x(100件－95件)＋$13,500÷50件x(50件－48件)
＋$46,000÷80件x6件＝**$6,890**

【108年初等特考試題】

1.成立於X1年初之甲公司採曆年制，X1年相關資料如下：進貨$500,000，進貨運費$50,000，進貨退出與讓價$70,000，進貨折扣$40,000。若甲公司於X1年售出所有存貨之70%，則其X1年底存貨餘額為：

(1)$117,000　　　(2)$132,000　　　(3)$144,000　　　(4)$153,000

答案：(2)

☛補充說明：

($500,000＋$50,000－$70,000－$40,000)x(1－70%)＝**$132,000**

2. 甲公司X1年度之期初存貨$6,000，進貨$50,000，進貨折讓$2,500，進貨運費$5,000，期初存貨之零售價$10,000，進貨之零售價$80,000，銷貨$70,000，若該公司採平均成本零售價法，則其期末存貨為：

(1)$20,000　　(2)$13,125　　(3)$13,000　　(4)$12,000

答案：(3)

✎補充說明：

	成本	零售價
期初存貨	$ 6,000	$ 10,000
本期進貨	50,000	80,000
進貨折讓	(2,500)	
進貨運費	5,000	
可供銷售商品	$58,500	90,000

成本佔零售價百分比 65%
(平均成本率＝$58,500÷$90,000)

銷貨收入		(70,000)
期末存貨之零售價		20,000
平均成本率		65%
期末存貨成本		**$13,000**

3. 下列那些項目應包含於銷貨成本中？

①存貨減損損失　②銷貨折扣　③存貨盤盈　④存貨之銷售佣金

(1)僅③④　　(2)僅①③　　(3)僅②④　　(4)僅②③

答案：(2)

✎補充說明：

1. ①存貨減損損失應為成本與淨變現價值孰低法下之存貨跌價損失，應列入**銷貨成本**。
2. ③存貨盤盈，為存貨盤點金額較帳列存貨金額為多之金額，應列入**銷貨成本**。
3. ②銷貨折扣應列為**銷貨收入減項**。
4. ④存貨之銷售佣金應列為**營業費用**。

4.若甲公司X1年的期初存貨高估$3,500，期末存貨低估$7,600，且一直未發現該錯誤，則對甲公司X2年財務報表之影響為何(不考慮稅)？

(1)X2年底保留盈餘高估$4,100

(2)X2年底保留盈餘低估$4,100

(3)X2年銷貨毛利高估$7,600

(4)X2年銷貨毛利低估$7,600

答案：(3)

◈補充說明：

1. X1年的期初存貨高估$3,500對X2年財務報表已無影響。

2. X1年的期末存貨低估$7,600→X2年的**期初存貨**低估$7,600→造成**銷貨成本**低估$7,600→造成**銷貨毛利**高估$7,600→造成**本期淨利**高估$7,600→造成**保留盈餘**高估$7,600

【107年普考試題】

1.甲公司X6年度採用平均成本與淨變現價值孰低零售價法(傳統零售價法)估計期末存貨。存貨資料如下：

	成本	零售價
期初存貨	$50,500	$82,000
本期進貨	350,000	600,000
進貨折扣	30,000	—
進貨退出	15,000	40,000
進貨運費	18,500	—
淨加價		38,000
淨減價		20,000
本期銷貨		630,000
銷貨退出		60,000

解題如下：

	成本	零售價
期初存貨	$ 50,500	$ 82,000
本期進貨	350,000	600,000
進貨折扣	(30,000)	—
進貨退出	(15,000)	(40,000)
進貨運費	18,500	
淨加價		38,000
小計	$374,000	680,000

成本率＝**55%**

淨減價		(20,000)
本期銷貨		(630,000)
銷貨退出		60,000
期末存貨零售價		$90,000

期末存貨估計金額(成本與淨變現價值孰低)
　　　　　　＝$90,000× 55%　＝**$49,500**

答：(一)成本率為 **55%**

　　　(二)期末存貨成本為 **$49,500**

2.甲公司採曆年制，本年12月5日因一場大火損失所有存貨，相關資料如下：

	上年度	本年度1月1日～12月4日
銷貨收入淨額	$900,000	$850,000
銷貨運費	16,300	15,700
期初存貨	55,000	31,800
進貨淨額	650,000	659,700
進貨運費	1,800	1,500
期末存貨	31,800	？

試依上年度毛利率估計本年12月5日火災損失之金額？

(1)$35,500　　　(2)$48,200　　　(3)$49,600　　　(4)$55,500

答案：(1)

✎補充說明：

1. 上年度毛利率

    毛利率＝〔$900,000－($55,000＋$650,000＋$1,800－$31,800)〕
    　　　　÷ $900,000＝25%

2. **此題須採用毛利率推算期末存貨**。建議使用下列表格，分別填入資料，即可推算期末存貨金額。

    設：期末存貨為 x

銷貨收入(淨額)	$850,000
期初存貨 ＋進貨淨額 － 期末存貨	$31,800 $659,700＋$1,500＝$661,200 x
銷貨成本	$850,000×(1－25%)＝$637,500 或 $850,000－$212,500＝$637,500
銷貨毛利	$850,000×25%＝$212,500

    將銷貨成本組成項目列為算式

    $31,800＋$661,200－x＝$637,500

    x＝期末存貨$55,500＝火災損失

3. 甲公司於期末實地盤點存貨得知：倉庫存放商品共$99,600，其中包含來自乙公司的寄銷商品$2,400；另外，共有三批商品尚在運送途中：(1)來自供應商的商品，價格$5,800，起運點交貨；(2)銷售予丙客戶之商品，價格$6,000，成本$4,200，起運點交貨；(3)銷售予丁客戶之商品，價格$8,000，成本$6,500，目的地交貨。試問甲公司之期末存貨應為何？

    (1)$97,200　　(2)$109,500　　(3)$111,900　　(4)$113,700

答案：(2)

✎補充說明：

期末存貨＝$99,600－$2,400＋$5,800＋$6,500＝**$109,500**

4.甲公司賒銷一批商品予乙客戶，交易金額為$12,600，其中包含5%營業稅，付款條件為2/10、n/30，且乙客戶於折扣期間內付清貨款。試問甲公司銷售該批商品之銷貨收入淨額為何？

(1)$11,760　　　(2)$12,000　　　(3)$12,348　　　(4)$12,965

答案：(1)

✎補充說明：

銷貨收入淨額＝$12,600 ÷ 105% × 98%＝**$11,760**

【107年四等地方特考試題】

1.乙公司X4年實施年底實地盤點存貨，盤點結果發現其倉庫及賣場之存貨金額合計$504,000，其中包含丁廠商委託代銷商品$18,000。此外，由資料得知有三筆尚在運送過程中的存貨相關交易：條件為目的地交貨的進貨$315,000在空運途中；條件為起運點交貨的$207,000商品正在運往顧客指定地點的途中；條件為起運點交貨的進貨$675,000已在海運途中。乙公司X4年底之期末存貨餘額應為：

(1)$1,701,000　　　(2)$1,683,000　　　(3)$1,368,000　　　(4)$1,161,000

答案：(4)

✎補充說明：

$504,000－$18,000＋$675,000＝**$1,161,000**

【107年五等地方特考試題】

1.在定期盤存制下，當商品出售時，下列會計處理何者錯誤？

(1)貸：存貨　　　　　　　　(2)貸：銷貨收入
(3)借：現金或應收帳款　　　(4)不記錄任何銷貨成本

答案：(1)

2.己公司X9年8月8日向庚公司賒購商品$32,000，付款條件為2/10、n/30，運送條件為起運點交貨，庚公司當日並支付運費$2,000；若己公司於同年8月16日付清全部欠款，則己公司應支付現金為：
(1)$33,360　　　(2)$33,320　　　(3)$32,000　　　(4)$31,360

答案：(1)

　　📝補充說明：$32,000×(1－2%)＋$2,000＝**$33,360**

3. X9年12月31日，乙公司在正常銷貨情況下，發生一批因瑕疵而遭客戶退貨之商品。該商品銷售價格$300，原始成本為$170，但遭退貨後可以$160再次銷售。為使該批商品達可供銷售狀態前另需投入$50修補，且再次銷售之銷售成本估計為$40，乙公司預期再次銷售受損商品之正常利潤率為15%。則該商品之淨變現價值為：
(1)$60　　　(2)$70　　　(3)$110　　　(4)$136

答案：(2)

　　📝補充說明：$160－$50－$40＝**$70**

4.有關定期盤存制與永續盤存制的敘述，下列何者正確？
(1)永續盤存制因為平日並無存貨庫存的資料，無法做有效的存貨數量管理
(2)永續盤存制之存貨管理控制較佳
(3)定期盤存制期末須做實地盤點，永續盤存制期末即無須實地盤點
(4)永續盤存制之帳務處理相對較簡單，適合於單價較低且進出頻繁的商品

答案：(2)

　　📝補充說明：

　　　1.選項(1)：錯在永續盤存制平日並無存貨庫存的資料；**永續盤存制對於存貨的進、出及庫存均有完整的記錄。**

　　　2.選項(3)：錯在永續盤存制期末即無須實地盤點；**永續盤存制期末仍須實地盤點並與帳列存貨金額核對。**

　　　3.選項(4)：永續盤存制之帳務處理**相對於定期盤存制較為詳細；另並未限定僅適合於單價較低且進出頻繁的商品。**

5.下列項目那一個不是進貨成本的一部分？
(1)進貨退出   (2)進貨折讓
(3)買方負擔的運費   (4)賣方負擔的運費

答案：(4)

6.比較定期盤存制下的先進先出法與加權平均法，下列何者正確？
(1)在物價下跌時，先進先出法下的期末存貨較高
(2)在物價下跌時，加權平均法要繳較少的稅
(3)在物價上漲時，兩法會有相同的銷貨成本
(4)在物價上漲時，先進先出法淨利較高

答案：(4)

　　✍補充說明：

1. 選項(1)：是錯的，在物價下跌時，先進先出法下的期**末存貨為較接近報導期間結束日之進貨成本，其成本會較低**；相對地，銷貨成本會較高。

2. 選項(2)：是錯的，在物價下跌時，加權平均法係採平均成本，故期末存貨為較先進先出法為高；相對地，銷貨成本會較低→造成本期淨利會較高→造成繳較多的稅。

3. 選項(3)：是錯的，**不論物價下跌或上漲，先進先出法及加權平均法的銷貨成本不會相同**。

4. 選項(4)：是正確的，在物價上漲時，先進先出法下的期**末存貨為較早日期之進貨成本，其成本會較高**；相對地，銷貨成本會較低→造成本期淨利會較高。

7.甲公司採用永續盤存制及平均法成本流程假設。X1年1月份進銷：1月1日存貨20單位@$12，1月5日進貨10單位@$15，1月10日銷貨10單位@$20，1月15日進貨15單位@$16，請問1月10日應記錄銷貨成本增加多少？
(1)$120   (2)$130   (3)$135   (4)$140

答案：(2)

第14頁 (第三章 存貨)

📝 補充說明：

日期		購入			售出			庫存		
月	日	數量	單價	金額	數量	單價	金額	數量	單價	金額
X1 1	1							20	$12	$240
	5	10	$15	$150				30	13	390
	10				10	$13	**$130**	20	13	260
					......					

【106年普考試題】

1. 甲公司之存貨在X3年1月份因火災造成嚴重損失，以下為X3年1月份截至火災前存貨之相關資訊：

　　　　存貨：1月1日　　　　　　　$80,000
　　　　進貨　　　　　　　　　　　550,000
　　　　進貨運費　　　　　　　　　 30,000
　　　　銷貨　　　　　　　　　　　620,000
　　　　銷貨退回　　　　　　　　　 35,000

甲公司於火災後盤點存貨，發現有一批完好無損之存貨，其售價為$60,000。

假設甲公司以銷貨成本表達之毛利率為25%。

試作：

(一)以銷貨淨額表達之毛利率應為多少？

(二)此次火災造成甲公司存貨損失之金額為多少？

解題：

　　(一)以銷貨淨額表達之毛利率＝25%÷(1＋25%)＝**20%**

　　(二)此次火災造成甲公司存貨損失之金額計算如下：

設：期末存貨為 x

銷貨收入(淨額)	$620,000 - 35,000 = 585,000$
期初存貨 ＋進貨淨額 －期末存貨	$80,000$ $550,000 + 30,000 = 580,000$ x
銷貨成本	$585,000 \times (1-20\%) = 468,000$ 或 $585,000 - 117,000 = 468,000$
銷貨毛利	$585,000 \times 20\% = 117,000$

將銷貨成本組成項目列為算式

$80,000 + 580,000 - x = 468,000$

x＝期末存貨$192,000

甲公司存貨損失金額＝$192,000 - 60,000 \times (1-20\%) =$ **$144,000**

2.下列為丁公司X7年6月份之進銷貨資料：

6月 1日	期初存貨200件	@$10	$2,000
6月 4日	進貨300件	@$12	$3,600
6月 8日	銷貨200件		
6月13日	進貨200件	@$14	$2,800
6月18日	銷貨400件		

若該公司採永續盤存制移動平均法，試問X7年6月30日該公司存貨餘額為何？

(1)$1,000　　(2)$1,200　　(3)$1,232　　(4)$1,458

答案：(3)

☞補充說明如下：

日期		購入			售出			庫存		
月	日	數量	單價	金額	數量	單價	金額	數量	單價	金額
X7										
6	1							200	$10.00	$2,000
	4	300	$12.00	$3,600				500	11.20	5,600
	8				200	$11.20	$2,240	300	11.20	3,360
	13	200	$14.00	$2,800				500	12.32	6,160
	18				400	12.32	4,928	100	12.32	1,232

3.甲公司去年度的財務報表列示：銷貨淨額為$2,500,000，銷貨成本為銷貨淨額的46%，營業費用為$450,000，營業外利益為銷貨淨額的1%，利息費用為$75,000，所得稅稅率為17%，若無其他營業外費用或損失，則下列何者正確？

(1)稅前淨利率為32%，淨利率為28.22%
(2)毛利為$1,350,000，稅前息前淨利為$850,000
(3)稅前息前淨利為$900,000，稅前淨利為$850,000
(4)稅前息前淨利為$925,000，營業淨利為$900,000

答案：(4)

☙補充說明：

1.依題目資料計算編報表如下：

銷貨淨額	$2,500,000	
銷貨成本	1,150,000	=$2,500,000×46%
銷貨毛利	1,350,000	
營業費用	$450,000	
營業利益(營業淨利)	900,000	
營業外利益	25,000	=$2,500,000×1%
利息費用	($75,000)	
稅前淨利	850,000	
所得稅	144,500	=$850,000×17%
稅後淨利	$705,500	

2.選項列示之各項金額或比率計算如下：

　　稅前淨利率＝$850,000÷$2,500,000＝34%

　　淨利率＝$705,500÷$2,500,000＝28.22%

　　銷貨毛利為$1,350,000

　　稅前息前淨利＝$850,000＋$75,000＝$925,000

　　稅前淨利＝$850,000

　　營業淨利＝$900,000

3.結論：**選項(4)是正確答案**

4.乙公司X7年度的銷貨收入淨額為$250,000，期初存貨成本$50,000、零售價$100,000，本年度進貨成本$170,000、零售價$300,000，依零售價法估算期末存貨金額應為多少？
(1)$27,500　　(2)$50,000　　(3)$82,500　　(4)$150,000

答案：(3)

補充說明：

計算如下：

	成本	零售價
期初存貨	$50,000	$100,000
本期進貨	170,000	300,000
可供銷售商品	$220,000	400,000

成本佔零售價百分比 55%
（平均成本率＝$220,000÷$400,000）

銷貨收入	(250,000)
期末存貨之零售價	150,000
平均成本率	55%
期末存貨成本	**$82,500**

【106年五等地方特考試題】

1.下列有關存貨會計的敘述，正確的有幾項？ ①存貨應以成本與市價孰低衡量 ②企業應於各後續期間重新評估存貨淨變現價值 ③存貨之淨變現價值等於公允價值減出售成本 ④依專案計畫生產且能區隔之商品，應採個別認定法計算存貨成本

(1)一項　　　　(2)二項　　　　(3)三項　　　　(4)四項

答案：(2)

✎補充說明：

②及④是正確的。①之「市價」應改為淨變現價值

③存貨之**淨變現價值**不等於**公允價值減出售成本**。

【105年普考試題】

1.甲公司有下列之項目餘額：

| 銷貨收入 | $600,000 | 銷貨折扣 | $15,000 |
| 銷貨退回與折讓 | 105,000 | 銷貨成本 | 360,000 |

甲公司之銷貨毛利率應為：

(1)75%　　　　(2)60%　　　　(3)40%　　　　(4)25%

答案：(4)

✎補充說明：

銷貨收入＝$600,000－$15,000－$105,000＝$480,000

銷貨毛利＝$480,000－$360,000＝$120,000

銷貨毛利率＝$120,000÷$480,000＝**25%**

2.X2年度乙公司有一批起運點交貨之在途進貨$20,000，商品未包含於期末存貨中，但發票已收到，故已記為X2年度之進貨。請問以下敘述何者正確？

(1)X3年度之財務報表不受影響

(2)X3年度之銷貨毛利低估

(3)X3年度資產負債表錯誤，綜合損益表則無誤

(4)X3年度資產負債表不受影響，綜合損益表錯誤

答案：(4)

📝 補充說明：

各選項之分析如下：

1. 選項(1)：敘述是錯誤的，X3年度之**綜合損益表會受影響**。
2. 選項(2)：敘述是錯誤的，X3年度之期初存貨會低估→造成銷貨成本會低估→造成**銷貨毛利會高估**。
3. 選項(3)：敘述是錯誤的，正確答案為選項(4)所述。
4. 選項(4)：**答案為本選項**。

【105年初等特考試題】

1. 甲公司期末盤點存貨後，帳上調整分錄記錄如下：

存貨(期末) 10,000
銷貨成本 300,000
　　進貨 310,000

由上述說明，可知：

(1)發生存貨盤點損失$10,000　　(2)發生存貨盤點利益$10,000
(3)公司存貨制度採定期盤存制　　(4)公司存貨制度採永續盤存制

答案：(3)

📝 補充說明：

因為有「進貨」之會計科目，可知甲公司存貨制度採定期盤存制。

2. 甲公司出售商品給乙公司，收到一張一年期不附息票據$15,900，當時市場利率為6%，則應認列銷貨收入之金額為：

(1)$15,900　　(2)$15,000　　(3)$16,854　　(4)$954

答案：(2)

📝 補充說明：

應認列銷貨收入之金額 $= \$15,900 \times (1+6\%)^{-1} = \bf{\$15,000}$

3. 甲公司生產部門(A部門與B部門)共包含四項非類似且非相關之存貨項目，X1年12月31日相關之存貨資料如下：

	存貨成本	存貨淨變現價值
A 部門		
A1 存貨	$900,000	$850,000
A2 存貨	600,000	700,000
B 部門		
B1 存貨	$180,000	$160,000
B2 存貨	230,000	180,000

請問以下有關甲公司X1年度財務報表金額之敘述何者正確？

(1)綜合損益表中認列存貨跌價損失金額$20,000

(2)綜合損益表中認列存貨跌價損失金額$70,000

(3)資產負債表中之存貨金額為$1,790,000

(4)資產負債表中之存貨金額為$1,840,000

答案：(3)

補充說明：

1. 採用逐項目比較計算存貨帳面金額如下：

產品(細類)	成本	淨變現價值	成本與淨變現價值孰低
A1	$900,000	$850,000	$850,000
A2	600,000	700,000	600,000
B1	180,000	160,000	160,000
B2	230,000	180,000	180,000
合計	$1,910,000		**$1,790,000**

2. 存貨跌價損失金額＝$1,910,000－$1,790,000＝**$120,000**

【104年普考試題】

1.甲公司為家具經銷商，X1年間，甲公司出售兩組辦公桌椅給乙公司，成交價為$85,000，甲公司並負擔貨運公司$3,000的運費。有關此$3,000的運費，下列何者敘述正確？
(1)甲公司應將$3,000列入存貨成本
(2)甲公司應將$3,000列入銷貨成本
(3)甲公司應將$3,000列入營業費用
(4)乙公司應將$3,000列入存貨成本

答案：(3)

> ✎ 補充說明：
> 甲公司負擔$3,000的運費**係屬銷貨運費**，其應列為營業費用。

2.有關存貨成本公式及盤存制度，下列何者正確？
(1)存貨成本公式必需與商品實體的流動一致
(2)僅有在定期盤存制之下，企業必需進行期末盤點，也因此只有定期盤存制才有盤損或盤盈的產生
(3)採用定期盤存制的企業，在年終調整以前，存貨項目的餘額為期初存貨
(4)採用先進先出成本公式，在物價下跌的情形下，定期盤存制之銷貨毛利較永續盤存銷貨毛利為高

答案：(3)

> ✎ 補充說明：
> 1.選項(1)：敘述是錯誤的，存貨成本流動的假設**不一定**需與商品實體的流動一致。
>
> 2.選項(2)：敘述是錯誤的，除了定期盤存制之外，**永續盤存制亦需進行期末盤點**；另只有永續盤存制才會有盤損或盤盈。
>
> 3.選項(3)：敘述是正確的。
>
> 4.選項(4)：敘述是錯誤的，**採用先進先出制，不論是定期盤存制或永續盤存制，其銷貨毛利均會相同**。

3.甲公司商品成本$150,000，正常售價為$180,000。商品因陳舊而變色，如果重新上色需花費$1,500整修，但整修後可按正常售價的六折出售，另需負擔運送至顧客的費用$500。則該商品應認列多少存貨跌價損失？
(1)$43,500　　　(2)$44,000　　　(3)$62,000　　　(4)$106,000

答案：(2)

✎補充說明：

1. 商品之成本＝$150,000

2. 商品之淨變現價值＝$180,000×60%－$1,500－$500＝$106,000

3. 採成本及淨變現價值孰低評價，應認列存貨跌價損失為：

成本$150,000－淨變現價值$106,000＝**$44,000**

【104年初等特考試題】

1.下列關於存貨的敘述何者正確？
(1)在「目的地交貨」的情況下，「在途存貨」屬於買方的存貨
(2)「承銷品」屬於承銷公司的存貨
(3)如進價不變動，則無論採用何種成本公式，算得的期末存貨金額相同
(4)採永續盤存制的企業，隨時可掌控存貨的資料，故期末不必實地盤點存貨

答案：(3)

✎補充說明：

1. 選項(1)：敘述是錯誤的，所述之存貨係屬於**賣方的存貨**，因為尚未運送至目的地。

2. 選項(2)：敘述是錯誤的，尚未出售之「承銷品」應屬於**寄銷公司的存貨**。

3. 選項(3)：敘述是正確的。

4. 選項(4)：敘述是錯誤的，採永續盤存制的企業，**期末仍須實地盤點存貨**，以確認帳列金額與存貨庫存金額一致。

【104年五等地方特考試題】

1.當存貨發生跌價損失時，該項損失應列為：
(1)非常損失　　　　　　　　　(2)其他費用與損失
(3)銷貨成本　　　　　　　　　(4)前期損益調整

答案：(3)

✐補充說明：

「存貨跌價損失」於編製報表時應列於銷貨成本項內。

【103年普考試題】

1.甲公司過去三年的平均毛利率為38%，年中發生火災存貨全毀，公司帳冊有關資料如下：期初存貨$273,200、進貨$795,000、進貨運費$7,360、進貨折扣$8,000、銷貨收入$1,291,200、銷貨退回$9,200、銷貨運費$12,000，試計算甲公司存貨損失為多少？
(1)$259,900　　(2)$272,500　　(3)$272,720　　(4)$285,120

答案：(3)

✐補充說明：

設：期末存貨為 x

銷貨收入(淨額)	$1,291,200－$9,200＝$1,282,000
期初存貨 ＋進貨淨額 － 期末存貨	$273,200 $795,000＋$7,360－$8,000＝$794,360 x
銷貨成本	$1,282,000×(1－38%)＝$794,840 或$1,282,000－$487,160＝$794,840
銷貨毛利	$1,282,000×38%＝$487,160

將銷貨成本組成項目列為算式

$273,200＋$794,360－x＝$794,840

x＝期末存貨$272,720

甲公司存貨損失之金額＝期末存貨$272,720

2.甲公司成立於X4年1月1日,甲公司X4年至X7年度財務報表上顯示存貨成本分別為$800,000、$500,000、$700,000及$600,000。X8年初甲公司新任會計師查核時發現該公司X4年至X7年之期末存貨計算錯誤,錯誤情形如下:X4年多計$30,000,X5年少計$20,000,X6年多計$40,000,X7年少計$10,000,試計算甲公司存貨錯誤對X6年度及X7年度本期純益之影響為何?
(1) X6年度本期純益少計$40,000,X7年度本期純益多計$10,000
(2) X6年度本期純益多計$40,000,X7年度本期純益少計$10,000
(3) X6年度本期純益少計$60,000,X7年度本期純益多計$50,000
(4) X6年度本期純益多計$60,000,X7年度本期純益少計$50,000

答案:(4)

✎補充說明:

題目所述之「本期純益」即為「本期淨利」,分析影響數如下:

項 目	對本期純益之影響			
	X4	X5	X6	X7
X4年期末存貨多計$30,000	多計$30,000	少計$30,000		
X5年期末存貨少計$20,000		少計$20,000	多計$20,000	
X6年期末存貨多計$40,000			多計$40,000	少計$40,000
X7年期末存貨少計$10,000				少計$10,000
合 計	多計$30,000	少計$50,000	**多計$60,000**	**少計$50,000**

由上列分析可知答案為**選項**(4)。

3.假設甲公司對進貨的會計處理採定期盤存制及總額法入帳，X4年期初及期末存貨均為零，經查甲公司漏記一筆進貨退回$200，該批進貨為賒購，且尚未付款。則以下對財務報表影響之敘述，正確的有幾項？ ①進貨淨額多計 ②銷貨成本少計 ③銷貨毛利少計 ④負債多計
(1)1項　　　　　(2)2項　　　　　(3)3項　　　　　(4)4項

答案：(3)

🕮 **補充說明：**

分析如下：

1.應編製之分錄：

X4/xx/xx	應付帳款	200	
	進貨退回		200

2.若未做分錄會造成的影響為：

(1)未借記應付帳款➔造成「應付帳款」未減少➔造成負債未減少➔**造成負債多計。**

(2)未貸記進貨退回入➔造成「進貨退回」未增加➔**造成進貨淨額多計**➔造成銷貨成本多計➔造成銷貨毛利少計。

由上列分析可知敘述正確的有①進貨淨額多計、③銷貨毛利少計及④負債多計共三項。

4.以下為甲公司X1年年底之存貨資料：

產品(大類)	產品(細類)	成本	重置成本	淨變現值
A	A1	$1	$2	$3
	A2	6	4	5
	A3	9	8	7
B	B1	10	12	11
	B2	15	13	14
	B3	16	17	18

(一)依據個別項目比較，存貨之帳面金額為何？

(二)假設符合分類條件，可分類 A 與 B 兩大類項目比較，存貨之帳面金額為何？

解題：

(一)依據個別項目比較，存貨之帳面金額計算如下：

產品 (細類)	成本	淨變現值	成本與淨變現價值孰低
A1	$1	$3	$1
A2	6	5	5
A3	9	7	7
B1	10	11	10
B2	15	14	14
B3	16	18	16
合計	$57		$53

答案： 存貨之帳面金額為 **$53**

(二)分類 A 與 B 兩大類項目比較，存貨之帳面金額計算如下：

產品 (大類)	產品 (細類)	成本	淨變現值	成本與淨變現價值孰低
A	A1	$1	$3	
	A2	6	5	
	A3	9	7	
小計		**16**	**15**	**$15**
B	B1	10	11	
	B2	15	14	
	B3	16	18	
小計		**41**	**43**	**41**
合計				**$56**

答案： 存貨之帳面金額為 **$56**

【102年普考試題】

1. 甲公司X9年期初存貨為$130,000，X9年度進貨$310,000，進貨退回$20,000，同期銷貨$515,000，銷貨退回$50,000，以毛利率法估計期末存貨，若平均毛利率為銷貨成本的25%，試問X9年底之估計存貨為何？
(1) $71,250　　　(2)$48,000　　　(3)$53,750　　　(4)$68,000

答案：(2)

✎補充說明：

以銷貨淨額表達之毛利率＝25%÷(1＋25%)＝**20%**

設：期末存貨為 x

銷貨收入（淨額）	$515,000－$50,000＝$465,000
期初存貨 ＋進貨淨額 － 期末存貨	$130,000 $310,000－$20,000＝$290,000 x
銷貨成本	$465,000×(1－20%)＝$372,000 或 $465,000－$93,000＝$372,000
銷貨毛利	$465,000×20%＝$93,000

將銷貨成本組成項目列為算式

$130,000＋$290,000－x＝$372,000

x＝期末存貨$48,000

2. 臺中公司X1年10月31日工廠發生火災，幾乎毀損了所有存貨，僅倖存一批成本為$8,000的商品。截至當年火災日止之相關資料如下：

存貨(期初)　　$550,000　　銷貨收入　　$1,500,000
銷貨退回　　　$20,000　　成本毛利率為25%

該公司進貨係全數賒購，X1年期初應付帳款餘額為$200,000，截至火災日止以現金$760,000清償應付帳款，並取得進貨折讓$15,000，10月31日應付帳款餘額為$280,000。X1年日記帳中包含10月31日從新加坡FOB起運點交貨之在途存貨$6,000。

請計算：

(一)至X1年10月31日止進貨淨額。

(二)以毛利率法估計發生火災前應有之存貨餘額及存貨火災損失金額。

解題：

(一)至X1年10月31日止進貨淨額計算如下：

應付帳款

本年度支付數	760,000	期初餘額	200,000
進貨折讓	15,000	本年度進貨數	?
		期末餘額	280,000

本年度進貨數＝**$855,000**

答：至X1年10月31日止進貨淨額
＝本年度進貨數$855,000－進貨折讓$15,000＝**$840,000**

(二)估計發生火災前應有之存貨餘額及存貨火災損失金額計算如下：

以銷貨淨額表達之毛利率＝25%÷(1＋25%)＝**20%**

設：期末存貨為 ×

銷貨收入(淨額)	$1,500,000－$20,000＝$1,480,000
期初存貨 ＋進貨淨額 － 期末存貨	$550,000 $855,000－$15,000＝$840,000 ×
銷貨成本	$1,480,000×(1－20%)＝$1,184,000 或 $1,480,000－$296,000＝$1,184,000
銷貨毛利	$1,480,000×20%＝$296,000

將銷貨成本組成項目列為算式

$550,000＋$840,000－×＝$1,184,000

×＝期末存貨**$206,000**

甲公司存貨損失之金額＝$206,000－$8,000－$6,000＝**$192,000**

3.甲公司在20x1年間發生之錯誤有：①購入一批價值$30,000之存貨，在分類帳上重複記錄；②12月30日購入$25,000商品，起運點交貨，由於此批商品在20x2年1月2日才送達，因此盤點人員並未將之計入期末存貨，甲公司在收到商品時才予以入帳；③另外，甲公司將成本$28,000的商品寄存在A地的乙公司，盤點人員在進行期末盤點時並未將之計入存貨。假設甲公司採定期盤存制，試問這些錯誤將對甲公司當期損益產生何種影響(不考慮所得稅)？

(1)高估本期淨利$27,000　　　　(2)高估本期淨利$2,000
(3)低估本期淨利$58,000　　　　(4)低估本期淨利$83,000

答案：(4)

✎補充說明：

　　錯誤對甲公司當期損益之影響分析如下：

　　第①項→進貨高估→造成銷貨成本高估→本期淨利低估$30,000。

　　第②項：有二項錯誤，分析如下：

　　　→進貨低估→造成銷貨成本低估→本期淨利高估$25,000。

　　　→期末存貨低估→造成銷貨成本高估→本期淨利低估$25,000。

　　第③項→期末存貨低估→造成銷貨成本高估→本期淨利低估$28,000。

　　綜合以上分析，可知各項錯誤對甲公司當期損益低估$58,000：

4.丙公司對於進貨之會計處理採用總額法，X13年12月31日應付帳款餘額為$75,000，X13年度之進貨為$300,000，已取得之進貨折扣$7,500。X13年度進貨折扣共計$15,000，其中$1,500之進貨折扣尚未逾折扣期限。若丙公司欲由總額法改為淨額法，則X13年底資產負債表上之應付帳款調整後應有之金額為何？

(1)$60,000　　(2)$66,000　　(3)$73,500　　(4)$75,000

答案：(3)

✎補充說明：

　　採用淨額法之應付帳款餘額＝$75,000－$1,500＝**$73,500**

【101 年普考試題】

1. 宜蘭公司新進的會計人員剛編製完成之 X2 年度損益表如下所示：

宜蘭公司
損益表
X2 年

收入		
銷貨淨額	$2,656,000	
其他收入	112,600	$2,768,600
銷貨成本		
進貨淨額	$1,846,800	
存貨增加數	46,400	(1,893,200)
銷貨毛利		$ 975,400
營業費用		
銷售費用	$ 548,400	
管理費用	235,100	(783,500)
稅前淨利		$ 91,900

該損益表經其會計主管覆核後發現下列事項：

(1) 銷貨淨額係銷貨總額$2,830,000 扣除銷貨運費$100,000 及銷貨退回與折讓$74,000 後之餘額。

(2) 其他收入包括進貨折扣$75,000 及租金收入$37,600。

(3) 進貨淨額包括進貨總額$1,762,400 以及進貨運費$84,400。

(4) 存貨增加數占期初存貨之 20%。

(5) 銷售費用包括：銷售人員薪資$264,000、運輸設備折舊$34,000、廣告費$176,400、銷售佣金$74,000，其中銷售佣金為本期付現部分，X2 年期初無應付佣金，但 X2 年期末有應付佣金$16,000 尚未入帳。

(6) 費用包括：管理人員薪資$115,200、雜費$13,900、利息費用$6,000、租金費用$100,000。租金費用中有$9,600 係為預付 X3 年度之費用，X2 年期初無預付租金。

試作：編製宜蘭公司正確詳細的多站式損益表。

解題：

宜蘭公司
損益表
X2 年

銷貨收入		$2,830,000	
減：銷貨退回及折讓		74,000	
銷貨淨額			$2,756,000
銷貨成本			
期初存貨		232,000	
本期進貨	$1,762,400		
減：進貨折扣	75,000		
加：進貨運費	84,400		
進貨淨額		1,771,800	
可供銷售商品成本		2,003,800	
期末存貨		278,400	1,725,400
銷貨毛利			1,030,600
營業費用			
銷售費用			
銷貨運費	100,000		
銷售人員薪資	264,000		
運輸設備折舊	34,000		
廣告費	176,400		
銷售佣金	90,000	664,400	
管理費用			
管理人員薪資	115,200		
雜費	13,900		
租金費用	90,400	219,500	883,900
營業利益			146,700
其他收入及費用			
租金收入		37,600	
利息費用		(6,000)	31,600
稅前淨利			$178,300

2.甲公司在 X1 年之期初存貨為$70,000，當年度進貨為$450,000，進貨運費為$5,000，銷貨淨額為$680,000，正常毛利率為 35%，試以毛利率法估算甲公司在X1年之期末存貨為多少？
(1)$83,000　　　(2)$155,000　　　(3)$212,000　　　(4)$282,000

答案：(1)

☛補充說明：

設：期末存貨為 x

銷貨收入(淨額)	$680,000
期初存貨 ＋進貨淨額 － 期末存貨	$70,000 $455,000 x
銷貨成本	$680,000×(1－35%)＝$442,000 或$680,000－$238,000＝$442,000
銷貨毛利	$680,000×35%＝$238,000

將銷貨成本組成項目列為算式

$70,000＋$455,000－x＝$442,000

$525,000－x＝$442,000

x＝期末存貨$83,000

3.甲公司在 X1 年中疏忽未將一批進貨入帳，年底又遺漏未將該批商品計入期末存貨，試問該錯誤對財務報表的影響，下列何者正確？
(1)低估銷貨成本　　　　　　(2)低估保留盈餘
(3)低估流動比率　　　　　　(4)無影響淨利

答案：(4)

☛補充說明：

1.分析「疏忽未將一批進貨入帳」造成之影響：

進貨低估→造成銷貨成本低估→造成淨利高估。

2. 分析「遺漏未將該批商品計入期末存貨」造成之影響：

   期末存貨低估→造成銷貨成本高估→造成淨利低估。

3. 綜合以上分析，可知二項錯誤對銷貨成本、淨利及保留盈餘之金額未造成影響，因為一為高估，另一則為低估，互抵後並未造成影響。

4. 若不考慮低估進貨，僅考慮低估存貨，則選項(3)低估流動比率是正確的；但若併同考慮低估存貨，則流動比率會低估、高估或不受影響，則決定於原錯誤之流動比率是小於、大於或等於1及題目所述之「疏忽未將一批進貨入帳」是現購或賒購而定。

【101年初等特考試題】

1. 甲公司採永續存貨盤存制下之移動平均法，X1年期初存貨500件@$11.4，X1年2月20日進貨1,000件@$12，X1年4月20日銷貨700件，X1年8月20日再進貨200件@$14，X1年11月30日銷貨400件，則X1年之期末存貨成本為：

(1)$7,344　　　　(2)$13,156　　　　(3)$7,235　　　　(4)$13,265

答案：(1)

補充說明：

日期		購入			售出			庫存		
月	日	數量	單價	金額	數量	單價	金額	數量	單價	金額
X1 1	1							500	$11.40	$5,700
2	20	1,000	$12	$12,000				1,500①	11.80③	17,700②
4	20				700	$11.80④	$8,260⑤	800⑥	11.80⑦	9,440⑧
8	20	200	14	2,800				1,000⑨	12.24⑪	12,240⑩
11	30				400	12.24⑫	4,896⑬	600⑭	12.24⑮	**7,344**⑯

①＝1月1日庫存500件＋2月20日進貨1,000件。

②＝1月1日庫存存貨成本$5,700＋2月20日進貨成本$12,000。

③＝②÷①。

④＝③。

⑤＝4月20日銷貨700件×④。

⑥＝①－4月20日銷貨700件。

⑦＝③。

⑧＝⑥×⑦或＝②－⑤。

⑨＝⑥＋8月20日進貨200件。

⑩＝⑧＋8月20日進貨成本$2,800。

⑪＝⑩÷⑨。

⑫＝⑪。

⑬＝8月20日銷貨400件×⑫。

⑭＝⑨－8月20日銷貨400件。

⑮＝⑪。

⑯＝⑭×⑮或＝⑩－⑬。

2.下列項目何者應列入本期期末存貨：

①目的地交貨之運送途中的進貨　　②起運地交貨之運送途中的進貨

③目的地交貨之運送途中的銷貨　　④起運地交貨之運送途中的銷貨

⑤本公司寄放於他處之寄銷品　　　⑥公司之承銷品

⑦尚未耗用的原料　　　　　　　　⑧在製品存貨

(1) ①④⑤⑥⑦⑧ (2) ①④⑤⑥⑦

(3) ②④⑥⑦⑧ (4) ②③⑤⑦⑧

答案：(4)

補充說明：

①公司為買方，尚未運至公司交貨，故**不可以列**入本期期末存貨。

②公司為買方，已交貨給公司，故**應列**入本期期末存貨。

③公司為賣方，尚未運至買方交貨，故仍**應列**入本期期末存貨。

④公司為賣方，已交貨給買方，故**不可以列**入本期期末存貨。

⑤寄銷品仍為公司的存貨，故**應列**入本期期末存貨。

⑥公司的承銷品為他人的存貨，故**不可以列**入本期期末存貨。

⑦尚未耗用的原料為公司的存貨，故**應列**入本期期末存貨。

⑧在製品存貨為公司的存貨，故**應列**入本期期末存貨。

3.某企業存貨會計採定期盤存制，若某批進貨未入帳，但期末盤點時有計入該項存貨，則其影響為：

(1)淨利高估、資產無影響　　　　(2)淨利高估、資產低估

(3)淨利高估、資產高估　　　　　(4)對淨利和資產都無影響

答案：(1) 或 (3)，詳下列之補充說明

☞補充說明：

1. 由題目敘述可知某企業未記載下列進貨分錄：

    (1)若為現購，則分錄應為：

xx/xx/xx	進貨	xx,xxx	
	現金		xx,xxx

    (2)若為賒購，則分錄應為：

xx/xx/xx	進貨	xx,xxx	
	應付帳款		xx,xxx

2. 未做第 1 項所列之進貨分錄會造成的影響為：

    (1)若為現購，影響為：

    ①未借記進貨→造成「進貨」低估→造成銷貨成本低估→**造成淨利高估**。

    ②未貸記現金→**造成資產高估**。

    (2)若為賒購，影響為：

    ①未借記進貨→造成「進貨」低估→造成銷貨成本低估→**造成淨利高估**。

    ②未貸記應付帳款→**造成負債低估**。

3. **結論**：本題答案須視進貨為現購或賒購而有所不同，說明如下：

    (1)若為現購，則進貨未入帳，會使**淨利高估、資產(現金)高估、負債不受影響，答案為選項**(3)。

    (2)若為賒購，則進貨未入帳，會使**淨利高估、負債(應付帳款)低估、資產不受影響，答案為選項**(1)。

    題目未告知是現購或賒購，答案應為選項(1)或選項(3)。**考選部公布之答案為選項**(1)，**可推知其是以賒購為分析之依據**。

4.若期初存貨比期末存貨少$6,000，則：

(1)銷貨成本比淨進貨成本少$6,000　　(2)銷貨成本比淨進貨成本多$6,000

(3)銷貨成本與淨進貨成本相同　　(4)兩者的關係不一定

答案：(1)

　　補充說明：

　　1.此題建議假設金額並代入下列表格，較易解題，列示如下：

　　　設：期末存貨為 x，進貨為 $100,000，則：

期初存貨	x－$6,000
＋進貨淨額	$100,000
－期末存貨	x
銷貨成本	＝x－$6,000＋$100,000－x＝**$94,000**

　　2.由第1項之資料，**可知僅選項(1)之敘述是正確的。**

5.甲公司本年有關資料如下：進貨運費$3,000，進貨折扣$2,500，銷貨$480,000，銷貨折扣$8,200，銷貨運費$6,200，期初存貨$9,500，銷貨成本$240,432，期末存貨為本年進貨金額的24%，則期末存貨為：

(1)$303,200　　　(2)$231,368　　　(3)$72,768　　　(4)$55,528

答案：(3)

　　補充說明：

　　將題目告知金額填入表格適當位置：

銷貨收入(淨額)	銷貨$480,000－銷貨折扣$8,200
期初存貨	$9,500
＋進貨淨額	進貨？＋進貨運費$3,000－進貨折扣$2,500
－期末存貨	？
銷貨成本	$240,432

　　　　　　　　　　　　↓進一步計算

　　設：本年進貨金額為 x，則期末存貨為0.24x

第37頁 (第三章 存貨)

銷貨收入（淨額）	$480,000-$8,200=$471,800
期初存貨 ＋進貨淨額 －期末存貨	$9,500 x+$3,000-$2,500 0.24x
銷貨成本	$240,432
銷貨毛利	

將銷貨成本組成項目列為算式

$$9,500+x+3,000-2,500-0.24x=240,432$$

$$x=進貨\$303,200$$

期末存貨＝0.24x＝$303,200×0.24＝**$72,768**

【100年普考試題】

1. 公司X6年度之銷貨收入$700,000，銷貨退回$20,000，已知毛利率為40%，當年淨進貨為$580,000，期初存貨為期末存貨的50%，若甲公司倉庫發生火災，將期末存貨全部燒毀，則損失金額為何？

(1)$172,000　　(2)$272,000　　(3)$344,000　　(4)$408,000

答案：(3)

補充說明：

設：期末存貨為 x

銷貨收入（淨額）	$700,000-$20,000=$680,000
期初存貨 ＋進貨淨額 －期末存貨	0.5x $580,000 x
銷貨成本	$680,000×(1-40%)=$408,000 或 $680,000-$272,000=$408,000
銷貨毛利	$680,000×40%=$272,000

將銷貨成本組成項目列為算式

$$0.5x+\$580,000-x=\$408,000$$

x＝期末存貨(即為損失金額)**$344,000**

2.【依 IAS 或 IFRS 改編】戊公司於 X8 年初成立。在 X8 年底依二種不同方法計算的存貨成本分別為：先進先出法$87,000；加權平均法$89,500。公司如採用先進先出法計算存貨成本，則 X8 年度的淨利為$280,000；若公司採用加權平均法，則該年度的淨利為何？

(1)$277,500　　　(2)$278,000　　　(3)$282,000　　　(4)$282,500

答案：(4)

補充說明：

1. 先以假設金額代入下列表格，以了解各項目間之關係，列示如下：

   設：期初存貨為$0，進貨為$100,000

	先進先出法	加權平均法
期初存貨	$　　　0	$　　　0
＋進貨淨額	100,000	100,000
－期末存貨	－87,000	－89,500
＝銷貨成本	＝$13,000	＝$10,500

2. 由第 1 項之分析，可知先進先出法的 期末存貨 較加權平均法少$2,500(＝$89,500＋$87,00)→造成 銷貨成本 多$2,500→造成 淨利 少$2,500；X8 年度採先進先出法時的淨利為$280,000，則加權平均法下的淨利將為$282,500(＝$280,000＋$2,500)。

3. 以下為戊公司 X4 年及 X5 年比較損益表，該公司存貨採定期盤存制。

	X5 年		X4 年	
銷貨收入		$370,000		$300,000
銷貨成本				
期初存貨	$ 50,000		$ 25,000	
購貨	300,000		250,000	
可供銷售商品成本	$350,000		$275,000	
期末存貨	40,000	310,000	50,000	225,000
銷貨毛利		$ 60,000		$ 75,000
營業費用		23,000		20,000
本期淨利		$ 37,000		$ 55,000

經會計師查核戊公司帳簿後，發現一些存貨會計處理錯誤如下：

(1) 戊公司 X5 年期末盤點時存貨漏列$4,000。X4 年 12 月 31 日期末盤點時有$3,000 存貨重複盤點。

(2) 起運點交貨的賒購$6,000 已於 X4 年 12 月 30 日由供應商運出，且已正確計算為 X4 年的期末存貨，但戊公司直到 X5 年初才記錄購貨。

(3) 戊公司 X4 年底一批目的地交貨的銷貨，該批商品已於 X4 年 12 月 30 日運出，X5 年 1 月 3 日運達，成本$5,000，售價$7,800，誤將該交易記為 X4 年的銷貨，期末存貨亦未包括該批存貨。

(4) X5 年底戊公司一批起運點交貨的銷貨，成本$7,000，售價$9,600，已於 X5 年底運出，但尚未記錄銷貨，亦未計入期末存貨中。

試求： 戊公司 X4 及 X5 年之正確淨利。

解題：

建議以更正後之各項金額重編損益表，為較容易且不會錯的解題方式。

	X5 年		X4 年	
銷貨收入		$387,400⑦		$292,200⑥
銷貨成本				
期初存貨	$52,000 ③		$25,000	
購貨	294,000⑤		256,000④	
可供銷售商品成本	346,000		281,000	
期末存貨	44,000①	302,000	52,000②	229,000
銷貨毛利		85,400		63,200
營業費用		23,000		20,000
本期淨利		**$ 62,400**		**$ 43,200**

① = $40,000 + $4,000 = $44,000。

② = $50,000 − $3,000 + $5,000 = $52,000。

③ = ②。

④ = $250,000 + $6,000 = $256,000。

⑤ = $300,000 − $6,000 = $294,000。

⑥ = $300,000 − $7,800 = $292,200。

⑦ = $370,000 + $7,800 + $9,600 = $387,400。

【100年初等特考試題】

1.庚公司按月編製財務報表,並使用毛利率法估計期末存貨,過去經驗顯示,毛利率大致為40%。假定10月份銷貨淨額為$160,000,10月1日之期初存貨為$50,000,而10月份期間之商品購入成本為$70,000,則10月31日之估計期末存貨成本應為:

(1)$24,000　　　　(2)$50,000　　　　(3)$64,000　　　　(4)$70,000

答案:(1)

> 補充說明:

設:期末存貨為 x

銷貨收入(淨額)	$160,000
期初存貨 ＋進貨淨額 － 期末存貨	$50,000 $70,000 x
銷貨成本	$160,000×(1－40%)＝$96,000 或 $160,000－$64,000＝$96,000
銷貨毛利	$160,000×40%＝$64,000

將銷貨成本組成項目列為算式

$50,000＋$70,000－x＝$96,000

x＝期末存貨$24,000

2.以下對存貨的敘述何者為非?

(1)屬於流動資產

(2)指貨品的庫存或儲存

(3)經常是買賣業的大項資產之一

(4)製造業部分完成的貨品不算存貨,必須製造完成才算存貨

答案:(4)

> 補充說明:

選項(4)之敘述是錯誤的,因為製造業的存貨有原料、在製品及製成品,選項(4)所指的為在製品,其為製造業的存貨。

3.甲公司 X1 年期初存貨為$10,000，期末存貨為$20,000，銷貨成本為$40,000，X1年度之進貨多少？
(1)$10,000　　　　(2)$30,000　　　　(3)$50,000　　　　(4)$70,000

答案：(3)

✎補充說明：

期初存貨$10,000＋進貨$？－期末存貨$20,000＝銷貨成本$40,000

進貨＝$50,000

4.相較於定期盤存制，以下何者非為永續盤存制之特性？
(1)帳務處理簡單
(2)常設有各種存貨商品之明細分類帳
(3)可及時知道存貨之餘額
(4)有助於存貨管理

答案：(1)

✎補充說明：

永續盤存制因須隨時記載進貨、銷貨及庫存資料，**其較定期盤存制須花費較多的人力、物力及時間**，故選項(1)非為永續盤存制之特性；而選項(2)、選項(3)及選項(4)均為永續盤存制之特性。

5.【依 IAS 或 IFRS 改編】甲公司於 X2 年將存貨計價方法從先進先出法改為加權平均法，導致 X1 年年底及 X2 年年底存貨分別較先進先出法下減少$108,000 及$12,400，所得稅率為 30%。則 X2 年保留盈餘表或權益變動表應報導之累積影響數為：
(1)借餘$75,600　　(2)貸餘$75,600　　(3)借餘$84,280　　(4)貸餘$84,280

答案：(1)

✎補充說明：

存貨計價方法從先進先出法改為加權平均法，過去稱為「會計原則變動」，**現行國際財務報導準則改稱為「會計政策變動」**，有關會計政策變動說明，請參閱本章之重點內容。計算累積影響數如下：

$$108,000 \times (1-30\%) = \$75,600$$

說明如下

1. 累積影響數是以會計政策變動年度之以前年度，採用新、舊會計政策造成淨利差異數為計算基礎，即本題應以 X1 年之淨利為計算基礎。

2. 新會計政策為加權平均法，X1 年若追溯適用加權平均法，將使期末存貨減少$108,000，進而造成稅前淨利減少$108,000，表示會計政策變動之以前年度須 追減 淨利，而該淨利已結轉至保留盈餘，故稅前累積影響數為 借方 $108,000。

3. 累積影響數須以稅後金額表達。

4. 除非另有說明，會計政策變動當年度均視為當年度已採用新會計政策。

6. 甲公司期初存貨低估$12,000，期末存貨高估$15,000，將使本期淨利：
(1)高估$3,000　　(2)低估$3,000　　(3)高估$27,000　　(4)低估$27,000

答案：(3)

☞補充說明：

1. 分析「期初存貨低估$12,000」對淨利的影響：

   期初存貨低估→造成銷貨成本低估→**造成淨利高估**$12,000。

2. 分析「期末存貨高估$15,000」對淨利的影響：

   期末存貨高估→造成銷貨成本低估→**造成淨利高估**$15,000。

3. 綜合以上二項分析，**可知二項錯誤造成淨利影響數為高估**$27,000
(＝淨利高估$12,000＋淨利高估$15,000)。

【100年四等地方特考試題】

1.乙公司存貨採用定期盤存制，X8年12月31日完成存貨調整分錄後，於結帳前發現下列事項：

(1) 一批成本$4,000的商品，乙公司已收到訂單，且預計於X9年1月2日以起運點交貨出售，因此，未列入12月31日的存貨中。

(2) 12月30日收到一批成本$2,000的商品，因尚未驗收，故尚未入帳，該批賒購商品已於12月31日驗收無誤，乙公司在12月31日期末盤點時已記入存貨中。

(3) 乙公司X8年12月31日將一批成本$43,000，售價$53,000的商品銷售給丙公司，目的地交貨，商品已在運送途中，但因乙公司期末盤點時未盤點到該批商品，故漏未將該批商品列入存貨。

(4) 乙公司X8年12月31日賒購入商品一批成本$28,000，起運點交貨，商品尚在運送途中，進貨發票尚未收到也未入帳，但期末盤點時未記入存貨中。

(5) 乙公司X8年12月31日期末盤點時有$5,000商品重複盤點。

試作：

請針對以上事項作乙公司必要之更正分錄，若不需作更正則請說明免作分錄。

解題：

列示分錄如下：

第(1)項：存貨低估，應編製之**更正分錄**為：

| X8/12/31 | 存貨 | 4,000 | |
| | 　銷貨成本 | | 4,000 |

第(2)項：**進貨低估**，應編製之更正分錄為：

| X8/12/31 | 銷貨成本 | 2,000 | |
| | 　應付帳款 | | 2,000 |

第(3)項：存貨低估，應編製之更正分錄為：

| X8/12/31 | 存貨 | 43,000 | |
| | 　銷貨成本 | | 43,000 |

第(4)項：

① **存貨低估**，應編製之更正分錄為：

X8/12/31	存貨	28,000	
	銷貨成本		28,000

② **進貨低估**，應編製之更正分錄為：

X8/12/31	銷貨成本	28,000	
	應付帳款		28,000

☞若尚未編製存貨調整分錄，則應借記「進貨」，**因題目告知已完成存貨調整分錄，表示進貨已結轉至銷貨成本。**

前列第①項及第②項之分錄可 合併 為：

X8/12/31	存貨	28,000	
	應付帳款		28,000

第(5)項：存貨高估，應編製之更正分錄為：

X8/12/31	銷貨成本	5,000	
	存貨		5,000

2. 乙公司 X1 年底實地盤點存貨為$435,000，但不包括下列存貨：

(1) 乙公司寄放甲公司代售商品$10,000。

(2) 乙公司銷貨商品$30,000，成本$20,000，目的地交貨。買方於 X2 年 1 月 2 日收貨。

(3) 乙公司賒購商品$40,000，起運點交貨，賣方 X2 年 1 月 2 日出貨。

則乙公司正確期末存貨金額為何？

(1)$455,000　　　(2)$465,000　　　(3)$475,000　　　(4)$505,000

答案：(2)

☞補充說明：

正確期末存貨金額(成本)＝實地盤點存貨$435,000＋寄銷品$10,000＋尚未交貨之在途存貨$20,000＝**$465,000**

☞題目之第(3)項乙公司賒購商品$40,000，起運點交貨，因該商品於 X1 年底仍未出貨，故並非乙公司的存貨。

第 45 頁 (第三章 存貨)

3.有關存貨之會計處理,以下敘述何者正確?
(1)特殊情況例如因存貨盤點耗時且成本計算困難時,得採用毛利法評價
(2)零售業對於大量快速週轉且毛利率類似之存貨,特定條件下得採用零售價法衡量
(3)可替換之大量生產存貨得採用個別認定法、先進先出法或加權平均法
(4)異常耗損之原料、人工或其他製造成本於發生時認列為銷貨成本

答案:(2)

✐補充說明:

各選項之分析如下:

1.選項(1):敘述是錯誤的,毛利法為存貨成本的「估計方法」而非存貨評價方法,**存貨評價方法應採成本與淨變現價值孰低法**。

2.選項(2):敘述符合國際財務報導準則之規定,請參閱前列第1項之說明,**答案為本選項**。

3.選項(3):敘述是錯誤的,**因為採用個別認定法須符合規定之條件**,請參閱前列第1項之說明。

4.選項(4):敘述是錯誤的,異常耗損之原料、人工或其他製造成本**應認列為其他損失項目**,並應查明原因。

【100年五等地方特考試題】

1.甲公司採行永續盤存制。甲向乙公司購買商品,買賣條件為起運點交貨。運貨過程中甲公司支付貨運公司現金運費,支付運費這件事對甲公司之財務狀況表有何影響?
(1)資產總額、負債總額與股東權益總額皆不變
(2)資產總額、負債總額與股東權益總額皆減少
(3)資產總額減少,負債總額不變,股東權益總額減少
(4)資產總額減少,負債總額減少,股東權益總額不變

答案:(1)

✐補充說明如下:

1. 甲公司支付貨運公司運費時之分錄為：

xx/xx/xx	存貨　　　　　　　　xx,xxx
	現金　　　　　　　　　　　xx,xxx

2. 編製第 1 項分錄，**對甲公司的資產(因為資產為一增一減)、負債及股東權益均未造成影響**。

2. 乙公司存貨採定期盤存制，X9 年底結帳後，發現下列期末存貨錯誤：X6 年期末存貨低估$120,000，X7 年期末存貨高估$150,000，X8 年期末存貨高估$130,000，X9 年期末存貨低估$150,000，若 X9 年原帳列銷貨成本為$840,000，則 X9 年正確之銷貨成本金額為何？
(1)$560,000　　　　(2)$690,000　　　　(3)$710,000　　　　(4)$1,120,000

答案：(1)

☞補充說明：

1. 本題只須分析 X8 年期末存貨高估及 X9 年期末存貨低估對於 X9 年銷貨成本的影響；**X6 年及 X7 年的存貨錯誤不會影響到 X9 年的銷貨成本**。

2. X8 年期末存貨高估對 X9 年銷貨成本會造成影響，**因為 X8 年期末存貨即為 X9 年的期初存貨**。

3. 綜合以上說明，要計算 X9 年正確之銷貨成本金額，須分析 X9 年期初存貨高估$130,000(即 X8 年期末存貨高估金額)及 X9 年期末存貨低估$150,000 二項錯誤。分析如下：
   (1) 期初存貨高估→**造成銷貨成本高估**$130,000。
   (2) 期末存貨低估→**造成銷貨成本高估**$150,000。
   (3) 綜合以上二項分析，**可知二項錯誤造成銷貨成本高估**$280,000
       (＝銷貨成本高估$130,000＋銷貨成本高估$150,000)。

4. **X9 年正確之銷貨成本金額**＝X9 年原帳列銷貨成本$840,000－銷貨成本高估金額$280,000＝**$560,000**。

3. 丁公司於 X7 年 5 月 1 日賒銷一批定價為$25,000 的商品給丙公司,同意給予 36% 的商業折扣以及付款條件 3/15,n/30,交貨條件為起運點交貨,丁公司預付運費$200。丙公司於同年 5 月 13 日付清所有款項,其金額應為:
(1)$15,488　　　(2)$15,496　　　(3)$15,520　　　(4)$15,720

答案:(4)

✎補充說明:

1. **建議以丙公司立場編製各項交易的分錄**,即可求得應支付之金額。

    列示各項交易分錄如下:

    (1)丙公司賒購時:

X7/05/01	進貨	16,000	
	應付帳款		16,000

    ✎以扣除商業折扣後的金額入帳＝$25,000 × (1－36%)

    (2)丁公司預付運費時:

X7/05/01	進貨運費	200	
	應付帳款		200

    (3)付清貨款時:

X7/05/13	應付帳款	16,200①	
	進貨折扣		480②
	現金		**15,720**③

    ✎①＝$16,000＋$200。

    ②＝$16,000×3%,**進貨運費**$200 **不享有進貨折扣之權利**。

    ③＝①－②。

2. **直接以算式計算如下**(要採用此項計算,前提須對**以丙公司立場**應編製各項交易的分錄有所了解):

    丙公司於 X7 年 5 月 13 日應支付之款項
    ＝$25,000 × (1－36%) × (1－3%)＋$200＝**$15,720**

4.甲公司賒銷商品一批定價$10,000，商業折扣10%，銷貨條件為5/10，n/30，若甲公司在折扣期間內收到二分之一的貨款，則收現金額為何？

(1)$4,750　　　　(2)$4,500　　　　(3)$4,275　　　　(4)$5,000

答案：(3)

　　✎補充說明：

　　　　甲公司可收到的現金＝$10,000×(1－10%)×(1/2)×(1－5%)＝**$4,275**

【99年普考試題】

1.甲公司存貨制度採定期盤存制，期初存貨400件，每單位成本$15，第一批進貨850件，每單位成本$18，第二批進貨750件，每單位成本$20，已銷售商品1,500件，若採用加權平均法計算存貨成本，則期末存貨為何？

(1)$8,835　　　　(2)$9,075　　　　(3)$26,505　　　　(4)$27,225

答案：(2)

　　✎補充說明：

　　　1.計算可供銷售商品總成本：

400	× $15	= $6,000
850	× $18	= $15,300
750	× $20	= $15,000
2,000		$ 36,300

　　　2.銷售總件數：1,500件(題目告知)

　　　3.期末存貨數量：可供銷售商品總件數2,000件

　　　　　　　　　　－銷售總件數1,500件＝500件

　　　4.平均單價：可供銷售商品總成本$36,300

　　　　　　　　　÷可供銷售商品總件數2,000件＝$18.15

　　　5.期末存貨金額：期末存貨數量500件×$18.15＝**$9,075**

2.以下為乙公司 X7 及 X8 年度比較損益表上部分會計科目所列示金額，該公司存貨採定期盤存制。

	X7	X8
期初存貨	$206,000	$197,000
進貨	2,320,000	1,784,000
進貨退回與折讓	115,000	51,000
進貨運費	36,000	23,000
期末存貨	197,000	?
銷貨收入	3,200,000	2,500,000
銷貨退回與折讓	200,000	100,000
銷貨運費	200,000	80,000

試作：

1. 計算 X7 年之毛利率。
2. 假設 X8 年之毛利率不變，請計算乙公司 X8 年銷貨成本。
3. 假設 X8 年之毛利率不變，請計算乙公司 X8 年期末存貨。

解題：

1. X7 年之毛利率為：

銷貨收入（淨額）	$3,200,000－$200,000＝$3,000,000
期初存貨 ＋進貨淨額 － 期末存貨	$206,000 $2,320,000－$115,000＋36,000＝$2,241,000 $197,000
銷貨成本	＝$2,250,000
銷貨毛利	＝$750,000

毛利率＝銷貨毛利$750,000÷銷貨收入（淨額）$3,000,000＝**25%**

2. 假設 X8 年之毛利率不變，計算 X8 年銷貨成本如下：

(銷貨收入$2,500,000－銷貨退回與折讓$100,000)×(1－25%)

＝銷貨成本$1,800,000

3.假設 X8 年之毛利率不變，計算乙公司 X8 年期末存貨如下：

設：期末存貨為 x

期初存貨	$197,000
十進貨淨額	$1,784,000－$51,000＋$23,000＝$1,756,000
－ 期末存貨	x
銷貨成本	$1,800,000

將銷貨成本組成項目列為算式

$197,000＋$1,756,000－x＝$1,800,000

$1,953,000－x＝$1,800,000

x＝期末存貨$153,000

【99 年初等特考試題】

1.甲公司採定期盤存制下之先進先出成本流動假設，本年進銷資料為：期初存貨 600 件@$12，第一批進貨 300 件@$14，第二批進貨 900 件@$13，第三批進貨 550 件@$11.5，本期中銷售該產品 1,560 件，則銷貨成本為：
(1)$9,445　　　　(2)$19,980　　　　(3)$9,860　　　　(4)$19,565

答案：(2)

補充說明：

1.計算可供銷售商品總成本：

600	×$12.0	＝	$7,200
300	×$14.0	＝	$4,200
900	×$13.0	＝	$11,700
550	×$11.5	＝	$6,325
2,350			$29,425

2.銷售總件數：1,560 件(題目告知)

3.期末存貨數量：

可供銷售商品總件數 2,350 件－銷售總件數 1,560 件＝790 件

4.期末存貨金額：

期末存貨數量 790 件之批次單位成本及總成本：

550	× $11.5	= $6,325
240	× $13	= $3,120
790		$ 9,445

5.銷貨成本：

可供銷售商品總成本$29,425－期末存貨$9,445＝**$19,980**

2.當進貨$100,000，付款的條件為 1/15，n/60，則此筆帳款隱含的利率為：
(1)8.11%　　　(2)6.14%　　　(3)8.19%　　　(4)37.24%

答案：(3)

補充說明：

1.可享進貨折扣＝$100,000×1%＝$1,000。

2.進貨金額$100,000－可享進貨折扣$1,000
 ＝為享進貨折扣所須支付的貨款淨額$99,000

3.可享進貨折扣$1,000÷為享進貨折扣所須支付的貨款淨額$99,000
 ＝折扣期間屆滿日至付款最後期限(共 45 天)之利率 1.010101%

4.將第 3 項之 45 天利率**換算為年利率**，計算如下：
 1.010101%÷45 天×365 天＝**8.19%**

> 題目未告知一年的天數，於考試時，若為選擇題，則先以 365 天計算，若無答案，再以 360 天計算。**若為計算題或分錄題，則先寫明採用之天數。**

【99年四等地方特考試題】

1. 甲公司在X2年1月15日晚上存貨遭竊，第二天得知後立刻盤點存貨，經盤點後得知剩餘存貨售價為$40,000(不含寄銷品)。甲公司採用曆年制，以下為甲公司X2年1月15日分類帳上的資料：

期初存貨(成本)	$ 30,000
進貨(1月1日~1月15日)	235,000
進貨運費	1,500
銷貨收入—總額	200,000
銷貨退回	20,000
銷貨運費	2,500

假設以銷貨收入為基礎之毛利率為20%，請利用毛利率法計算甲公司的存貨失竊應向保險公司求償之金額。

解題：

設：期末存貨為 x

銷貨收入(淨額)	$200,000 − $20,000 = $180,000
期初存貨 ＋進貨淨額 －期末存貨	$ 30,000 $235,000 + $1,500 = $236,500 x
銷貨成本	$180,000 × (1 − 20%) = $144,000 或 $180,000 − $36,000 = $144,000
銷貨毛利	$180,000 × 20% = $36,000

↓ 將銷貨成本組成項目列為算式

$30,000 + $236,500 − x = $144,000

x = **期末存貨** $122,500

甲公司的存貨失竊應向保險公司求償之金額為：

期末存貨成本$122,500 − 盤點剩餘存貨售價$40,000 × (1 − 20%)

= **$90,500**

答： 甲公司的存貨失竊應向保險公司求償之金額為 **$90,500**

2.當期初存貨低估$650、期末存貨高估$430，且無其他錯誤存在時，對當期淨利之影響為：

(1)高估$220　　　(2)低估$220　　　(3)高估$1,080　　　(4)低估$1,080

答案：(3)

　　✎補充說明：

　　　1.分析「期初存貨低估$650」對淨利的影響：

　　　　期初存貨低估→造成銷貨成本低估→**造成淨利高估**$650。

　　　2.分析「期末存貨高估$430」對淨利的影響：

　　　　期末存貨高估→造成銷貨成本低估→**造成淨利高估**$430。

　　　3.綜合以上二項分析，**可知二項錯誤造成淨利影響數為高估**$1,080（＝淨利高估$650＋淨利高估$430）。

3.甲公司之存貨紀錄採用定期盤存制，以下為甲公司 X8 年度進銷貨相關資訊：1月1日期初存貨200單位，每單位$10；4月25日進貨300單位，每單位$12；7月18日進貨100單位，每單位$13；9月14日銷貨500單位，每單位$20；12月9日進貨100單位，每單位$15。若甲公司存貨採用加權平均法，則該公司期末存貨為何？

(1)$2,000　　　(2)$2,400　　　(3)$2,500　　　(4)$2,800

答案：(2)

　　✎補充說明：

　　　1.計算可供銷售商品總成本：

200	×$10	＝$2,000
300	×$12	＝$3,600
100	×$13	＝$1,300
100	×$15	＝$1,500
700		$8,400

　　　2.銷售總單位數：500單位(題目告知)

　　　3.期末存貨數量：可供銷售商品總單位數700

　　　　　　　　　　　－銷售總單位數500＝200單位

4. 平均單價：可供銷售商品總成本$8,400

　　　　　　÷可供銷售商品總單位數 700 件＝$12

5. 期末存貨金額：$12×期末存貨數量 200 件＝**$2,400**

4.若甲公司 X3 年期初存貨多記$7,000，期末存貨多記$4,000，則對 X3 年淨利的影響為何？
(1)多計$3,000　　(2)少計$3,000　　(3)多計$11,000　　(4)少計$11,000

答案：(2)

補充說明：

1.分析「期初存貨多記$7,000」對淨利的影響：

期初存貨多記→造成銷貨成本多計→**造成淨利少計**$7,000。

2.分析「期末存貨多記$4,000」對淨利的影響：

期末存貨多記→造成銷貨成本少計→**造成淨利多計**$4,000。

3.綜合以上二項分析，**可知二項錯誤造成淨利影響數為少計**$3,000

(＝淨利少計$7,000－淨利多計$4,000)。

【99 年五等地方特考試題】

1.當本期期初存貨多計$3,500，期末存貨亦多計$5,000，兩項錯誤均未更正，則本期淨利：
(1)多計$8,500　　(2)少計$8,500　　(3)多計$1,500　　(4)少計$1,500

答案：(3)

補充說明：

1.分析「期初存貨多計$3,500」對淨利的影響：

期初存貨多計→造成銷貨成本多計→**造成淨利少計**$3,500。

2.分析「期末存貨多記$5,000」對淨利的影響：

期末存貨多計→造成銷貨成本少計→**造成淨利多計**$5,000。

3.綜合以上二項分析，**可知二項錯誤造成淨利影響數為多計**$1,500

(＝淨利多計$5,000－淨利少計$3,500)。

2.丁公司期初存貨200件，每件$10，當期進貨兩次，第一次300件，每件$11，第二次250件，每件$12，第一次進貨後與第二次進貨前則有銷貨240件，在移動平均法下，銷貨成本為：

(1)$2,712　　　　(2)$2,640　　　　(3)$2,544　　　　(4)$2,520

答案：(3)

✎補充說明：

題目敘述採移動平均法，表示是採平均成本法並搭配永續盤存制。本題僅有一次銷貨，故只須計算至該次銷貨即可求得答案，計算如下：

日期		購入			售出			庫存		
月	日	數量	單價	金額	數量	單價	金額	數量	單價	金額
期初存貨								200	$10.0	$2,000
第一次進貨		300	$11	$3,300				500	10.6	5,300
銷貨					240	$10.6	**$2,544**			
第二次進貨		不影響答案，故不須計算								

此欄金額即為銷貨成本金額

3.丁公司X9年因水災造成部分產品泡水，該批泡水產品之成本為$250,000，定價為$300,000，現估計須花費$15,000之處理成本後，尚可依定價之三分之二出售。假設該批泡水產品在X9年財務狀況表日仍未出售，試問丁公司於X9年應認列之存貨跌價損失為何？

(1)$150,000　　　(2)$65,000　　　(3)$50,000　　　(4)$0

答案：(2)

✎補充說明：

1.泡水產品之成本＝$250,000

2.泡水產品之淨變現價值＝$300,000×2/3－$15,000＝$185,000

3.採成本及淨變現價值孰低評價，應認列存貨跌價損失為：

成本$250,000－淨變現價值$185,000＝**$65,000**

4.甲公司 X1 年銷貨淨額$200,000,銷貨毛利率 40%,營業費用$30,000,此外無其他影響損益項目。以下敘述何者為非?
(1)淨利率 62.5%
(2)淨利$50,000
(3)銷貨毛利$80,000
(4)銷貨成本$120,000

答案:(1)

☞補充說明:

1.將題目告知金額填入下列表格並計算,自行計算部分為較粗字體:

銷貨收入(淨額)	$200,000
銷貨成本	$200,000×(1－40%)＝**$120,000** 或 $200,000－$80,000＝**$120,000**
銷貨毛利	$200,000×40%＝**$80,000**
營業費用	$30,000
本期淨利	**$50,000**

2.由前列第 1 項之計算可知,選項(2)、選項(3)及選項(4)之答案均為正確的,**選項(1)是錯誤的**,淨利率應為 **25%**(＝$50,000÷$200,000)。

【98 年普考試題】

1.丁公司出售一批商品,定價$100,000,商業折扣為 5%,成本$65,000,則有關此交易事項之分錄,下列敘述何者正確?
(1)貸記:銷貨收入$95,000
(2)借記:存貨$65,000
(3)借記:銷貨成本$95,000
(4)貸記:銷貨收入$100,000

答案:(1)

☞補充說明:

此題之答案選項有存貨及銷貨成本,可知採永續盤存制:

xx/xx/xx	現金(或應收帳款)	95,000☜	
	銷貨收入		95,000

☜＝$100,000×(1－5%)

xx/xx/xx	銷貨成本	65,000	
	存貨		65,000

2.【依 IAS 或 IFRS 改編】因購買大量且重複製造或生產之存貨而向銀行借款所產生的利息成本，對買賣業存貨金額之影響為：
(1)無影響
(2)一定增加
(3)一定減少
(4)企業得免將該等利息資本化為存貨成本

答案：(4)

✎補充說明：

國際財務報導準則規定**屬於大量且重複製造或生產之存貨**，其可直接歸屬於購置、建造或生產該存貨所發生的借款成本(借款成本涵蓋利息費用)，即使符合資本化之條件得免予以將借款成本資本化，因為國際會計準則理事會(IASB)認為將該借款成本資本化有困難且成本可能大於效益；**其他存貨仍應將借款成本資本化。**

【98年初等特考試題】

1. X1年底期末存貨多計$15,000，X2年底期末存貨少計$6,000，兩年之所得稅率均為30%，則將使X2年底財務狀況表上的保留盈餘：
(1)少計$14,700
(2)少計$21,000
(3)多計$14,700
(4)少計$4,200

答案：(4)

✎補充說明：

因為X1年底期末存貨多計 $15,000 至X2年底結帳後已經過二年結帳程序，保留盈餘之餘額即會自動更正而為正確金額。故本題只須分析X2年底期末存貨少計$6,000對保留盈餘之影響，分析計算如下：

X2年底期末存貨少計→造成銷貨成本多計→造成淨利少計

→結帳後，造成保留盈餘(稅前)少計$6,000

→**造成保留盈餘(稅後)少計$4,200**($=$6,000×(1−30%))

2.【依 IAS 或 IFRS 改編】存貨在財務狀況表係以何種方式報導：
(1)成本法　　　　　　　　　　　(2)市價法
(3)成本與淨變現價值孰高法　　　　(4)成本與淨變現價值孰低法

答案：(4)

✍補充說明：

存貨的評價方法為成本與淨變現價值孰低法。

3.商品一批，定價$100,000，以九折買入，條件為 3/10，n/60，於進貨後 9 天付款，此批商品之進貨成本為：
(1)$100,000　　(2)$97,000　　(3)$90,000　　(4)$87,300

答案：(4)

✍補充說明：

進貨成本＝$100,000×90%×(1－3%)＝**$87,300**

4.甲公司採永續盤存制下的先進先出成本流動假設，X1 年進銷資料為：1 月 1 日存貨 800 單位@$25，2 月 15 日進貨 1,000 件@$24，9 月 30 日進貨 600 件@$28。5 月 20 日銷貨 1,200 件，售價@$50，11 月 30 日銷貨 800 件，售價@$55，則銷貨毛利為：
(1)$54,400　　(2)$53,200　　(3)$49,600　　(4)$48,400

答案：(1)

✍補充說明：

採先進先出成本法，不論是永續盤存制或定期盤存制，計算所得的銷貨成本及期末存貨均相同，故本題可以定期盤存制的方式解題。

1.計算可供銷售商品總成本：

800	×	$25	=	$20,000
1,000	×	$24	=	$24,000
600	×	$28	=	$16,800
2,400				$60,800

2.銷售總件數：1,200 件＋800 件＝2,000 件

3.期末存貨數量：

可供銷售商品總件數 2,400 件－銷售總件數 2,000 件＝400 件

4.期末存貨金額：400×$28＝$11,200

5.銷貨成本：

可供銷售商品總成本$60,800－期末存貨金額$11,200＝$49,600

6.銷貨收入：1,200 件×$50＋800 件×$55＝$104,000

7.**銷貨毛利**：銷貨收入$104,000－銷貨成本$49,600＝**$54,400**

5.下列敘述何者正確？
(1)當本期期末存貨少計會使本期銷貨成本多計，下一期的銷貨成本少計，下一期的淨利多計
(2)當本期期末存貨少計會使本期銷貨成本多計，本期的保留盈餘少計，下一期的保留盈餘多計
(3)當本期期末存貨多計會使本期淨利多計，下一期的銷貨成本多計，下一期的淨利少計，下一期的保留盈餘少計
(4)當本期期末存貨多計會使本期銷貨成本少計，下一期的期初存貨多計，下一期的淨利少計，下一期的期末存貨少計

答案：(1)

補充說明：

1.選項(1)：敘述為正確的，**答案為本選項**。

2.選項(2)：錯在「下一期的保留盈餘**多計**」，其所指保留盈餘為保留盈餘的餘額；正確應改為「下一期的保留盈餘**是正確的**」，此為存貨錯誤的特質，**存貨錯誤經過二年結帳程序，保留盈餘之餘額即會自動更正錯誤而為正確金額。**

3.選項(3)：錯在「下一期的保留盈餘**少計**」，正確應改為「下一期的保留盈餘**是正確的**」，請參閱前列第 2 項之說明。

4.選項(4)：錯在「下一期的期末存貨**少計**」，正確應改為「下一期的期末存貨**是正確的**」；因為企業每年均會盤點存貨，除非另有說明，**本期期末存貨多計或少計並不會影響下一期期末存貨之金額。**

【98年四等地方特考試題】

1. 某公司期初存貨$12,000，當年度進貨$38,000，並以$45,000銷售500件總成本$40,000之存貨，則期末存貨為：
(1)$5,000　　　(2)$7,000　　　(3)$10,000　　　(4)$33,000

答案：(3)

> **補充說明：**
>
> 期初存貨$12,000＋進貨$38,000－期末存貨？＝銷貨成本$40,000
>
> **期末存貨＝$10,000**

2. 【依IAS或IFRS改編】下列有關存貨成本流動假設方法的敘述，何者正確？
(1)當物價持續下跌時，採用先進先出法，淨利會較平均法高
(2)當物價持續下跌時，採用先進先出法，期末存貨較高
(3)當物價持續上漲時，採用先進先出法，能達到延後繳納所得稅的目的
(4)當物價持續上漲時，採用先進先出法，將使存貨資產之表達較符合攸關性

答案：(4)

> **補充說明：**
>
> 1. 選項(1)：敘述是錯誤的，因為當物價持續下跌時，採用先進先出法時之銷貨成本是較高成本部分，**其會造成淨利較低。**
>
> 2. 選項(2)：敘述是錯誤的，因為當物價持續下跌時，採用先進先出法時之期末存貨是留下較低成本部分，**故期末存貨會較低。**
>
> 3. 選項(3)：敘述是錯誤的，因為當物價持續上漲時，採用先進先出法時之銷貨成本是較低成本部分，**其會造成淨利較高，會先多繳稅。**
>
> 4. 選項(4)：敘述是正確的，因為當物價持續上漲時，**採用先進先出法時之期末存貨是留下較高成本部分，其較接近年底的市場價格，故期末存貨表達的金額較具攸關性，答案為本選項。**

3.甲公司於 X3 年 8 月 2 日賒銷商品$20,000 給 A 客戶，付款條件為 2/10、n/30，運送條件為目的地點交貨，運費$800 於 8 月 3 日商品送達時由 A 客戶代為支付。若 A 客戶於 X3 年 8 月 12 日付清全部貨款，則甲公司於 X3 年 8 月 12 日自 A 客戶收到多少現金？

(1)$18,800　　　(2)$19,200　　　(3)$19,400　　　(4)$20,000

答案：(1)

✎補充說明：

　　甲公司可自客戶收到的現金數

　　＝銷貨金額$20,000×(1－2%)－運費$800＝**$18,800**

【98 年五等地方特考試題】

1.某公司期初存貨之數量為 1,000 個，成本為$40,000，此外，本期依序進貨 3,000 個(單價$42)、2,000 個(單價$44)、4,000 個(單價$45)。若期末存貨經盤點後為 2,000 個，在先進先出法下，期末存貨金額為：

(1)$80,000　　　(2)$82,000　　　(3)$85,000　　　(4)$90,000

答案：(4)

✎補充說明：

　　因為採用先進先出成本流動假設之下，不論是採永續盤存制或定期盤存制，其計算所得的銷貨成本及期末存貨均相同，故本題可以定期盤存制的方式解題。計算如下：

　　1.計算可供銷售商品總成本：

1,000	×	$40	=	$40,000
3,000	×	$42	=	$126,000
2,000	×	$44	=	$88,000
4,000	×	$45	=	$180,000
10,000				$434,000

　　2.銷售總個數：題目未告知

　　3.期末存貨數量：2,000 個(題目告知)

　　4.**期末存貨金額**：2,000 個×$45＝**$90,000**

2.甲公司於 X1 年 11 月 1 日購入商品一批，金額為$25,000，付款條件為 3/10，n/30，若於 11 月 30 日付款，則支付之款項為：

(1)$24,250　　　(2)$24,500　　　(3)$25,000　　　(4)$17,500

答案：(3)

✐補充說明：

　　因為甲公司未於折扣期間內付款，故應支付貨款之全額$25,000。

3.甲公司 X1 年期初存貨$100,000，進貨$366,000，進貨折扣$5,400，銷貨$508,000，銷貨折扣$3,000，過去 3 年平均毛利率 35%，則期末存貨為：

(1)$283,850　　　(2)$137,750　　　(3)$130,400　　　(4)$132,350

答案：(4)

✐補充說明：

設：期末存貨為 x

銷貨收入(淨額)	$508,000－$3,000＝$505,000
期初存貨 ＋進貨淨額 － 期末存貨	$100,000 $366,000－$5,400＝$360,600 x
銷貨成本	$505,000×(1－35%)＝$328,250 或 $505,000－$176,750＝$328,250
銷貨毛利	$505,000×35%＝$176,750

將銷貨成本組成項目列為算式

$100,000＋$360,600－x＝$328,250

x＝$132,350

4.存貨記錄採用淨額法時，未享進貨折扣是屬於：

(1)其他收入　　　　　　　　　(2)應付帳款之加項

(3)應付帳款之減項　　　　　　(4)財務費用

答案：(4)

✐補充說明如下：

未享進貨折扣表示企業**資金調度不當**，增加企業的資金成本，故未享進貨折扣**屬財務費用**，於損益表列為其他損益項目。

5.企業若將進貨運費誤記為銷貨運費，則對當期損益表之影響為：
(1)銷貨成本多計　　　　　　　　(2)期末存貨多計
(3)營業費用多計　　　　　　　　(4)對銷貨毛利無影響

答案：(3)

✎補充說明：
　1.少計進貨運費→造成銷貨成本少計→造成銷貨毛利多計
　2.多計銷貨運費→造成營業費用多計

【97年普考試題】

1.X6年5月23日丁公司之所有存貨遭火災燒毀，該公司對存貨記錄採取定期盤存制，最近一次實地存貨盤點是在去年12月31日。下列為丁公司X5年度的部分損益表與其他資料。

銷貨收入		$1,935,000
銷貨成本		
期初存貨	$837,400	
購貨	1,464,100	
可供銷售商品成本	2,301,500	
減：期末存貨	947,000	1,354,500
銷貨毛利		$580,500

其他資料：

1. X6年5月5日發現X5年度之損益表中漏列了X5年12月31日的一筆$50,000起運點交貨之銷貨，該筆交易遲至X6年1月3日才入帳，同時該筆交易的商品成本$35,000亦誤記為X5年12月31日的存貨。
2. X5年12月5日購入辦公用品$39,700，誤記為購貨。
3. X6年1月1日至5月23日帳列有關進銷貨之資料如下：

銷貨		$1,335,000
銷貨運費		15,000
購貨		824,600
購貨運費		63,000
購貨退出		10,000

試作：

(一)計算丁公司 X5 年之毛利率。

(二)請以 X5 年毛利率，採用毛利法估計丁公司 X6 年 5 月 23 日存貨之火災損失。

解題：

1. 本題須運用毛利法計算期末存貨(發生火災當天存貨)，因為題目告知「**所有**」存貨遭火災燒毀，故「期末存貨」即為要求計算的「存貨損失」。

2. 本題未告知公司的毛利率，故題目第(一)項要求計算 X5 年的毛利率，即用以計算 X6 年的火災損失的毛利率。**X5 年用以計算毛利率的銷貨收入及銷貨成本有錯誤，須以更正後的金額求算 X5 年的毛利率。**

3. X5 年度部分損益表更正如下：

項目	錯誤金額	更正數	正確金額
銷貨收入	$1,935,000	+$50,000	$1,985,000
期初存貨	837,400		837,400
購貨	1,464,100	−$39,700	1,424,400
期末存貨	947,000	−$35,000	912,000

更正後損益表

銷貨收入		$1,985,000
銷貨成本		
期初存貨	$837,400	
購貨	1,424,400	
可供銷售商品成本	2,261,800	
減：期末存貨	912,000	1,349,800
銷貨毛利		$635,200

4. X5 年毛利率＝銷貨毛利$635,200÷銷貨收入$1,985,000＝**32%**

5.將資料填入下列表格，運用毛利率計算「期末存貨」金額：

銷貨收入（淨額）	$1,335,000-$50,000=$1,285,000
期初存貨	$912,000
＋進貨淨額	$824,600+$63,000-$10,000=$877,600
－期末存貨	?
銷貨成本	$1,285,000-$411,200=$873,800
銷貨毛利	$1,285,000×32%＝$411,200

期末存貨＝$912,000+$877,600-$873,800=**$915,800**

答：(一)丁公司 X5 年之毛利率為 **32%**

(二)丁公司 X6 年 5 月 23 日存貨之火災損失為 **$915,800**

2.某公司 X1 年之相關資訊如下：

進貨運費$30,000　　　　銷售費用$150,000

進貨退回$75,000　　　　期末存貨$290,000

該公司 X1 年的銷貨成本為銷售費用的 4 倍，試問該公司 X1 年可供銷售商品之成本為若干？

(1)$600,000　　(2)$815,000　　(3)$860,000　　(4)$890,000

答案：(4)

補充說明：

將題目告知金額填入表格適當位置並計算如下：

銷貨收入（淨額）	
期初存貨 ＋進貨淨額 －期末存貨	進貨？＋$30,000-$75,000 $290,000
銷貨成本	＝銷售費用$150,000×4倍＝$600,000
銷貨毛利	

可供銷售商品成本＝期初存貨＋進貨淨額

＝銷貨成本$600,000+期末存貨$290,000=**$890,000**

3. 某公司採用零售價法估計期末存貨，帳上期初存貨成本$10,000，零售價$12,000，本期進貨成本$28,000，零售價$38,000，銷貨收入$24,000，則在平均零售價法下，期末存貨之估計成本為：

(1) $18,240　　(2)$18,842　　(3)$19,760　　(4)$20,316

答案：(3)

　　✍ 補充說明：

	成本	零售價
期初存貨	$10,000	$12,000
本期進貨	28,000	38,000
可供銷售商品	$38,000	50,000

成本佔零售價百分比 76％
（平均成本率＝$38,000÷50,000）

銷貨收入		(24,000)
期末存貨之零售價		26,000
平均成本率		76％
期末存貨成本		**$19,760**

4. 某公司採用曆年制，X2 及 X1 年之財務報表包含以下錯誤：

	X2 年	X1 年
期末存貨	高估$3,000	高估$8,000
折舊費用	低估$2,000	低估$6,000

假設該公司至 X3 年底仍未發現前述錯誤，且於 X3 年未再發生其他錯誤，不考慮所得稅的影響，則該公司 X3 年 12 月 31 日的營運資金將：

(1)正確無誤　　　　　　　　(2)高估$2,000

(3)低估$2,000　　　　　　　(4)低估$5,000

答案：(1)

　　✍ 補充說明：

　　1.「營運資金」係指流動資產減流動負債。

　　2.本題不須分析折舊費用之錯誤，**因為折舊費用錯誤不會影響到流動資產及流動負債，也就不會影響到營運資金。**

3. 本題不須分析期末存貨之錯誤，**因為 X1 年及 X2 年期末存貨錯誤不會影響到 X3 年的流動資產及流動負債，也就不會影響到 X3 的營運資金。**

4. 綜合以上說明，可知 X3 的營運資金並未錯誤。

【97 年初等特考試題】

1. 甲公司的期初存貨與期末存貨均為$123,000，進貨退出為$25,000，則：

(1)進貨淨額大於銷貨成本　　　　(2)進貨淨額小於銷貨成本
(3)進貨淨額等於銷貨成本　　　　(4)不一定

答案：(3)

✎補充說明：

1. 建議使用下列表格，分別填入資料，再予以分析：

銷貨收入（淨額）	
期初存貨	$123,000
＋進貨淨額	進貨？－進貨退出$25,000
－ 期末存貨	$123,000
銷貨成本	**進貨？－進貨退出$25,000**
銷貨毛利	

2. 比較進貨淨額及銷貨成本如下：

　　進貨淨額＝進貨？－進貨退出$25,000

　　銷貨成本＝進貨？－進貨退出$25,000

　　比較結果：進貨淨額與銷貨成本相等。

2. 賒購貨物$100,000，其後退回貨物$20,000，最後得到進貨折扣$4,000。此一交易之進貨折扣是：

(1)0.5%　　　　(2)5%　　　　(3)4%　　　　(4)20%

答案：(2)

✎補充說明：

　　進貨折扣比率＝$4,000÷$($100,000－$20,000)＝**5%**

3.可供銷售商品成本包括銷貨成本與：

(1)毛利　　　　(2)進貨　　　　(3)期初存貨　　　　(4)期末存貨

答案：(4)

> 補充說明：
>
> 銷貨成本＝期初存貨＋進貨－期末存貨。
>
> →銷貨成本＝可供銷售商品成本－期末存貨
>
> →**銷貨成本＋期末存貨＝可供銷售商品成本**

4.若某年度的存貨評價發生錯誤，則：

(1)對次年度損益並無影響

(2)僅對財務狀況表有影響，對損益表則無影響

(3)兩年後保留盈餘即不受影響

(4)除非經由錯誤更正的分錄，否則該錯誤對保留盈餘的影響會一直存在

答案：(3)

> 補充說明：
>
> 存貨錯誤會影響當年度的損益表、財務狀況表及次年度的損益表。**存貨錯誤經過二年結帳程序，保留盈餘之餘額即會自動抵銷錯誤而為正確金額**。依前述說明**答案為選項**(3)。

【97年四等地方特考試題】

1.甲公司 X1 年期初存貨為$35,000，購貨運費為$4,300，購貨退回為$2,700，銷貨運費為$4,300，期末存貨為$52,200，銷貨成本為$1,316,800，則本期購貨為何？

(1)$1,328,100　　(2)$1,332,400　　(3)$1,334,000　　(4)$1,336,700

答案：(2)

> 補充說明：
>
> 將題目告知金額填入表格適當位置：
>
> 設：購貨為 x

銷貨收入(淨額)	
期初存貨	$35,000
＋進貨淨額	×＋$4,300－$2,700
－ 期末存貨	$52,200
銷貨成本	$1,316,800
銷貨毛利	

將銷貨成本組成項目列為算式

$35,000＋×＋$4,300－$2,700－$52,200＝$1,316,800

×＝購貨$1,332,400

2.以下是丙公司 X8 年 8 月份商品期初存貨、進貨及銷貨情形：

8/1	期初存貨	10,000	單位	@ $4.0
8/5	進貨	6,000	單位	@ $5.0
8/12	進貨	16,000	單位	@ $4.5
8/15	銷貨	9,000	單位	@$11.0
8/18	銷貨	7,000	單位	@$11.0
8/20	銷貨	10,000	單位	@$11.0
8/25	進貨	4,000	單位	@ $5.0

試求：丙公司 8 月份的銷貨毛利，請依下列三種存貨計價方式分別計算之：

(一)先進先出法

(二)加權平均法(假設丙公司存貨採定期盤存制)

(三)移動平均法(假設丙公司存貨採永續盤存制)

解題：

(一)採**先進先出法之銷貨毛利**計算如下：

1.計算可供銷售商品總成本：

10,000	×	$4.0	＝$40,000
6,000	×	$5.0	＝$30,000
16,000	×	$4.5	＝$72,000
4,000	×	$5.0	＝$20,000
36,000			$162,000

2.銷售總單位數：9,000 單位＋7,000 單位＋10,000 單位＝26,000 單位

3.期末存貨單位數：

　　可供銷售商品總單位數 36,000 單位－銷售總單位數 26,000 單位
　　＝10,000 單位

4.期末存貨金額：

　　期末存貨數量 10,000 單位之批次單位成本及總成本：

4,000	× $5.0	＝$20,000
6,000	× $4.5	＝$27,000
10,000		$47,000

5.銷貨成本＝可供銷售商品總成本$162,000－期末存貨金額$47,000
　　　＝$115,000

6.銷貨收入＝26,000 單位×$11＝$286,000

7.**銷貨毛利**＝銷貨收入$286,000－銷貨成本$$115,000＝**$171,000**

(二)**採加權平均法之銷貨毛利**計算如下：

1.計算可供銷售商品總成本：

10,000	× $4.0	＝$40,000
6,000	× $5.0	＝$30,000
16,000	× $4.5	＝$72,000
4,000	× $5.0	＝$20,000
36,000		$162,000

2.銷售總單位數：9,000 單位＋7,000 單位＋10,000 單位＝26,000 單位

3.期末存貨單位數：可供銷售商品總單位數 36,000 單位
　　　　　　　　－銷售總數 26,000 單位＝10,000 單位

4.單位成本：可供銷售商品總成本$162,000
　　　　　÷可供銷售商品總單位數 36,000 單位＝$4.5

5.期末存貨金額：期末存貨單位數 10,000 單位×單位成本$4.50
　　　　　　　＝$45,000

6. 銷貨成本＝可供銷售商品總成本$162,000－期末存貨金額$45,000
   ＝$117,000

7. 銷貨收入＝26,000 單位×$11＝$286,000

8. **銷貨毛利**＝銷貨收入$286,000－銷貨成本$$117,000＝**$169,000**

以上解題是列示完整程序，考試時為節省時間，可先說明第 1 項至第 3 項與先進先出法相同，再列示不同之處即可。

(三)**採移動平均法之銷貨毛利**計算如下：

| 日期 || 購　　入 ||| 售　　出 ||| 庫　　存 |||
月	日	數量	單價	金額	數量	單價	金額	數量	單價	金額
8	1							10,000	$4.0000	$40,000
	5	6,000	$5.0	$30,000				16,000	4.3750	70,000
	12	16,000	4.5	72,000				32,000	4.4375	142,000
	15				9,000	$4.4375	$39,938	23,000	4.4375	102,062
	18				7,000	4.4375	31,063	16,000	4.4375	70,999
	20				10,000	4.4375	44,375	6,000	4.4375	26,624
	25	4,000	5.0	20,000				10,000	4.6624	46,624

1. 銷貨成本＝$39,938＋$31,063＋$44,375＝$115,376

2. 銷貨收入＝26,000 單位×$11＝$286,000

3. **銷貨毛利**＝銷貨收入$286,000－銷貨成本$115,376＝**$170,624**

【97 年五等地方特考試題】

1. 買賣業之結帳分錄中，如貸記本期損益，則其借方可能為：
(1)銷貨運費　　　(2)銷貨　　(3)期初存貨　　　(4)銷貨退回及折讓

答案：(2)

✎ **補充說明：**

題目告知結帳分錄須「**貸記**」本期損益的會計科目，表示該會計科目結帳前之餘額應為「貸餘」；**選項(2)之銷貨**(銷貨收入)符合此條件。

2.甲公司 5 月 1 日賒購商品一批,商品定價$100,000,交易條件為起運點交貨,商業折扣為 40%,付款條件為 2/10,n/30,購貨當天並支付運費$2,000,5 月 2 日進貨退出$10,000,5 月 10 日付清貨款,則該批商品的淨進貨成本為:
(1)$51,000　　　　(2)$49,000　　　　(3)$47,040　　　　(4)$50,960

答案:(1)

✎補充說明:

甲公司之淨進貨成本為:

進貨	$60,000〔=($100,000×(1−40%)〕
進貨退出	−$10,000
進貨折扣	−$1,000〔=($60,000−$10,000)×2%〕
進貨運費	+$2,000
進貨淨額	=$51,000

3.甲公司 X1 年底的存貨為$32,000,X2 年損益表上顯示淨損$3,680,X3 年初發現 X1 年底的正確存貨應為$23,000,假設不計所得稅,則 X2 年的正確損益應為若干?
(1)淨利$5,320　　　　　　　　(2)淨損$12,680
(3)淨損$3,680　　　　　　　　(4)淨利$12,680

答案:(1)

✎補充說明:

由題目告知甲公司 X1 年底期末存貨高估$9,000($32,000−$23,000),其造成 X2 年期初存貨高估$9,000,分析該錯誤對 X2 年淨利的影響如下:

X2 年期初存貨高估→造成 X2 年銷貨成本高估→**造成 X2 年淨利低估**$9,000。

X2 **年正確損益**=淨損$3,6800+淨利低估$9,000=**淨利$5,320**

【96年普考試題】

1.某公司之存貨遭火災燒毀，試利用下列資料及毛利率法估計該公司之火災損失金額(毛利率假設為30%)：

銷貨收入	$140,000	進貨運費	$10,000
銷貨退回	20,000	進貨退回	15,000
進貨	100,000	期初存貨	15,000

(1)$12,000　　　(2)$26,000　　　(3)$30,000　　　(4)$36,000

答案：(2)

✎補充說明：

設：期末存貨為 x

銷貨收入(淨額)	$140,000－$20,000＝$120,000
期初存貨 ＋進貨淨額 －期末存貨	$15,000 $100,000＋$10,000－$15,000＝$95,000 x
銷貨成本	$120,000×(1－30%)＝$84,000 或 $120,000－$36,000＝$84,000
銷貨毛利	$120,000×30%＝$36,000

將銷貨成本組成項目列為算式

$15,000＋$95,000－x＝$84,000

x＝期末存貨$26,000

2.採用零售價法估計期末存貨，那一項目包含於可供銷售商品之成本而非零售價之計算中？
(1)進貨運費　　(2)進貨退出　　(3)本期進貨　　(4)非常損耗

答案：(1)

✎補充說明：

列於零售價計算之項目包括影響存貨數量之項目、加價、減價及非常損耗，所以本題答案須為影響存貨數量之項目、加價、減價及非常損耗以外之項目，選項(1)符合此項條件。

【96年初等特考試題】

1. 若銷貨成本為$350,000，銷貨毛利率為30%，則銷貨收入為：
(1)$150,000　　(2)$500,000　　(3)$250,000　　(4)$100,000

答案：(2)

▶ 補充說明：

1. 銷貨毛利率為30%，表示成本率為70%（＝1－30%）。
2. 銷貨收入＝銷貨成本$350,000÷成本率70%＝**$500,000**。

2.【依IAS或IFRS改編】下列那一個產業適用「個別認定法」計算銷貨成本？
(1)珠寶業　　(2)藥妝業　　(3)輪胎業　　(4)食品業

答案：(1)

▶ 補充說明：

成本個別認定法適用於依專案計畫區隔之項目，而可替換之大量存貨項目不宜採用成本個別認定法；依此規定，僅選項(1)符合條件。

3. 賒購某商品標價$24,000，商業折扣15%，現金折扣5%，若採總額法，則在折扣期限內付款時應：
(1)借記：應付帳款$20,400　　(2)貸記：現金$20,400
(3)借記：應付帳款$24,000　　(4)貸記：現金$19,200

答案：(1)

▶ 補充說明：

在折扣期限內付款時之分錄為：

xx/xx/xx	應付帳款	20,400①	
	進貨折扣		1,020②
	現金		19,380③

①＝$24,000×(1－15%)。

②＝$20,400×5%。

③＝①－②。

【96年四等地方特考試題】

1.【依 IAS 或 IFRS 改編】在物價持續上漲情況下，下列那一種存貨成本計算方法所產生之存貨金額，與報導期間結束日當時存貨價值最為接近？
(1)先進先出法 　　　　　　　　(2)加權平均成本法
(3)移動平均成本法 　　　　　　(4)稅法

答案：(1)

☞補充說明：

1. 題目所述之「**報導期間結束日**」（國際財務報導準則用詞），即過去所稱之「財務狀況表日」或「報表日」。

2. **採先進先出法時，期末存貨為較後面批次的進貨**，其較接近報導期間結束日之存貨價格，故答案為選項(1)。

【96年五等地方特考試題】

1. 甲公司本年度的進貨退出及折讓為$9,000，進貨運費為$4,200，銷貨成本為$80,000，進貨為$120,000，期末存貨為$62,000，則本年期初存貨為：
(1)$17,200　　　(2)$26,800　　　(3)$35,200　　　(4)$8,800

答案：(2)

☞補充說明：

設：期初存貨為 x

銷貨收入(淨額)	題目未告知
期初存貨	x
＋進貨淨額	$120,000－$9,000＋$4,200＝$115,200
－期末存貨	$62,000
銷貨成本	$80,000

將銷貨成本組成項目列為算式

x＋$115,200－$62,000＝$80,000

x＝期初存貨$26,800

2. 甲公司採零售價法估計期末存貨,有關資料為:期初存貨的成本為$24,500,售價則為$38,280;本期進貨成本為$272,770,依售價計算則為$415,700;進貨運費為$16,000;進貨退出的成本為$21,000,依售價計算則為$30,400;銷貨為$235,000;銷貨退回為$15,000;銷貨運費為$9,600。則估計之期末存貨為多少(成本率四捨五入至小數點後2位)?

(1)$131,106　　　(2)$158,424　　　(3)$140,470　　　(4)$151,800

答案:(3)

☞ 補充說明:

計算如下:

	成本	零售價
期初存貨	$24,500	$38,280
本期進貨	272,770	415,700
進貨運費	16,000	
進貨退出	(21,000)	(30,400)
可供銷售商品	$292,270	423,580

成本佔零售價百分比 69%

(平均成本率＝$292,270÷423,580)

銷貨收入	(235,000)
銷貨退回	15,000
期末存貨之零售價	203,580
平均成本率	69%
期末存貨成本	**$140,470**

此二項可以直接以淨額$(220,000)列示,即為銷貨收入淨額。

☞ **銷貨運費不須納入計算**,因其為營業費用而非存貨成本的項目。

【95 年普考試題】

1.【依 IAS 或 IFRS 改編】 大安公司採曆年制及存貨定期盤存制。大安公司部分財務報表資料如下：

	X1 年	X2 年
銷貨收入(全部為賒銷)	$1,000,000	$1,200,000
銷貨毛利	550,000	600,000
營業利益	200,000	300,000
淨利	100,000	140,000
期初存貨	220,000	300,000
期末存貨	300,000	420,000
期初應收帳款	150,000	250,000
期末應收帳款	250,000	350,000

每小題獨立，互不影響，請回答：

(一) 假設大安公司 X2 年期初存貨低列(understatement)$40,000；X2 年期末存貨高列(overstatement)$60,000。如果上述存貨錯誤未發生，則 X2 年度存貨週轉率為何？

(二) 假設大安公司 X1 年銷貨收入低列$50,000，X2 年銷貨收入高列$100,000。如果上述錯誤未發生，則 X2 年度之應收帳款回收天數(一年以 360 天計)為何？

解題：

(一) X2 年存貨週轉率計算如下：

X2 年正確的銷貨成本＝$(1,200,000－600,000)＋$40,000＋$60,000
　　　　　　　　　＝$700,000

X1 年正確的存貨＝$300,000＋$40,000＝$340,000

X2 年正確的存貨＝$420,000－$60,000＝$360,000

存貨週轉率＝銷貨成本÷平均存貨
　　　　　　＝$700,000÷〔($340,000＋$360,000)÷2〕＝**2 次**

(二) X2 年度之應收帳款回收天數計算如下：

　　X2 年正確的銷貨收入＝$1,200,000－$100,000＝$1,100,000

　　X1 年正確的應收帳款＝$250,000＋$50,000＝$300,000

　　X2 年正確的應收帳款＝$350,000＋$50,000－$100,000＝$300,000

　　應收帳款週轉率＝銷貨收入÷平均應收帳款

　　　　　　　　＝$1,100,000÷〔($300,000＋$300,000)÷2〕＝3.67 次

　　應收帳款週轉天數＝360 天 ÷ 應收帳款週轉率 3.67 次＝98 天

【95 年初等特考試題】

1. 設採用定期盤存制，本年期初存貨$58,000，本年期末存貨$60,000。本年進貨共$127,000。則在期末調整及結帳前，存貨科目之餘額為若干？
(1)$58,000　　　(2)$60,000　　　(3)$127,000　　　(4)$185,000

答案：(1)

　　✍補充說明：

　　　於採用定期盤存制之下，是經由調整及結帳的程序，才會將存貨之會計科目餘額由期初金額轉為期末金額。

2. 以下關於存貨的敘述何者為真？
(1)在「起運點交貨」的情況下，「在途存貨」屬於買方的存貨
(2)「承銷品」屬於承銷公司的存貨
(3)在「目的地交貨」的情況下，賣方只要將貨品送達送運者之後，其貨品就不再計入存貨
(4)存貨的成本並不包括買方「進貨運費」的支出

答案：(1)

　　✍補充說明：

　　　1.選項(1)：敘述是正確的，**答案為本選項**。

　　　2.選項(2)：敘述是錯誤的，**「承銷品」屬於寄銷公司的存貨**。

　　　3.選項(3)：敘述是錯誤的，**須至目的地交貨後才不計入存貨**。

　　　4.選項(4)：敘述是錯誤的，**存貨成本應包括買方發生的「進貨運費」**。

【95年四等地方特考試題】

1.順德公司三年來之帳列淨利及淨損分別如下：

　　X1 年度：淨利 $50,500

　　X2 年度：淨損 $12,800

　　X3 年度：淨利 $20,000

經審查公司帳冊，發現下列各項錯誤：

(一)公司對存貨採實地盤存制，各年期末存貨錯誤如下：

　　X1 年高估$12,500；X2 年低估$9,780；X3 年高估$7,840。

(二)公司購入文具用品，均於購入當年以費用列帳，期末未耗部分，移次年繼續使用，但未調整。未耗情形如下：

　　X1 年底全部耗盡；X2 年底未耗部分計有$15,000；X3 年底未耗部分計有$6,677。

試作：

　　根據上述資料，列表計算順德公司 X1 年、X2 年、X3 年各年度之正確淨利或淨損。

解題：

	X1 年	X2 年	X3
錯誤淨利(淨損)	$50,500	$(12,800)	$20,000
存貨錯誤			
X1 年高估	−12,500	+12,500	
X2 年低估		+9,780	−9,780
X3 年高估			−7,840
文具用品錯誤			
X2 年		+15,000	−15,000
X3 年			+6,677
正確淨利(淨損)	$38,000	$24,480	$(5,943)

【95年四等地方特考試題】

1.【依 IAS 或 IFRS 改編】某公司成本與淨變現價值孰低法相關之資料如下：

產品	成本	淨變現價值
A	$ 70,000	$ 75,000
B	50,000	48,000
C	100,000	102,000

若該公司以逐項產品為成本與淨變現價值比較之基礎，則該公司存貨之帳面金額將為：

(1)$218,000　　(2)$220,000　　(3)$225,000　　(4)$227,000

答案：(1)

✎補充說明：

採逐項比較法之比較結果如下：

產品	成本	淨變現價值	逐項比較結果
A	$ 70,000	$ 75,000	$70,000
B	50,000	48,000	48,000
C	100,000	102,000	100,000
成本與淨變現價值孰低比較後之帳面金額			**$218,000**

【95年五等地方特考試題】

1. 買賣業的財務報表較不可能出現：

(1)原料　　　　　　　　　　(2)銷貨收入
(3)銷貨成本　　　　　　　　(4)應收帳款

答案：(1)

✎補充說明：

買賣業買進商品是為再轉手賣出，買進商品時應借記「存貨」；「原料」為製造業才會有的存貨項目，其將用於生產產品之用。**若買賣業買原料，其係為再轉手賣出而非用於生產之用，其仍應列為「存貨」**；故買賣業的財務報表較不可能出現「原料」之會計科目與金額。

第四章　現金

重點內容：

●本章主題

1. 現金內部控制制度。

2. 現金及約當現金。

3. 零用金。

4. 銀行存款往來調節表。

●現金內部控制之要點

現金內部控制之目的在於除錯及防弊，現金內部控制的基本原則為：

1. 收到現金，盡快存入銀行。

2. 支出現金盡量以開立支票支付；所有空白支票都應預先編號。

3. 記帳及管錢的工作，應由不同的員工負責。

4. 不要由一個人從頭到尾包辦所有的事項。

5. 設置內部稽核部門。

●零用金制度

1. 零用金**採定額制**。

2. 零用金係**用以支付小額支出**。

3. **動支時，不須做任何帳務處理**。

4. **定期或依企業規定之期間**，由零用金保管人彙總零用金單據，填寫報銷清單(註明單據種類、支用員工及支用事由等事項)**送交會計部門列帳並撥補零用金**。

5. **編製報表時或報導期間結束日**，不論是否有撥補零用金，零用金保管人均須彙總零用金單據，填寫報銷清單送交會計部門列帳，以使相關費用等項目於當期認列。

● 銀行存款往來調節表

銀行存款往來調節表簡稱為銀行往來調節表。

1. 於實務上，企業**每個月**會依**每一個銀行帳戶**編製**一張銀行往來調節表**，銀行往來調節表可分為餘額式及四欄式，企業可自由選擇。

2. 編製銀行往來調節表應**比對企業當月份現金的收支明細記錄及銀行帳戶的對帳單**。

3. 銀行往來調節表為現金內部控制的一環，**但其僅能達到事後控制而無法達事前預防之目的**。

【108年普考試題】

1.甲公司7月底帳上之銀行存款餘額為$32,000，7月底在途存款$2,000。銀行幫甲公司代收票據$5,000，公司尚未記帳，但此筆代收票據，銀行誤記為代付$5,000。7月底未兌現支票$3,000。則銀行對帳單上顯示公司存款餘額為多少？

(1)$22,000　　　(2)$28,000　　　(3)$33,000　　　(4)$36,000

答案：(2)

補充說明：

銀行：
$未知數＋$2,000＋$5,000×2－$3,000＝$？
公司：
$32,000＋$5,000＝$37,000

由正確存款餘額可推算銀行對帳單上顯示公司存款餘額(即未知數)為$28,000。

【108年初等特考試題】

1.【依IAS或IFRS改編】若某公司投資之金融資產為3個月內到期，具活絡市場之債務工具，且其違約風險非常低，則一般將其歸類於：

(1)現金及約當現金
(2)按攤銷後成本衡量之金融資產
(3)透過其他綜合損益按公允價值衡量之金融資產
(4)透過損益按公允價值衡量之金融資產

答案：(1)

2.甲公司X1年底相關資料如下：零用金$5,000，乙銀行活期存款$20,000，丙銀行支票存款$75,000，甲銀行3個月期定期存款$35,000，客戶支付貨款之3個月期遠期支票$60,000，郵票$1,000。甲公司X1年底現金及約當現金餘額為：

(1)$100,000　　　(2)$135,000　　　(3)$136,000　　　(4)$195,000

答案：(2)

📝 補充說明：

$5,000+$20,000+$75,000+$35,000=**$135,000**

【107年普考試題】

1. 下列為甲公司四月份相關資料：

	銀行存款帳列數	銀行對帳單
4月1日餘額	$126,000	$164,100
4月份存入	2,235,000	2,210,000
4月份支出	2,298,000	2,364,000
4月30日代收票據 (本息$15,400代扣手續費$200)		15,200
4月30日餘額	63,000	25,300

另悉三月份公司編製銀行往來調節表中三月底在途存款及未兌現支票分別為$60,000及$121,000，試據以計算四月底在途存款之金額：

(1)$55,000　　(2)$65,000　　(3)$75,000　　(4)$85,000

答案：(4)

📝 補充說明：

四月底在途存款＝($60,000＋$2,235,000)－$2,210,000＝**$85,000**

【107年四等地方特考試題】

1. 丙公司X1年12月底銀行對帳單的餘額為$434,700。已知丙公司當月底的在途存款為$19,200，未兌現支票$16,800。X1年12月中，丙公司的會計人員將一張付給甲供應商面額$25,560的支票誤記為$27,720，銀行已兌現該張支票。此外，銀行對帳單上列有存款不足支票$18,000及代收利息收入$1,920。丙公司調整前帳上銀行存款餘額為：

(1)$446,220　　(2)$450,540　　(3)$451,020　　(4)$455,340

答案：(3)

📝 補充說明：

> 銀行：
> $434,700 + $19,200 − $16,800 = $437,100
>
> 公司：
> $未知數 + $2,160 − $18,000 + $1,920 = $？

由正確存款餘額可推算丙公司調整前帳上銀行存款餘額(即未知數)為 **$451,020**。

【106年普考試題】

1. 乙公司6月30日銀行對帳單上之存款餘額為$560,000。已知在月底時公司之在途存款為$80,000，未兌現支票為$120,000。6月30日銀行誤將兌付他公司之支票$20,000，計入乙公司之帳戶，但銀行並未發現此一錯誤。6月份銀行有代收票據$30,000，銀行並從中扣除手續費$500。此外，公司曾於6月份存入一張支票$20,000，存入後因存款不足遭銀行退票。

試作：乙公司6月30日之正確存款餘額為多少？

解題：

> 銀行：
> $560,000 + $80,000 − $120,000 + $20,000 = $540,000
>
> 公司：
> $未知數 + $30,000 − $500 − $20,000 = $？

由銀行對帳單餘額可推算正確存款餘額為 **$540,000**

2. 甲公司今年5月31日銀行對帳單上存款餘額$173,280，此外，經查證得知該公司在5月份有存款不足支票$20,900，未兌現支票$40,200，在途存款$52,000，銀行手續費$150，則甲公司5月31日銀行存款正確餘額應為多少？

(1)$140,430　　(2)$161,480　　(3)$164,030　　(4)$185,080

答案：(4)

📝 補充說明如下：

銀行：
$173,280-$40,200+$52,000=**$185,080**
公司：
$未知數-$20,900-$150=$？

由銀行對帳單餘額可推算銀行存款正確餘額為**$185,080**

3.若公司零用基金為$3,000，在撥補日之現金餘額為$218，而各項費用之支出憑證總和為$2,792，則下列何者屬於正確撥補分錄之一部分？
(1)借記零用金$2,792　　　　　(2)貸記現金$2,792
(3)貸記現金短溢$10　　　　　(4)借記現金$2,782

答案：(3)

✎補充說明：

撥補分錄如下：

xx/xx/xx	各項費用等	2,792	
	現金(或銀行存款)		2,782①
	現金短溢		10

① = $3,000 − $218

4.甲公司簽發支票$5,600支付尚未清償之貨款，但會計在現金支出日記簿誤記為$6,500，則在編製銀行存款調節表時，如何調整才會得到正確存款餘額？
(1)公司帳上現金加$900　　　　(2)公司帳上現金減$900
(3)銀行對帳單餘額加$900　　　(4)銀行對帳單餘額減$900

答案：(1)

✎補充說明：

因為是公司列帳錯誤，造成支出多計，故公司現金帳應加回該多計之支出金額。

【106年初等特考試題】

1. 下列何者不是有效的內部控制方法？
(1)員工定期輪調或休假
(2)現金之出納及記錄由同一人擔任
(3)避免持有過多的閒置現金
(4)由不同人掌管現金支出及編製銀行存款調節表

答案：(2)

【105年普考試題】

1. 乙公司X6年7月份有關現金之相關資料如下：

(一)X6年6月30日銀行存款調節表顯示在途存款$8,000，7月份公司現金帳戶顯示總存入為$33,250，而銀行對帳單顯示總存入為$29,250。

(二)X6年6月30日銀行存款調節表顯示未兌現支票$6,200，7月份公司現金帳戶顯示總支出為$32,650，而銀行對帳單顯示總支出為$31,350。

(三)銀行收到公司之應收票據款$5,000及利息收入$60，公司尚未記錄。

(四)銀行扣取手續費$120，公司尚未記錄。

(五)7月底乙公司存入的支票中發現一張存款不足，金額為$6,500，公司收到銀行對帳單才知道。

(六)乙公司X6年7月31日公司帳上現金的餘額為$60,900。

試作：銀行對帳單上X6年7月31日的餘額為何？

解題：

1. 此題最關鍵的須自行計算7月31日的「在途存款」及「未兌現支票」，計算如下：

    (1) 7月31日的「在途存款」
    　　＝($8,000＋$33,250)－($29,250－$5,000－$60)＝**$17,060**

    (2) 7月31日的「未兌現支票」
    　　＝($6,200＋$32,650)－($31,350－$120－$6,500)＝**$14,120**

2.銀行對帳單上 X6 年 7 月 31 日的餘額計算如下：

銀行：
$\quad$ \$未知數＋\$17,060－\$14,120＝\$？
公司：
$\quad$ \$60,900＋\$5,000＋\$60－\$120－\$6,500＝\$59,340

$\quad$銀行對帳單上 X6 年 7 月 31 日的餘額
$\quad\quad$＝\$59,340＋\$14,120－\$17,060＝**\$56,400**

延伸：

1. 若第(一)項所述「……而銀行對帳單顯示**總存入**為\$29,250」**僅限於乙公司存入部分**。

2. 若第(二)項所述「……而銀行對帳單顯示**總支出**為\$31,350」**僅限於乙公司支出部分**。

則本題答案計算如下：

1.**此題自行計算 7 月 31 日的「在途存款」及「未兌現支票」**，計算如下：
$\quad$(1) 7 月 31 日的「在途存款」＝(\$8,000＋\$33,250)－\$29,250＝**\$12,000**
$\quad$(2) 7 月 31 日的「未兌現支票」＝(\$6,200＋\$32,650)－\$31,350＝**\$7,500**

2.銀行對帳單上 X6 年 7 月 31 日的餘額計算如下：

銀行：
$\quad$ \$未知數＋\$12,000－\$7,500＝\$？
公司：
$\quad$ \$60,900＋\$5,000＋\$60－\$120－\$6,500＝\$59,340

$\quad$銀行對帳單上 X6 年 7 月 31 日的餘額
$\quad\quad$＝\$59,340＋\$7,500－\$12,000＝**\$54,840**

【104年普考試題】

1. 丙公司X4年5月31日帳載銀行存款餘額為$72,000，與銀行對帳單之餘額不符。經核對後發現公司開立No：436支票金額$1,450，公司帳上誤記為$1,540，未兌現支票$8,100，銀行存款利息$210尚未入帳，在途存款$6,500。5月31日銀行對帳單之餘額為多少？

(1)$70,100　　　(2)$70,700　　　(3)$73,720　　　(4)$73,900

答案：(4)

📝 補充說明：

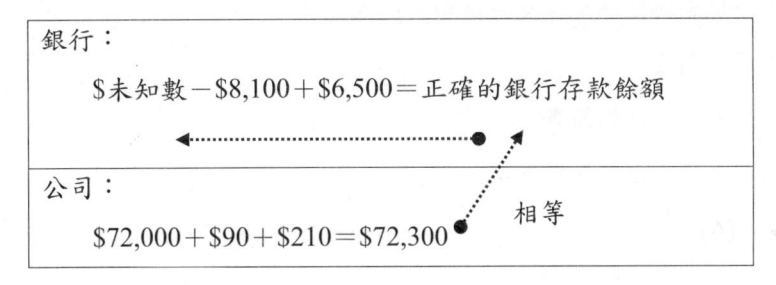

```
銀行：
    $未知數 － $8,100 ＋ $6,500 ＝ 正確的銀行存款餘額

公司：
    $72,000 ＋ $90 ＋ $210 ＝ $72,300       相等
```

$未知數 ＝ $72,300 － $6,500 ＋ $8,100 ＝ **$73,900**

2. 甲公司對小額支出採零用金支付，已知零用金額度為$3,000。X1年底，未入帳之各項支出憑證總和為$1,600，保管箱之零用金剩下$1,350。下列何者正確？

(1)若年底不撥補，則應借記現金短溢$50
(2)若年底不撥補，則暫時不用作會計分錄
(3)若年底撥補，則應貸記零用金$1,650
(4)若年底撥補，則應貸記現金短溢$50

答案：(1)

📝 補充說明：

1. 若年底不撥補，分錄列示如下：

x1/12/31	各項費用等	1,600	
	現金短溢	50	
	零用金		1,650

2.若年底撥補，分錄列示如下：

×1/12/31	各項費用等	1,600	
	現金短溢	50	
	現金(或銀行存款)		1,650

3.綜合以上分錄，可知答案為選項(1)。

【104年初等特考試題】

1.下列何者非屬適當之現金內控制度？
(1)經手現金與記錄現金交易應由不同人擔任
(2)零用金制度
(3)編製銀行存款調節表
(4)所有零星支出都使用支票

答案：(4)

【103年普考試題】

1.甲公司X1年6月底某銀行存款帳戶有關資料如下：6月底銀行對帳單餘額$29,000；未兌現支票$12,000(內含銀行保付支票$7,000)；銀行代收票據$2,400；公司尚未入帳已送存銀行之現金$3,100，銀行未及入帳；客戶乙公司所開支票$1,800，存款不足退票；銀行手續費$300，公司尚未入帳。則有關甲公司X1年6月底該銀行存款帳戶之銀行調節表中的下列餘額何者正確？
(1)調節後銀行存款正確餘額$27,100
(2)調節後銀行存款正確餘額$25,100
(3)調節後公司帳面餘額$25,800
(4)調節前公司帳面餘額$24,800

答案：(1)

✎補充說明如下：

> 銀行：
> 　　　$29,000-($12,000-$7,000)+$3,100=$27,100
> 公司：
> 　　　$未告知+$2,400+$3,100-$1,800-$300＝？

調節後公司帳面現金餘額＝**$27,100**

調節前公司帳面現金餘額

　＝$27,100+$300+$1,800-$3,100-$2,400=**$23,700**

【103年五等地方特考試題】

1.在零用金制度下，何時應借記零用金帳戶？
(1)零用金撥補時　　　　　　　(2)零用金動用時
(3)零用金額度變更時　　　　　(4)發生現金短溢時

答案：(3)

【100年普考試題】

1.以下那些為公司帳上銀行存款餘額與銀行對帳單餘額產生差異之可能原因？　①雙方記帳時間不同　②公司發生錯誤　③銀行發生錯誤
(1) ①②　　　(2) ②③　　　(3) ①③　　　(4) ①②③

答案：(4)

> ☞補充說明：
> 　　**雙方記帳時間不同、公司發生錯誤及銀行發生錯誤**，均有可能使公司帳上銀行存款餘額與銀行對帳單餘額產生差異。

【100年四等地方特考試題】

1.甲公司20x1年12月底銀行結單的餘額為$72,450，已知當月底的在途存款為$3,200，未兌現支票$2,800，20x1年12月中公司會計將進貨之一所開的支票$4,260 誤記成$4,620，銀行已依支票面額支付，此外銀行結單上列有存款不足支票$3,000及代收利息收入$320，則調整前公司帳上銀行存款的餘額為：
(1)$74,370　　(2)$75,090　　(3)$75,170　　(4)$75,890

答案：(3)

📝 補充說明：

一般題目均要求由銀行帳及公司帳分別調節至「正確的銀行存款餘額」，**若題目要求由「銀行帳戶(銀行結單)現金餘額」調節至「公司帳列現金餘額」**，如同本題要求計算「調整前公司帳上銀行存款的餘額」，則其計算如下：

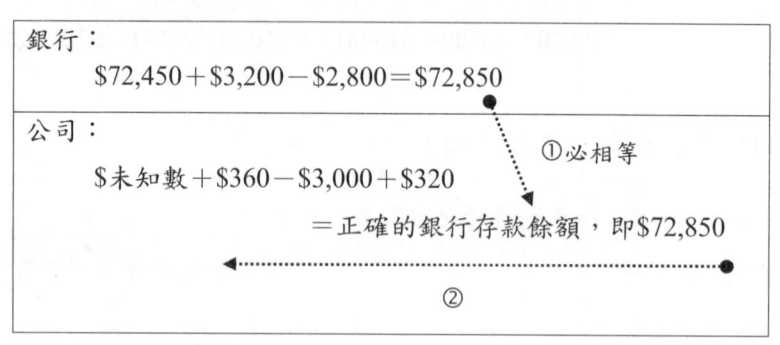

銀行： 　　　$\$72,450 + \$3,200 - \$2,800 = \$72,850$
公司： 　　　$\$未知數 + \$360 - \$3,000 + \$320$　　　①必相等 　　　　　　$=$ 正確的銀行存款餘額，即$\$72,850$ 　　　　　　　　　　　　　　②

① 其作法**先由「銀行帳戶現金餘額」調節至「正確的銀行存款餘額」**。

② **再由「正確的銀行存款餘額」倒推至「公司帳列現金餘額」**(即題目所稱之「調整前公司帳上銀行存款的餘額」)。經由移項，可求得「調整前公司帳上銀行存款的餘額」，即上列「未知數」為 **$75,170** ($=\$72,850 - \$320 + \$3,000 - \$360$)；反之亦然，若由「公司帳列現金餘額」調節至「銀行帳戶現金餘額」，做法亦同。

【99年普考試題】

1. 編製完成之年底銀行存款調節表後，下列那一項不須作調整分錄？
(1) 銀行代收款項　　　　　　　　(2) 銀行代收票據
(3) 尚未兌現保付支票　　　　　　(4) 銀行收取印製支票費用

答案：(3)

📝 補充說明：

選項(3)尚未兌現保付支票，**於公司開立支票時，銀行已同步由公司銀行帳戶扣除該筆現金**，表示公司與銀行已無差異，故不須調節該筆金額，也無須編製調整分錄。

【98年普考試題】

1. 甲公司 8 月份銀行往來調節表上之未兌現支票總額為$4,000，9 月份所開出支票共計$40,000，而 9 月份銀行對帳單上顯示銀行在 9 月份所支付支票之款項共$28,000，則甲公司 9 月份銀行調節表上之未兌現支票總額應為：

(1)$16,000　　　(2)$12,000　　　(3)$8,000　　　(4)$4,000

答案：(1)

補充說明：

9 月 30 日未兌現支票
= 8 月 31 日未兌現支票$4,000＋9 月份公司帳列支出總額$40,000
－9 月份銀行對帳單列示支出總額$28,000＝**$16,000**

【98年四等地方特考試題】

1. 甲公司 7 月底之部分銀行調節表如下：

銀行對帳單餘額	$357,600
加：在途存款	15,375
減：未兌現支票	(33,000)
正確餘額	$339,975

8 月份相關資料如下：

	公司帳	銀行帳
支票記錄	?	$76,500
存款記錄	?	105,675

7 月底之未兌現支票已於 8 月份兌現。另 8 月份在途存款為$23,550，未兌現支票為$40,725。

試作：

(一)甲公司 8 月底銀行對帳單餘額。

(二)甲公司 8 月底銀行存款之正確金額。

(三)甲公司 8 月份之公司帳支票記錄金額。

(四)甲公司 8 月份之公司帳存款記錄金額。

解題：

(一) 甲公司 8 月底銀行對帳單餘額
　　＝7 月底銀行對帳單餘額$357,600
　　　＋8 月份銀行帳存款記錄金額$105,675
　　　－8 月份銀行帳支票記錄金額$76,500
　　＝8 月底銀行對帳單餘額$386,775

(二) 甲公司 8 月底銀行存款之正確金額
　　＝8 月底銀行對帳單餘額$386,775
　　　＋8 月 31 日在途存款$23,550
　　　－8 月 31 日未兌現支票$40,725
　　＝8 月底銀行存款之正確金額$369,600

(三) 甲公司 8 月份之公司帳支票記錄金額
　　7 月 31 日未兌現支票$33,000
　　　＋8 月份公司帳支票記錄金額$？
　　　－8 月份銀行帳支票記錄金額$76,500
　　＝8 月 31 日未兌現支票$40,725

　　8 月份公司帳支票記錄金額＝$84,225

(四) 甲公司 8 月份之公司帳存款記錄金額
　　7 月 31 日在途存款$15,375
　　　＋8 月份公司帳存款記錄金額$？
　　　－8 月份銀行帳存款記錄金額$105,675
　　＝8 月 31 日在途存款$23,550

　　8 月份公司帳存款記錄金額＝$113,850

【98年四等地方特考試題】

1. 下列事項何者違反內部控制之基本原則？
(1)由特定員工負責保管零用金現金
(2)某員工之工作由原負責應付帳款的處理改調為負責應收帳款的處理
(3)所有空白支票都預先編號
(4)某員工負責核准付款，並同時負責支票之簽發

答案：(4)

> ✍ 補充說明：
>
> 選項(4)將使該員工有舞弊的機會，其違反內部控制防弊之原則。

2. 甲公司 8 月 31 日銀行對帳單餘額為$85,000，8 月 31 日銀行調節表中有下列事項：未兌現支票$2,500、在途存款$3,500、銀行代收款$4,000、銀行手續費$500，該公司 8 月 31 日帳載現金餘額為多少？
(1)$81,500　　(2)$82,500　　(3)$86,000　　(4)$87,500

答案：(2)

> ✍ 補充說明：
>
> 本題係要求計算「帳載現金餘額」(即公司帳列現金餘額)，計算如下：
>
> 銀行：
> 　　$85,000－$2,500＋$3,500＝$86,000
> 　　　　　　　　　　　　　　　　　　①必相等
> 公司：
> 　　$未知數＋$4,000－$500＝正確的銀行存款餘額，即$86,000
> 　　　　　　　　　　　　②
>
> ①其作法**先由「銀行帳戶現金餘額」**(即銀行對帳單餘額)調節至「**正確的銀行存款餘額**」。
>
> ②**再由「正確的銀行存款餘額」倒推至「公司帳列現金餘額」**(即題目所稱之「帳載現金餘額」)，即上列「未知數」為**$82,500**。

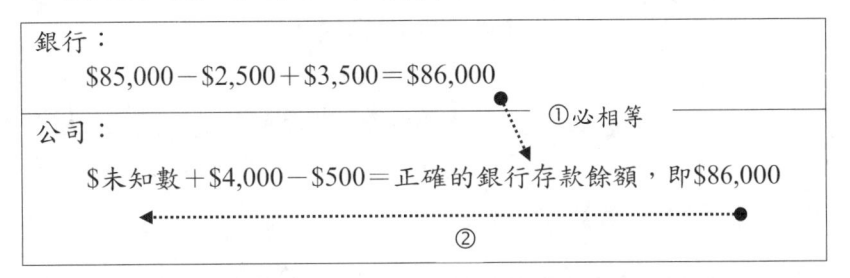

【98年五等地方特考試題】

1.下列現金內部控制之敘述中，何者不符合內部控制原則？
(1)收取現金時立即存入銀行並入帳
(2)小額支出採用定額零用金制度
(3)一員工負責現金之記錄，並保管零用金
(4)盡量以支票做為現金付款工具

答案：(3)

☞補充說明：

　　　選項(3)將使該員工有舞弊的機會，其違反內部控制防弊之原則。

2.在定額零用金制度下，補充零用金時，應該作何種會計處理？
(1)貸記零用金　　　　　　　　(2)借記各項費用
(3)貸記各項費用　　　　　　　(4)不必作任何分錄

答案：(2)

☞補充說明：

撥補零用金時之分錄為：

xx/xx/xx	各項費用　　　　　　　　　　xx,xxx
	【或：現金短溢】　　　　　【xxx】
	現金(或銀行存款)　　　　　　xx,xxx
	【或：現金短溢】　　　　　【xxx】

【97年普考試題】

1.下列銀行調節表中的調節項目，何者不須於公司的帳上作分錄？
(1)在途存款　　　　　　　　　(2)銀行手續費
(3)銀行誤登存款金額　　　　　(4)銀行代收票據

答案：(1及3均為正確答案)

☞補充說明：

　　　選項(1)及選項(3)均屬銀行應調節項目，公司不須調節該等金額，故無須編製調整或更正分錄。

【97年初等特考試題】

1. 甲公司在編製完成銀行往來調節表後，下列何者需於公司帳上作調整分錄？
(1)銀行手續費　　　　　(2)銀行誤將兌付他公司支票誤記為該公司帳戶
(3)在途存款　　　　　　(4)未兌現支票

答案：(1)

> 📖 補充說明：
>
> 編製完成銀行存款往來調節表後，須作調整分錄者為公司調節項目。
> 選項(1)屬公司應調節項目，故須編製調整或更正分錄。

【97年四等地方特考試題】

1. 甲公司設立定額零用金$5,000，7月5日在零用金只剩$850時進行零用金撥補，當日零用金管理員所持支付單據計有$4,200，該公司同時打算將零用金額度降低到$4,000，則應撥補零用金金額為：
(1)$3,150　　　　(2)$3,200　　　　(3)$4,150　　　　(4)$4,200

答案：(1)

> 📖 補充說明：
>
> 1. 列示零用金相關分錄如下：
>
> (1)撥補零用金時：
>
> | xx/xx/xx | 各項費用　　　　　　　　4,200② | |
> |---|---|---|
> | | 　現金短溢　　　　　　　　　　50③ | |
> | | 　現金(或銀行存款)　　　　4,150① | |
>
> ①為撥補金額，撥補金額是使零用金回復至定額金額＝零用金定額金額 5,000－零用金剩餘金額$850。
> ②認列各項費用金額。
> ③＝②－①。

(2)降低零用金額度時：

xx/xx/xx	現金(或銀行存款)	1,000	
	零用金		1,000

(3)將前列第(1)項及第(2)項之二項分錄 合併 如下：

xx/xx/xx	各項費用	4,200	
合併後分錄	現金短溢		50
	現金(或銀行存款)		**3,150**
	零用金		1,000

2.由第1項之合併後分錄，**可知應撥補零用金金額為**$3,150，故答案為選項(1)。

【96年普考試題】

1.當企業採用零用金制度時,於下列何種情況之會計分錄中將影響「零用金」科目？(即借記(或貸記)「零用金」)
(1)設立帳戶時及餘額增減時　　(2)實際動支時及補充基金時
(3)補充基金時及餘額增減時　　(4)餘額增減時及實際動支時

答案：(1)

補充說明：

1.選項(1)：設立帳戶時及餘額增減時**均會影響「零用金」科目，答案為本選項。**

2.選項(2)：實際動支時不須作分錄，**不會影響「零用金」科目；**補充基金時是影響**「現金」科目而非「零用金」科目。**

3.選項(3)：補充基金時是影響**「現金」科目而非「零用金」科目；**餘額增減時**會影響「零用金」科目。**

4.選項(4)：餘額增減時**會影響「零用金」科目；**實際動支時不須作分錄，**不會影響「零用金」科目。**

【96年四等地方特考試題】

1. 「現金短溢」科目若是借方餘額，在財務報表上應列為：
(1)資產抵銷項　　　　　　　　(2)其他資產項目
(3)其他費用項目　　　　　　　(4)其他收入項目

答案：(3)

　　✍補充說明：

　　　「現金短溢」科目若為借方餘額表示現金短少，應列為其他損失項目；若是貸方餘額表示現金多了，應列為其他收益項目。

【95年五等地方特考試題】

1. 關於現金收支之控制，下列何種作法不適當？
(1)除小額零星支出外，所有現金支出均以支票為之
(2)當日之現金收入立即如數送存銀行
(3)不要取得任何進貨現金折扣，將應付帳款延至到期日再行支付
(4)銀行往來調節表由內部稽核人員編製

答案：(3)

　　✍補充說明：

　　1. 一般進貨折扣的實質利率(即資金成本)均相當高，以現金收支之控制而言，企業應爭取進貨現金折扣。

　　2. 就實務而言，銀行往來調節表係由會計部門或財務部門編製。

第五章　應收款項

重點內容：

● 本章主題

1. 應收款項之認列。
2. 預期信用減損損失之估列，我國已將會計科目**「備抵呆帳」**改為**「備抵損失」**，已無呆帳及備抵呆帳之會計科目。
3. 應收票據貼現。
4. 收入認列。

● 估列預期信用減損損失之方法有：

依國際財務報導準則第 9 號「金融工具」之規定，應收帳款及應收票據減損之評估採**「預期損失模式」**，之前係**採用「已發生損失模式」**。

金融資產之預期信用減損損失相關規定如下：

1. 若金融工具**自原始認列後信用風險 並未顯著增加**，則企業應於報導日 按12個月 預期信用損失金額衡量該金融工具之備抵損失。

2. 若金融工具**自原始認列後信用風險 已顯著增加**，則企業應於報導日 按存續期間 預期信用損失金額衡量該金融工具之備抵損失。

國際財務報導準則第 9 號「金融工具」提供了簡化作法—應收帳款等僅應 按存續期間 預期信用損失金額衡量其備抵損失。

我國金融監督管理委員會說明：**實務上仍存有其他方式提列備抵損失，例如：單一損失率法**。由此說明，**無法確定**傳統上估列應收款項無法回收金額所採用的應收帳款餘額百分比法及應收帳款帳齡分析法是否符合單一損失率法之規定；但可以確定的是若應收帳款餘額百分比法及應收帳款帳齡分析法**要符合單一損失率法之規定，須以「前瞻性觀點」**來評估應提列之備抵損失，不可以僅考量歷史損失率。

國際財務報導準則第9號「金融工具」採**預期損失模式**；若未估列預期信用減損損失，**俟實際無法收回時，才認列減損損失**，並不符合國際財務報導準則之規定，屬使用錯誤的會計處理方法，**須以錯誤更正方式處理**。

假設應收帳款餘額百分比法及應收帳款帳齡分析法符合單一損失率法之規定，說明各法之運用如下：

1. **應收帳款餘額百分比法**：此法著重備抵損失餘額與應收帳款餘額之關係。

2. **應收帳款帳齡分析法**：此法同應收帳款餘額百分比法著重備抵損失餘額與應收帳款餘額之關係，但其有**考量應收帳款之帳齡與損失率之配合**。

【108年初等特考試題】

1. 甲公司於X1/10/20收到面額$1,500,000，3%，90天期之票據。若該公司於X1/12/19持該票據往銀行貼現，貼現率5%，可取得現金金額為(一年以360天計，答案四捨五入至整數)：

(1)$1,502,547　　(2)$1,504,953　　(3)$1,507,500　　(4)$1,511,250

答案：(2)

補充說明：

1. 到期值：$1,500,000＋($1,500,000×3%×90/360)＝$1,511,250
2. 貼現息：$1,511,250 × 5% × 30/360＝$6,297

> 貼現息須以「到期值」為計算基礎

3. 收現數：$1,511,250－$6,297＝**$1,504,953**

2. 銷貨付款條件為「2/10，n/30」，即代表：

(1)10天內付款可取得1%之折扣，最遲第60天付清
(2)10天內付款可取得2%之折扣，最遲第30天付清
(3)10天內付款可取得2%之折扣，最遲第60天付清
(4)10天內付款可取得1%之折扣，最遲第30天付清

答案：(2)

【107年普考試題】

1.【依IAS或IFRS改編】 甲公司採帳齡分析法估列預期信用減損損失，本年度估計期末備抵損失應有餘額為$35,000。已知備抵損失年初餘額為$14,000，全年實際發生減損損失為$50,000，嗣後又收回$10,000，試問綜合損益表中之估列之預期信用減損損失為：

(1)$21,000　　(2)$31,000　　(3)$40,000　　(4)$50,000

答案：(1)

補充說明：$35,000－$14,000＝**$21,000**

2.甲公司向乙銀行貼現之票據於11月9日到期，客戶如期支付。經查該票據為客戶開立六個月期附年息5%票據，公司於7月9日背書後持向乙銀行貼現，貼現年息6%，貼現當時僅借記「銀行存款」$582,610、貸記「應收票據貼現負債」$582,610，入帳金額為貼現值。(利息按月計算，答案若不能整除，請四捨五入至整數)

試問：

(一)該貼現票據之面額？

(二)該貼現票據公司應認列利息收入金額？

(三)該貼現票據公司應認列利息費用金額？

解題：

(一)貼現票據之面額之計算

因為：

票據面額？＋(票據面額？× 5% × 6/12)＝到期值

到期值 × 6% × 4/12 ＝貼現息

到期值－貼現息＝ $582,610

所以：

〔票據面額？＋(票據面額？× 5% × 6/12)〕
－〔到期值 × 6% × 4/12〕＝$582,610

票據面額＝**$580,000**

(二)貼現票據應認列利息收入金額

利息收入＝$580,000 × 5% × 2/12＝**$4,833**

(三)貼現票據應認列利息費用金額

題目告知：貼現時借記「銀行存款」、貸記「應收票據貼現負債」，**此表示甲公司貼現時並未移轉票據之控制**，故認列利息費用金額計算如下：

利息費用＝$582,610 × 6% × 4/12＝**$11,652**

延伸：若本題之貼現**已移轉票據之控制**，則分錄如下：

xx/07/09	應收利息	4,833	
	利息收入		4,833

xx/07/09	現金	582,610	
	貼現損失	**2,223**	
	應收票據貼現		580,000
	應收利息		4,833

結論：本題第(三)項要求計算的「利息費用」是指貼現損失嗎？

若是，答案為 **$2,223**。

【106年普考試題】

1.【依IAS或IFRS改編】 甲公司於年底調整前的帳列「備抵損失」金額為貸餘$3,000，依應收帳款帳齡分析指出，當年底按12個月估列預期信用減損損失為$53,000，試問甲公司調整後的帳列「備抵損失」金額應為多少？

(1)借餘$50,000　　(2)貸餘$50,000　　(3)貸餘$53,000　　(4)借餘$56,000

答案：(3)

☞補充說明：

本題答案即題目所述之「當年底按12個月估列預期信用減損損失為$53,000」。

【105年普考試題】

1. 下列有關應收帳款之敘述何者有誤？

(1)應收帳款通常在銷貨完成，商品所有權移轉時認列

(2)分期收款銷貨所產生的應收分期帳款，其收帳期間超過一年，應計算現值入帳並分類為非流動資產

(3)應收帳款明細帳若因顧客溢付貨款而產生貸餘，則該貸餘應列為流動負債

(4)備抵損失此項目是應收帳款的抵銷項目

答案：(2)

📎 **補充說明：**

選項(2)分期收款銷貨所產生的應收分期帳款，其為**企業預期於正常營業週期中實現之資產，應分類為流動資產**。

2.【依IAS或IFRS改編】甲公司X1年12月31日資產負債表上應收帳款的餘額為$185,000，備抵損失為貸餘$4,580。X2年中有關交易彙總如下：

1. 全年賒銷金額$450,000；賒銷產生的銷貨退回及折讓為$5,000。
2. 賒購商品$350,000，並支付應付帳款$300,000。
3. 7月份B客戶實際發生減損損失$9,000。
4. B客戶已發生減損損失之金額於11月份又收回$2,000。
5. 收回應收帳款$420,000。
6. 甲公司依應收帳款餘額百分比法估列預期信用減損損失，損失率為6%。

試作：甲公司X2年底估列預期信用減損損失的分錄。

解題：

應收帳款		備抵損失	
185,000	5,000		4,580
450,000	9,000		?
2,000	2,000		
	420,000		
201,000			12,060

$201,000 × 6% = $12,060

「備抵損失」的科目餘額為「應收帳款」餘額的6%

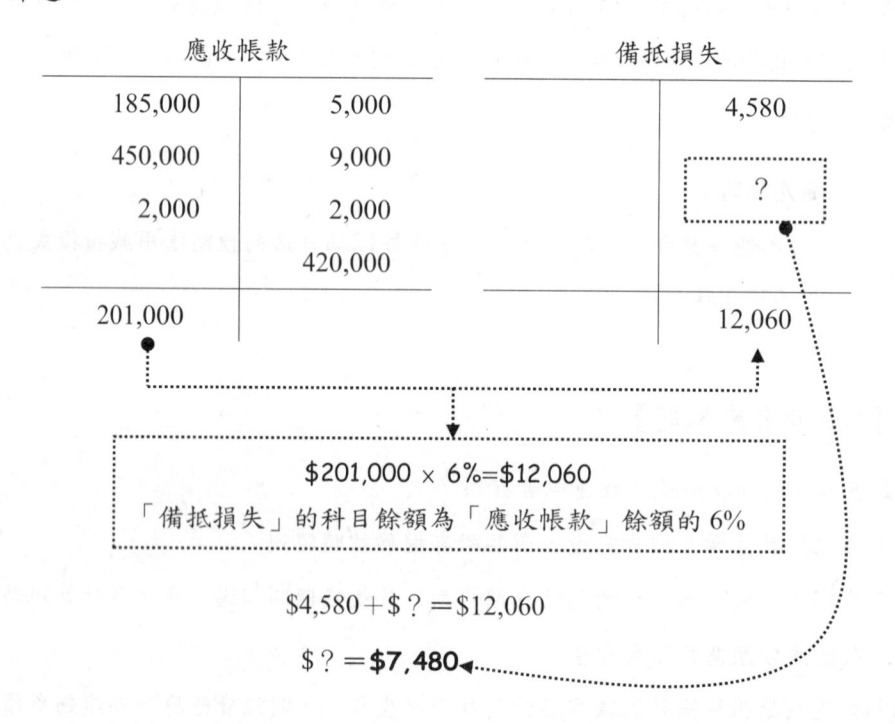

$4,580 + $? = $12,060

$? = **$7,480**

估列預期信用減損損失之分錄：

X2/12/31	預期信用減損損失	7,480	
	備抵損失		7,480

【104年四等地方特考試題】

1. 甲公司將面額$300,000，3個月期，年利率6%的應收票據，在到期前2個月前往銀行申請貼現，該票據在貼現時收到現金$299,425，則其貼現率為何？
(1)8%　　　　(2)9%　　　　(3)10%　　　　(4)11%

答案：(3)

✎ **補充說明：**

1. 到期值：$300,000＋($300,000×6%×3/12)＝$304,500
2. 貼現息：$304,500 × 貼現率 × 2/12＝$？

> 貼現息須以「到期值」為計算基礎

3. 收現數：$304,500－$？＝$299,425

　　貼現息＝$304,500－$299,425＝$5,075

　　貼現率＝$5,075÷2/12÷$304,500＝**10%**

【103年普考試題】

1. 甲公司於7月1日賒銷商品一批，商品定價為$125,000，商業折扣為20%，信用條件為2/10，1/15，n/30，在7月10日收到貨款$49,000，7月12日收到應收帳款$1,000之商品退回，7月15日再收到該批商品貨款$19,800，剩餘應收帳款於7月31日收到，試問7月31日收到貨款之金額為何？假設甲公司採用總額法記錄銷貨交易。
(1)$55,200　　　(2)$30,200　　　(3)$29,000　　　(4)$28,990

答案：(3)

✎ **補充說明：**

應收帳款會計科目之變化列示如下：

應收帳款	
100,000	50,000
	1,000
	20,000
期末餘額　29,000	

【103年五等地方特考試題】

1.公司收到顧客面額$60,000票據一紙,利率3%,8個月到期。於到期前持往銀行貼現,貼現率9%,獲得現金$59,823。試問公司貼現期間為幾個月?

(1)2個月　　　　(2)3個月　　　　(3)4個月　　　　(4)5個月

答案:(2)

✎補充說明:

  1.到期值:$60,000+($60,000×3%×8/12)=$61,200

  2.貼現息:$61,200 × 9% × ?/12=$?

  3.收現數:$61,200－$?=$59,823

  貼現息=$61,200－$59,823=$1,377

  貼現期間佔全年度之比例=$1,377÷9%÷$61,200=**3/12**

  貼現期間為**3**個月

【102年普考試題】

1.甲公司在20X1年1月1日收到一紙面額$60,000,利率6%,4個月到期之附息票據。甲公司於20X1年2月1日因資金需求持該票據向乙銀行貼現,貼現率為10%。甲公司可自乙銀行取得多少現金?

(1)$61,200　　　(2)$60,000　　　(3)$59,670　　　(4)$58,500

答案:(3)

✎補充說明:

  1.到期值:$60,000+($60,000×6%×4/12)=$61,200

  2.貼現息:**$61,200** × 10% × 3/12=$1,530

  3.收現數:$61,200－$1,530=**$59,670**

【101年普考試題】

*1.*花蓮公司 X3 年有關分錄如下：

(1) 花蓮公司於 X3 年 4 月 1 日銷貨給七星公司，定價$300,000，按 8 折成交且付款條件為 4/一個月，2/二個月，n/三個月。花蓮公司採總額法入帳。

(2) 6 月 1 日收到上述貨款，七星公司於當日簽發一張面額$150,000、6 個月期，年利率 5%之票據，餘款以現金清償。

(3) 花蓮公司於 8 月 1 日以上述票據向銀行貼現，貼現息為年利率 5.6%，除貼現息由銀行預扣外，餘款收現。

(4) 上述票據到期時，七星公司拒付票據本息，花蓮公司將票款、利息及拒絕付款證明書費用$200 一併償付銀行。

試作：上述交易相關分錄。(一年以 360 天計算)

解題：

x3/04/01	應收帳款	240,000	
	銷貨收入		240,000

X3/06/01	銷貨折扣	1,800②	
	應收票據	150,000③	
	現金	88,200④	
	應收帳款		240,000①

☞補充說明：

①除列(沖銷)應收帳款帳列金額。

②為客戶在折扣期間內付款而享有的銷貨折扣。

③取得票據的票面金額。

④為①、②和③之差額。

X3/08/01	應收利息	1,250	
	利息收入		1,250①

☞補充說明：

①認列自 X3 年 6 月 1 日至 X3 年 8 月 1 日已賺得的利息收入(＝$150,000×5%×2/12)。

X3/08/01	現金	150,880③	
	貼現損失	370④	
	應收票據貼現		150,000①
	應收利息		1,250②

補充說明：

①因票據已移轉給銀行，可除列(沖銷)「應收票據」之會計科目；我國設有「應收票據貼現」之會計科目，亦可以「應收票據貼現」列示，作為「應收票據」會計科目的分身。**報表表達時，「應收票據貼現」(分身)係列為「應收票據」(本尊)的減項。**

②除列(沖銷)應收利息帳列金額。

③為貼現時可收之現金數，計算如下：

❶到期值： $150,000 + ($150,000 \times 5\% \times 6/12) = $153,750$

❷貼現息： $153,750 \times 5.6\% \times 4/12 = $2,870$

❸收現數： $153,750 - $2,870 = $150,880$

④為①、②和③之差額。

X3/12/01	應收票據貼現	150,000	
	應收票據		150,000

X3/12/01	拒付應收票據	153,950	
	(或應收帳款)		
	現金		153,950

補充說明：

花蓮公司被追索付款後，有權利向七星公司要求給付該筆款項，故貸方「現金」是付給銀行，**其金額包括票據到期值$153,750及銀行要求多付之拒絕付款證明書費用$200**；借方為「**拒付應收票據(或應收帳款)**」，**表示花蓮公司有權向七星公司追索其未付的款項。**

延伸：

票據貼現之會計處理須判企業**是否已移轉應收票據所有權之幾乎所有風險及報酬**而有所不同；相關議題請參閱中級會計學之說明。

2.【依 IAS 或 IFRS 改編】甲公司於 X1 年底評價應收帳款前，應收帳款淨額為$2,610,000(應收帳款總額$2,650,000，備抵損失$40,000)。X1 年底該公司之某一客戶發生重大財務困難，經評估其帳款$300,000 將發生半數減損；其餘客戶之帳款經評估將有 2%無法收回。該公司 X1 年對應收帳款之評價對當年淨利之影響數為：

(1)$(7,000)　　　(2)$(13,000)　　　(3)$(150,000)　　　(4)$(157,000)

答案：(4)

✎ 補充說明：

1. 本題係採「應收帳款餘額百分比法」估列預期信用減損損失，以應收帳款餘額百分比法計算**期末備抵損失科目應有之餘額**＝$300,000×50%＋應收帳款餘額($2,650,000－$300,000)×2%＝**$197,000**。

2. 以應收帳款餘額百分比法認列之預期信用減損損失，建議以 T 字帳分析備抵損失會計科目金額之變動，即可求得答案，分析如下：

備抵損失

	調整前金額　　　40,000
	提列金額　　　　？
	期末應有金額　　197,000

提列金額＝$197,000－$40,000＝**$157,000**

【101 年初等特考試題】

1.【依 IAS 或 IFRS 改編】去年因帳務處理錯誤，未估列預期信用減損損失，於今年補作分錄，則此更正分錄對今年度資產與本期淨利之影響為：

(1)資產減少、本期淨利減少

(2)資產無影響、本期淨利減少

(3)資產減少、本期淨利無影響

(4)兩者皆無影響

答案：(3)

✎ 補充說明如下：

1. 更正分錄如下：

| xx/xx/xx | 保留盈餘 | xx,xxx | |
| | 備低損失 | | xx,xxx |

2. 由上列更正分錄可知，**更正分錄會使今年度的資產減少**，因為貸記備低損失，**對本期淨利沒有影響**。

2. 附息應收票據到期收現時，帳上應如何處理？
(1)應將面額借記現金   (2)應將面額借記應收票據
(3)應將面額貸記應收票據 (4)應將到期值貸記應收票據

答案：(3)

📝補充說明：

附息應收票據到期收現時之分錄為：

xx/xx/xx	現金	xx,xxx	
	應收票據		xx,xxx
	利息收入		xxx

貸記「應收票據」之金額為票面金額(或稱面額)。

【100年普考試題】

1. 【依 IAS 或 IFRS 改編】甲公司於 X1 年賒銷金額為$1,000,000，年底調整前應收帳款餘額為$600,000，備抵損失為貸餘$2,000，若損失率為 1%，則該公司以應收帳款餘額百分比法認列之預期信用減損損失：
(1)$4,000   (2)$1,000   (3)$10,000   (4)$6,000

答案：(1)

📝補充說明：

採應收帳款餘額百分比法應認列的預期信用減損損失，建議以 T 字帳分析備抵損失會計科目金額之變動，即可求得答案，分析如下：

備抵損失

調整前金額	2,000
提列金額	?
期末應有金額	6,000

＝應收帳款餘額$600,000×1%＝$6,000

預期信用減損損失估列金額＝$6,000－$2,000＝**$4,000**

【100年四等地方特考試題】

1.【依 IAS 或 IFRS 改編】甲公司 X1 年底認列預期信用減損損失前應收帳款金額為$720,000，備抵損失為貸餘$2,200。若認列預期信用減損損失後應收帳款未攤銷成本為$653,000，則甲公司 X1 年估列之預期信用減損損失為何？
(1)$64,800　　　(2)$67,800　　　(3)$69,200　　　(4)無法計算

答案：(1)

✎補充說明：

以 T 字帳分析「應收帳款」及「備抵損失」會計科目金額之變動，即可求得答案，列示如下：

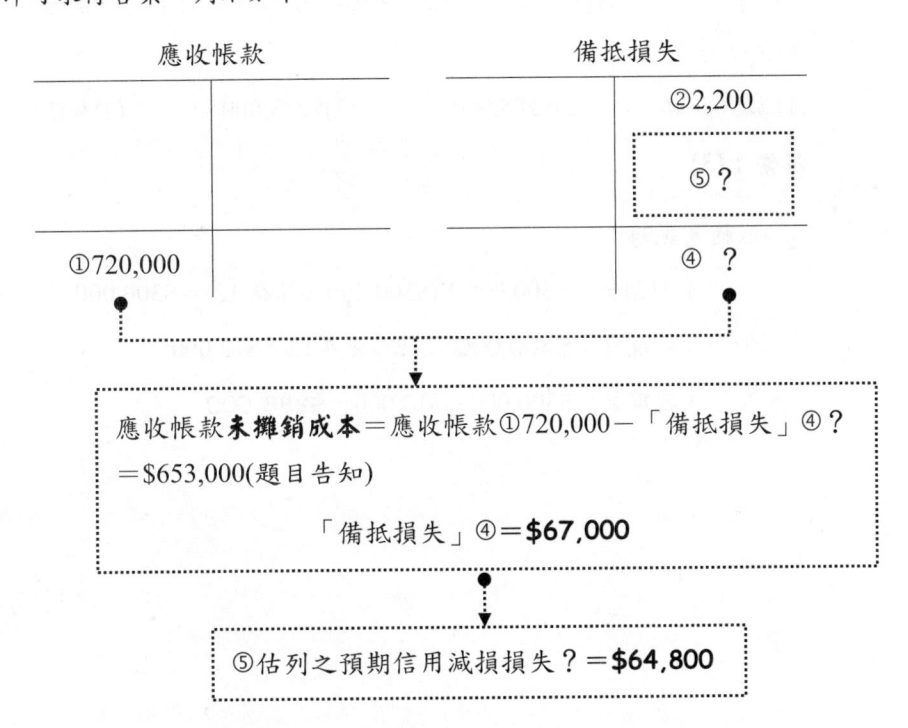

應收帳款　　　　　　　　備抵損失

②2,200

⑤？

①720,000　　　　　　　　④？

應收帳款未攤銷成本＝應收帳款①720,000－「備抵損失」④？
＝$653,000(題目告知)

「備抵損失」④＝**$67,000**

⑤估列之預期信用減損損失？＝**$64,800**

2.甲公司於 X1 年 6 月 11 日收到客戶一張 6%，60 天期的本票$700,000。6 月 26 日將該票據持往銀行貼現，貼現率為 8%，則甲公司票據貼現可獲得多少現金？(一年以 365 天計算)

(1)$697,767　　　(2)$699,932　　　(3)$700,000　　　(4)$704,643

答案：(2)

✎補充說明：

1.到期值：$700,000＋($700,000×6%×60/365)＝$706,904

2.貼現息：**$706,904** × 8% × **45/365**＝$6,972

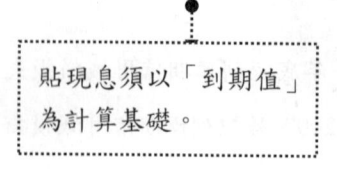

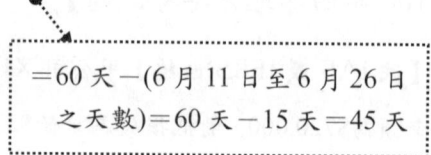

- 貼現息須以「到期值」為計算基礎。
- ＝60 天－(6 月 11 日至 6 月 26 日之天數)＝60 天－15 天＝45 天

3.收現數：$706,904－$6,972＝**$699,932**

【99 年普考試題】

1.甲公司於 X1 年 5 月 1 日收到客戶一張不附息，6 個月期的本票$300,000。7 月 1 日將該票據持往銀行貼現，貼現率為 12%，則甲公司票據貼現可獲得多少現金？

(1) $276,000　　　(2)$285,000　　　(3)$288,000　　　(4)無法計算

答案：(3)

✎補充說明：

1.到期值：$300,000＋($300,000×0%×6/12)＝$300,000

2.貼現息：$300,000 × 12% × 4/12＝$12,000

3.收現數：$300,000－$12,000＝**$288,000**

【99 年五等地方特考試題】

1.庚公司 X9 年 1 月 1 日收到面額$20,000、6 個月到期、利率10% 之應收票據，於到期前 2 個月持向銀行貼現，獲得現金$20,580，請問貼現率為多少？
(1)9%　　　　(2)10%　　　　(3)11%　　　　(4)12%

答案：(4)

　　補充說明：

　　　　將已知數列示於下列算式中，貼現率以 ?%① 表達：

　　　　1.到期值：$20,000＋($20,000×10%×6/12)＝$21,000

　　　　2.貼現息：$21,000× ?%① × 2/12＝$?②

　　　　3.收現數：$21,000－$?②＝$20,580

　　　　　　　　　②＝$21,000－$20,580＝$420

　　　　將②的金額代入第 2 項算式，即可求得①貼現率

　　　　　　$21,000× ?%① × 2/12＝$420　　?%①＝**貼現率 12%**

【98 年普考試題】

1.甲公司 X1 年 12 月 1 日於銷貨時收到客戶開立之年息 2%，2 個月期的票據$600,000，該公司採曆年制，且不做迴轉分錄。以下為二項獨立狀況：

狀況一：發票人到期兌現。

狀況二：發票人拒絕承兌，經數次催收後始於 X2 年 2 月 3 日收回$90,000，
　　　　其餘確定無法收回。

試作：

　(一)狀況一中，甲公司於到期時應作之分錄。

　(二)狀況二中，甲公司於到期時與收回時應作之分錄。

解題：

　　　票據到期日為 X2 年 2 月 1 日。

　　　相關分錄列示如下：

(一)狀況一中，甲公司於到期時應作之分錄：

X2/02/01	現金	602,000④	
	應收票據		600,000①
	應收利息		1,000②
	利息收入		1,000③

☞補充說明：

①除列(沖銷)應收票據票面金額。

②除列(沖銷)應收利息帳列金額，其為 X1 年 12 月 1 日至 X1 年 12 月 31 日一個月的利息收入，已於 X1 年 12 月 31 日認列應收利息。

③ X2 年 1 月 1 日至 X2 年 2 月 1 日一個月的利息收入。

④＝①＋②＋③。

(二)狀況二中，甲公司於到期時與收回時應作之分錄：

1.到期時：

X2/02/01	應收帳款	602,000④	
	應收票據		600,000①
	應收利息		1,000②
	利息收入		1,000③

☞補充說明：

①除列(轉銷)應收票據票面金額。

②除列(沖銷)應收利息帳列金額。

③ X2 年 1 月 1 日至 X2 年 2 月 1 日一個月的利息收入。

④＝①＋②＋③，因未收回現金，故借記應收帳款。

2.收回時：

X2/02/03	現金	90,000②	
	金融資產減損損失	512,000③	
	應收帳款		602,000①

☞補充說明：

①除列(沖銷)應收帳款帳列金額。

②＝經催收後收回現金之金額。

③＝①－②。

【97年普考試題】

1.【依 IAS 或 IFRS 改編】甲公司期末應收帳款餘額$6,000，其中過期30天以上的帳款共$1,000。調整前備抵損失為貸餘$120，該公司估計一般帳款之損失率為2%，過期30天以上為18%。則期末估列預期信用減損損失之分錄將貸記備抵損失若干元？

(1) $160　　　　(2)$180　　　　(3)$280　　　　(4)$160

答案：(4)

✍ 補充說明：

1.應收帳款帳齡分析如下：

	金額	損失率	預期信用減損損失
一般帳款	$5,000③	× 2%	=$100
過期30天以上	1,000②	× 18%	= 180
合　計	6,000①		$280

①、②為題目告知金額。③＝①－②。

2.以 T 字帳分析估列預期信用減損損失金額：

備抵損失

調整前金額	120
估列金額	?
期末應有金額	280

估列預期信用減損損失金額＝$280－$120＝**$160**

2.甲公司持有開票日為 X1 年 7 月 1 日，年息 8% 面額$90,000 的三個月期應收票據乙紙，並於 8 月 1 日持該票據向銀行貼現，貼現率為 10%。下列敘述何者正確？

(1)票據到期日為 9 月 30 日　　　(2)票據到期值為$90,000
(3)貼現所得現金為$90,270　　　(4)貼現時產生利得$270

答案：(3)

☞ **補充說明：**

分析各選項如下：

1. 選項(1)：票據到期日為 X1 年 7 月 1 日＋3 個月 → X1 年 10 月 1 日。

2. 選項(2)：票據到期值應為：

    $90,000 + ($90,000 × 8% × 3/12) = **$91,800**

3. 選項(3)：貼現所得現金為$90,270，計算如下：

    (1)到期值：$90,000 + ($90,000 × 8% × 3/12) = $91,800

    (2)貼現息： $91,800 × 10% × 2/12 = $1,530

    (3)收現數： $91,800 − $1,530 = **$90,270**，答案為本選項。

4. 選項(4)：貼現時產生損益為：

    票據面額$90,000＋已賺得的利息金額$600

    －貼現所得現金為$90,270＝貼現損失**$330**

【97 年四等地方特考試題】

1. 下列關於應收票據在財務狀況表之表達，何者最不正確？
(1)提供擔保之票據應於附註中說明擔保情形
(2)不論到期日長短，均應列在流動資產項下
(3)金額重大之應收關係人票據應單獨列示
(4)因營業而發生者與非因營業而發生者，宜分別列示

答案：(2)

☞ **補充說明：**

若企業對於資產有分類流動資產及非流動資產時，**則應收票據應區分列為流動資產及非流動資產。**

【97年五等地方特考試題】

1. 附息應收票據到期而發票人拒付時,則以下會計處理的敘述何者錯誤?
(1)應將利息貸記利息收入
(2)應將舊票面額貸記應收票據
(3)應將舊票面額貸記應收帳款
(4)應將舊票到期值借記應收帳款

答案:(3)

> 補充說明:
>
> 由下列附息應收票據到期而發票人拒付之分錄,可知答案為選項(3):

xx/xx/xx	應收帳款(或拒付票據)　　xx,xxx
	應收票據　　　　　　　　　　xx,xxx
	利息收入　　　　　　　　　　 x,xxx

【96年四等地方特考試題】

1. 【依 IAS 或 IFRS 改編】甲公司 X1 年底應收帳款餘額為$700,000,帳齡分析如下:

期　間	金　額	損失率
1~30天	$540,000	0.5%
31~60天	80,000	10%
61~90天	50,000	35%
91天以上	30,000	50%
合　計	$700,000	

甲公司 X1 年期末備抵損失為貸方餘額$6,000。

試作:根據上述資料,依下列方法作調整備抵損失的分錄:
(一)帳款餘額百分比法,損失率為帳款餘額8%。
(二)帳齡分析法。

解題如下:

(一)採帳款餘額百分比法，備抵損失率為帳款餘額8%：

建議以T字帳分析如下：

備抵損失

	調整前金額	6,000
	提列金額	?
	期末應有金額	56,000

＝應收帳款餘額$700,000×8%＝$56,000

預期信用減損損失估列金額＝$56,000－$6,000＝**$50,000**

X1/12/31	預期信用減損損失	50,000	
	備抵損失		50,000

(二)帳齡分析法：

建議以T字帳分析如下：

備抵損失

	調整前金額	6,000
	提列金額	?
	期末應有金額	43,200

期　　間	應收帳款金額		損失率		損失金額
1~30天	$540,000	×	0.5%	＝	$2,700
31~60天	80,000	×	10%	＝	8,000
61~90天	50,000	×	35%	＝	17,500
91天以上	30,000	×	50%	＝	15,000
合　　計	$700,000				$43,200

估列損失金額＝$43,200－$6,000＝**$37,200**

X1/12/31	預期信用減損損失	37,200	
	備抵損失		37,200

2.賒銷商品$25,000，並給予客戶 3% 之現金折扣，總額法下於折扣期限內收取該筆款項時應：

(1)貸記現金$24,250　　　　　　(2)貸記應收帳款$24,250
(3)借記現金$25,000　　　　　　(4)貸記應收帳款$25,000

答案：(4)

✎補充說明：

於折扣期間收回款項時之分錄為：

xx/xx/xx	現金	24,250②	
	銷貨折扣	750③	
	應收帳款		25,000①

①為銷售金額。

②為可收現金額＝$25,000×(1－3%)。

③為銷貨折扣金額＝$25,000×3%。

3.甲公司採七月制(即會計期間結束日為六月三十日)，於 3 月 31 日收到面額$25,000、附息 12%、六個月到期的票據一紙；有關此票據，甲公司 6 月 30 日所應認列之應收利息為：

(1)$500　　　　(2)$750　　　　(3)$1,500　　　　(4)$3,000

答案：(2)

✎補充說明：

應認列之應收利息＝$25,000×12%×3/12＝**$750**

【96 年五等地方特考試題】

1.公司收到一張開票日為 9 月 14 日的票據，60 天期，則該票據到期日為何日？

(1)11 月 11 日　　　　　　　　(2)11 月 12 日
(3)11 月 13 日　　　　　　　　(4)11 月 14 日

答案：(3)

✎補充說明如下：

票據到期日：9月14日＋60天

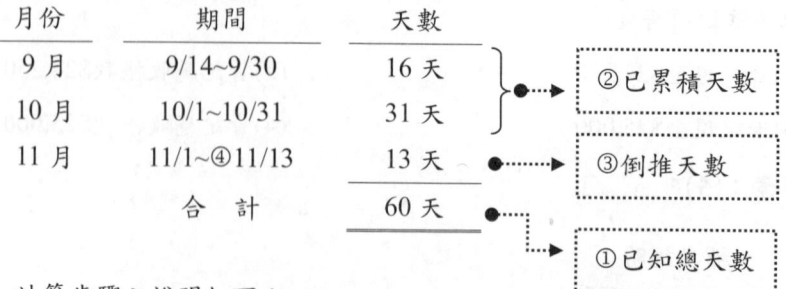

月份	期間	天數
9月	9/14~9/30	16天
10月	10/1~10/31	31天
11月	11/1~④11/13	13天
合　計		60天

②已累積天數
③倒推天數
①已知總天數

計算步驟之說明如下：

①已知總天數為60天。

②9月14日為起算日，以「**算尾不算頭**」**方式計算**，9月14日不列入天數計算，9月份有16天，10月份全月份有31日，至10月底已累積47天（16天＋31天）。

③因總天數為60天，倒推11月有13天，故到期日為11月13日。

【95年普考試題】

*1.*賒銷商品$20,000，付款條件為 2/10，1/20，n/30，若客戶於第8天先付現$9,800，並於第19天再付現$7,920，則該筆賒銷所產生之應收帳款尚有借餘多少？

(1)$2,000　　　(2)$4,000　　　(3)$4,260　　　(4)$4,460

答案：(1)

✎補充說明：

1. 本題應先了解各項交易之分錄，再計算應收帳款餘額即為答案。

2. 賒銷時之分錄：

xx/xx/xx	應收帳款	20,000	
	銷貨收入		20,000

3. 第8天收現$9,800時之分錄：

xx/xx/xx	現金	9,800	
	銷貨折扣	？②	
	應收帳款		？①

①＝$9,800÷(1－2%)＝$10,000。

②＝①－$9,800＝$10,000－$9,800。

完整分錄

xx/xx/xx	現金	9,800	
	銷貨折扣	200 ②	
	應收帳款		10,000①

4.第 19 天收現$7,920 時之分錄：

xx/xx/xx	現金	7,920	
	銷貨折扣	? ④	
	應收帳款		? ③

③＝$7,920÷(1－1%)＝$8,000。

④＝③－$7,920＝$8,000－$7,920。

完整分錄

xx/xx/xx	現金	7,920	
	銷貨折扣	80 ②	
	應收帳款		8,000①

5.以 T 字帳彙集應收帳款之變動金額即可求得答案，列示如下：

應收帳款

賒銷	20,000	第 8 天收現	10,000
		第 19 天收現	8,000
期末餘額	?		

應收帳款期末餘額＝$20,000－$10,000－$8,000＝**$2,000**

【95 年初等特考試題】

*1.*銷貨退回應為：

(1)費用的抵減數　　　　　　　　(2)負債之減項

(3)資產之減項　　　　　　　　　(4)銷貨收入之減項

答案：(4)

2.甲公司於9月15日賒銷商品一批予乙公司，總售價為$12,000，付款條件為2/10，n/30。乙公司隨後於9月20日因規格不符退回部份商品，退回商品之金額為$3,000。乙公司於9月24日付清貨款。下列敘述何者正確？
(1)甲公司於9月24日自乙公司收到現金$8,820
(2)甲公司於9月24日自乙公司收到現金$11,760
(3)甲公司於9月24日自乙公司收到現金$9,000
(4)甲公司於9月24日應貸記銷貨折扣$180

答案：(1)

　補充說明：
　　1.甲公司於9月24日自乙公司收到現金數
　　　＝$(12,000－3,000)×(1－2%)＝$8,820
　　2.甲公司於9月24日發生銷貨折扣之金額
　　　＝$(12,000－3,000)×2%＝$180(本項金額應 借記 ：銷貨折扣)

【95年四等地方特考試題】

1.甲公司持有一張面額$5,000、三個月期、12% 之應收票據。該票據於到期時開票人拒付，且未另開新票來要求展期，則甲公司對此事項所作之分錄包括：
(1)借記應收票據$5,000　　　　(2)貸記拒付應收票據$5,000
(3)借記應收帳款$5,150　　　　(4)貸記應收票據$5,150

答案：(3)

　補充說明：
　　附息應收票據到期而發票人拒付時之分錄為：

xx/xx/xx	應收帳款(或拒付票據)	5,150	
	應收票據		5,000
	利息收入		150

　　$5,000×12%×3/12＝$150。

第六章　不動產、廠房及設備

重點內容：

●本章主題

1. 不動產、廠房及設備成本之決定。
2. 折舊之提列。
3. 折舊估計之變動。
4. 資產減損及減損迴轉。
5. 資產交換。
6. 資產後續支出。

●不動產、廠房及設備之定義

國際會計準則第16號「不動產、廠房及設備」定義不動產、廠房及設備為：

「不動產、廠房及設備係指**同時符合下列條件之有形項目**：

1. 用於商品或勞務之生產或提供、出租予他人或供管理目的而持有。
2. 預期使用期間超過一期。」

●折舊方法包括：

1. 直線法
2. 活動量法(如：生產數量法)
3. 年數合計法
4. 雙倍餘額遞減法

折舊方法之變動應以會計估計處理。國際財務報導準則規定應選擇最能反映資產未來經濟效益預期消耗型態的折舊方法，除非其預期消耗型態改變才可以改變折舊方法；故折舊方法改變表示企業對資產未來經濟效益「預期」消耗型態改變，因此，改變折舊方法應以會計估計處理。

● 資產減損

資產若有跡象已發生減損，則應予以減損測試，衡量資產是否已發生減損。**減損測試是比較資產的「帳面金額」及「可回收金額」，當「帳面金額」高於「可回收金額」時，表示資產已發生減損**。國際財務報導準則對於帳面金額及可回收金額之定義為：

1. 帳面金額：係指個別資產之成本減除累計折舊(攤銷)及累計減損損失後所認列之金額。

2. 可回收金額：指資產之 公允價值減處分成本 及其 使用價值，二者較高者。使用價值係指預期可由資產或現金產生單位所產生之估計未來現金流量的現值。

以前年度已認列之減損金額，**可以在規定之範圍內予以迴轉**。

● 資產交換

1. 資產交換之帳務處理決定於交換交易是否具有商業實質？**所謂「商業實質」，應考量未來現金流量因交換交易所預期改變的程度**。

2. 資產交換損益認列之基本原則為：
    (1)具有「商業實質」時：交換利益及損失應**全額認列**。
    (2)不具有「商業實質」時：交換利益及損失均**不認列**。

3. 「換入資產」入帳金額之決定

    換入資產之入帳金額原則上應按公允價值衡量。

● 資產後續支出的分類

所謂後續支出係指資產取得後才發生的支出。後續支出可分為：

1. **資本支出**：指該項支出應認列為「資產」，因為該支出對企業產生的經濟效益**不僅及於當年度，亦及於以後年度**。

2. **收益支出**：指該項支出對企業產生的經濟效益僅及於當年度或未產生任何經濟效益，**此類支出應直接認列為當期之費用或損失**。

【108 年普考試題】

1. 甲公司 X8 年 4 月 1 日購入機器設備一部,成本$1,100,000,估計耐用年限 5 年,殘值$100,000,若甲公司以雙倍餘額遞減法提列折舊,並採成本模式後續衡量,則甲公司 X9 年機器設備之折舊為何?

(1)$280,000　　　(2)$300,000　　　(3)$308,000　　　(4)$330,000

答案:(3)

補充說明:

折舊率＝1÷5 年×2＝40%

年度	折舊費用
X8 年	$1,100,000 × 40% × 9/12＝$330,000
X9 年	$770,000 × 40% ＝**$308,000**

2. 甲航空公司於 X1 年初以$192,000,000 購入一架飛機,依據評估,機身的公允價值為$120,000,000、引擎的公允價值為$80,000,000、內裝座椅的公允價值為$40,000,000,表達時合併為「飛行設備」項目,採重估價模式。機身可使用 20 年、殘值$20,000,000,內裝座椅可使用 10 年、無殘值,皆採用直線法提列折舊;引擎按飛行時數計提折舊,估計可使用 200,000 小時、殘值$4,000,000,X1 年飛航 40,000 小時、X2 年飛航 42,000 小時,X1 年底公允價值變動不重大。X2 年底進行重估價,專業評價人員評定機身、引擎及內裝座椅之公允價值皆係重估價日帳面金額的 120%,請問 X2 年列入其他綜合損益之數額為多少?

(1)$30,680,000　　(2)$38,400,000　　(3)$39,200,000　　(4)$48,000,000

答案:(1)

補充說明如下:

1. 以公允價值相對比例分攤飛機各組成部分之入帳成本如下：

	公允價值	公允價值之相對比例	購價之分攤
機身	$120,000,000	1/2	$96,000,000
引擎	80,000,000	1/3	64,000,000
內裝座椅	40,000,000	1/6	32,000,000
合計	$240,000,000	6/6	$192,000,000

2. 計算飛機各組成部分之 X1 及 X2 年折舊費用：

組成部分	X1及X2年折舊費用
機身	($96,000,000－$20,000,000)÷20年×2 ＝$7,600,000
引擎	($64,000,000－$4,000,000)÷200,000 小時 ×(40,000小時＋42,000小時)＝$24,600,000
內裝座椅	($32,000,000－$0)÷10 年×2＝$6,400,000

3. 計算飛機各組成部分之 X2 年底之帳面金額：

組成部分	X2年底之帳面金額
機身	$96,000,000－$7,600,000＝$88,400,000
引擎	$64,000,000－$24,600,000＝$39,400,000
內裝座椅	$32,000,000－$6,400,000＝$25,600,000

4. 計算飛機各組成部分之 X2 年底之公允價值：

組成部分	X2年底之公允價值
機身	$88,400,000×120%＝$106,080,000
引擎	$39,400,000×120%＝$47,280,000
內裝座椅	$25,600,000×120%＝$30,720,000

5. **本題答案**→計算飛機各組成部分之 X2 年底採重估價模式**認列其他綜合損益之金額：**

組成部分	X2年底之公允價值
機身	$106,080,000－$88,400,000＝$17,680,000
引擎	$47,280,000－$39,400,000＝$7,880,000
內裝座椅	$30,720,000－$25,600,000＝$5,120,000
合計	**$30,680,000**

3.甲公司在 X1 年初以$250,000 取得 A 機器，預估耐用年限為 8 年，殘值 $10,000，並以直線法提列折舊。X4 年 7 月 1 日，甲公司以 A 機器及現金 $50,000 交換定價為$180,000 的 B 設備，交換當日，A 機器之公允價值為 $120,000。若甲公司判斷該資產交換具商業實質，下列敘述何者正確？
(1)B 設備之取得成本為$180,000　　(2)資產交換損失$10,000
(3)資產交換損失$25,000　　(4)資產交換利益$10,000

答案：(3)

　　✎補充說明：

　　　　機器交換之分錄列示如下：

X4/07/01	機器	170,000③	
	累計折舊－機器	105,000②	
	處分不動產、廠房及設備損失	**25,000⑤**	
	機器		250,000①
	現金		50,000④

　　　　①題目告知。

　　　　②＝($250,000－$10,000)÷8年×3.5年。

　　　　③＝$120,000＋$50,000。

　　　　④題目告知。

　　　　⑤＝為差額。

　　　　由上列分錄可知僅選項(3)之答案為正確的。

【108年初等特考試題】

1. 甲公司於X1年7月1日以$80,000,000購入煉鋼設備一套,依據評估設備主體及設備引擎的公允價值分別為$70,000,000及$30,000,000。設備主體估計可使用30年,殘值$800,000,以直線法提列折舊;設備引擎估計可使用7年,無殘值,以年數合計法提列折舊。請問甲公司X1年度應提列多少折舊費用(答案四捨五入至元)?

(1)$3,920,000　　(2)$3,933,333　　(3)$4,903,333　　(4)$7,840,000

答案:(1)

　補充說明:

　　1.以公允價值相對比例分攤設備主體及設備引擎之入帳成本如下:

	公允價值	公允價值之相對比例	購價之分攤
設備主體	$70,000,000	70%	$56,000,000
設備引擎	30,000,000	30%	24,000,000
合　計	$100,000,000	100%	$80,000,000

　　2.甲公司X1年度應提列之折舊費用金額

　　　設備主體:($56,000,000−$800,000)÷30×6/12=$920,000

　　　設備引擎:($24,000,0000−$0)×7/28×6/12=$3,000,000

　　　甲公司X1年度應提列之折舊費用金額

　　　　=$920,000+$3,000,000=**$3,920,000**

2. 甲公司為建廠購入土地$800,000及舊房屋$100,000,並支付佣金$50,000及過戶費$4,000。購入後立即將舊房屋拆除,拆除成本$5,000。使用前,將該土地整平花費$8,000,興建圍牆支出$10,000。則土地成本若干?

(1)$856,000　　(2)$959,000　　(3)$967,000　　(4)$977,000

答案:(3)

　補充說明:

　　土地成本=$800,000+$100,000+$50,000+$4,000+$5,000+$8,000

　　　　　=**$967,000**

3.若甲公司自行製造之機器,其製造成本低於公允價值時,則:
(1)應按扣除設計費後之製造成本入帳
(2)應按製造成本入帳
(3)應按公允價值入帳
(4)將公允價值與製造成本之差額,認列為利益

答案:(2)

> 補充說明:
> 　　企業自行製造之機器,其製造成本低於公允價值時,**應以製造成本入帳**;若其製造成本高於公允價值時,**應以公允價值入帳**。

4.丙公司於X2年初購買一部機器,殘值為成本的10%,採用年數合計法提列折舊及成本模式衡量,估計耐用年限為6年,X5年的折舊費用為$36,000,試問機器之購買成本為多少?
(1)$189,000　　(2)$210,000　　(3)$252,000　　(4)$280,000

答案:(4)

> 補充說明:
> 　　設:機器之購買成本為$x
> 　　X5年的折舊費用=($x−$x•10%) × 3/21=$36,000
> 　　　　　　　　$x=**$280,000**

【107年普考試題】

1.甲公司以面額$500,000、一年期之不附息票據購得機器乙台(現金價$480,000),另支付運費$10,600、安裝費$5,500、三年期火險保費$2,700及運送途中不慎損壞之修理費$3,200,該機器入帳成本之正確金額為:
(1)$496,100　　(2)$498,800　　(3)$519,300　　(4)$524,700

答案:(1)

> 補充說明:
> 　　機器入帳成本=$480,000+$10,600+$5,500=**$496,100**

2. 甲公司於X1年初將一筆例行性維修費$200,000帳列設備成本，並分五年(X1年至X5年)按直線法折舊(殘值為0)。此錯誤在X2年年底調整後結帳前發現，應作之改正分錄為(不考慮所得稅影響)：

(1) 累計折舊－設備　　　　　80,000
　　保留盈餘　　　　　　　　160,000
　　　　折舊費用　　　　　　　　　　40,000
　　　　設備　　　　　　　　　　　　200,000

(2) 累計折舊－設備　　　　　40,000
　　保留盈餘　　　　　　　　200,000
　　　　折舊費用　　　　　　　　　　40,000
　　　　設備　　　　　　　　　　　　200,000

(3) 累計折舊－設備　　　　　120,000
　　保留盈餘　　　　　　　　120,000
　　　　折舊費用　　　　　　　　　　120,000
　　　　設備　　　　　　　　　　　　120,000

(4) 不需作分錄

答案：(1)

3. 甲公司於X1年4月1日支付現金$8,000，將其使用中的舊影印機換購新型影印機。舊影印機之取得成本為$56,000，估計使用年限5年，無殘值，在X1年初之帳面價值為$25,200。新影印機之價格為$48,000，估計使用年限為6年，殘值為$1,600。假設甲公司認定該項資產交換缺乏商業實質，試問甲公司於X1年應認列之折舊費用共計多少？

(1)$3,600　　(2)$5,800　　(3)$6,400　　(4)$8,600

答案：(3)

　　補充說明：
　　1.舊影印機X1年之折舊費用＝$56,000÷5年×3/12＝$2,800
　　2.舊影印機交換時之帳面金額＝$25,200－$2,800＝$22,400
　　3.新影印機X1年之折舊費用
　　　　＝($22,400＋$8,000－$1,600)÷6年×9/12＝$3,600
　　4.X1年應認列之折舊費用＝$2,800＋$3,600＝**$6,400**

【107年四等地方特考試題】

1. 甲公司機器設備於X4年度發生下列交易：以現金$7,000,000購入一新機器設備，出售一舊機器設備而發生處分損失$200,000，提列X4年度折舊費用$1,000,000。已知X4年度機器設備之成本增加$4,000,000、累計折舊增加$300,000。舊機器設備之出售價格為：

(1)$2,100,000　　　(2)$2,300,000　　　(3)$2,500,000　　　(4)$2,800,000

答案：(1)

📝補充說明：

出售舊機器設備之分錄可推算如下：

X4/xx/xx	現金	2,100,000④	
	累計折舊－機器	700,000③	
	處分不動產、廠房及設備損失	200,000①	
	機器		3,000,000②

①題目告知。

②＝$7,000,000－$4,000,000。

③＝$1,000,000－$300,000。

④＝②－①－③。

【107年五等地方特考試題】

1. 有關累計折舊的敘述，下列何者正確？
(1)顯示無形資產已耗用成本之總金額
(2)屬於費用項目
(3)是不動產、廠房及設備之抵減項目
(4)顯示天然資源已耗用成本之總金額

答案：(3)

2. 購進舊房地產欲改建新屋，地上物拆除後所得到之淨價款應作為：
(1)營業收入　　　　　　　(2)土地成本之減項
(3)新屋成本之加項　　　　(4)營業外收入

答案：(2)

3.甲公司廠房發生大火全毀，該廠房成本為$1,500,000，已提列$1,000,000的累計折舊，收到保險公司賠償$300,000，試問該火災對本期稅前淨利之淨影響金額為何？
(1)減少$200,000　　　　　　　　(2)減少$300,000
(3)減少$500,000　　　　　　　　(4)減少$1,000,000

答案：(1)

☙補充說明：

1.廠房處分損失＝$1,500,000－$1,000,000＝$500,000

2.保險賠償利益$300,000

3.火災對本期稅前淨利之淨影響金額
　　＝廠房處分損失$500,000－保險賠償利益$300,000
　　＝**損失$200,000**

4.甲公司於X3年5月1日購入成本$240,000的設備，耐用年限5年，估計殘值$30,000，採雙倍餘額遞減法提列折舊及成本模式衡量。若購入時會計人員將此資本支出誤記為收益支出，則此項錯誤對甲公司X3年淨利的影響為何(不考慮所得稅影響)？
(1)淨利低估$184,000　　　　　　(2)淨利低估$176,000
(3)淨利低估$156,000　　　　　　(4)淨利低估$144,000

答案：(2)

☙補充說明：

1.資本支出誤記為收益支出→造成費用高估$240,000→造成本期淨利低估$240,000。

2.資本支出誤記為收益支出→造成折舊費用低估$64,000($＝$240,000×40%×8/12)→造成本期淨利高估$64,000。

3.結論：合併前二項影響數為**造成本期淨利低估$176,000**。

【106年普考試題】

1.甲公司X7年10月1日以一台舊機器，向乙公司交換一台新機器，舊機器原始成本$70,000，帳面金額$28,000，交換日市價$30,000。而乙公司之新機器定價$80,000，甲公司另外尚須支付現金$40,000予乙公司。新機器估計可使用五年，未來估計殘值為$5,000，將按雙倍餘額遞減法提列折舊。若此交換係具有商業實質之交易，則甲公司取得新機器當年度應提列折舊費用為多少？
(1)$6,800　　　(2)$7,000　　　(3)$7,500　　　(4)$8,000

答案：(2)

　✎補充說明：
　　1.換入機器之入帳成本＝$30,000＋$40,000＝$70,000
　　2.取得新機器當年度應提列折舊費用＝$70,000×40%×3/12＝**$7,000**

2.甲公司於X5年3月1日購買一部機器，成本為$700,000，耐用年數5年，殘值$70,000，採年數合計法提列折舊，該機器於X7年12月31日之帳面金額為多少？
(1)$140,000　　(2)$163,000　　(3)$196,000　　(4)$217,000

答案：(4)

　✎補充說明：
　　1.截至X7/12/31之累計折舊
　　　＝($700,000－$70,000)×〔(5+4)/15＋(3/15)×10/12〕＝$483,000
　　2.機器於X7/12/31之帳面金額＝$700,000－$483,000＝**$217,000**

【106年初等特考試題】

1.甲公司賒購價格$80,000的設備，但以上述價格八折成交，付款條件1/10，n/30，且於折扣期間付清款項，另支付運費$8,000，安裝及試車費$5,000及搬運毀損修理費$2,000，則該設備成本為：
(1)$77,000　　　(2)$76,360　　　(3)$79,000　　　(4)$78,360

答案：(2)

　✎補充說明：設備成本＝$80,000×80%×99%＋$8,000＋$5,000＝**$76,360**

【106年五等地方特考試題】

1. 甲公司X1年初購入機器$500,000，預估耐用年限5年，無殘值，採直線法提列折舊。X2年底進行重估價，機器之公允價值為，公司選擇重估價模式並採自機器總帳面金額中消除累計折舊之方式記帳，則有關X2年底的記錄，下列何者正確？
(1)貸記機器$60,000　　　　(2)借記機器$100,000
(3)貸記機器$100,000　　　 (4)貸記機器$140,000

答案：(4)

✎補充說明：$500,000－$360,000＝減少(貸記)**$140,000**

【105年普考試題】

1. 丁公司於X1年初取得一項設備，預計可使用5年。估計若採直線法計算折舊，則每年之折舊費用為$18,000；若採倍數餘額遞減法，則第一年至第五年之折舊費用分別為：$40,000，$24,000，$14,400，$8,640 及$2,960。假設公司經理決定採用直線法提列折舊，以下為該設備可回收金額評估的資訊：X3年12月31日可回收金額為$42,000；X4年12月31日可回收金額為$29,000。

試作：

(一)丁公司X3年12月31日設備資產之減損分錄。

(二)丁公司X4年12月31日設備資產之折舊分錄。

(三)丁公司X4年12月31日與該設備資產減損有關之分錄。

解題：

先計算：

1. 耐用年限5年總折舊金額
   ＝$40,000＋$24,000＋$14,400＋$8,640＋$2,960＝**$90,000**
2. 採倍數餘額遞減法之折舊率＝1÷5×2＝**40%**
3. 採倍數餘額遞減法第1年折舊＝**設備成本?**×40%＝$40,000

　　　　　設備成本＝$100,000

4. 設備之殘值＝設備成本$100,000－5年之總折舊金額$90,000＝**$10,000**

(一)丁公司X3年12月31日設備資產之減損分錄如下：

X3/12/31	不動產、廠房及設備減損損失	4,000	
	累計減損－設備		4,000

📖補充說明：

```
                    資產減損測試
    帳面金額  ──→  $46,000①  ┐
                              ├ ↓ $4,000
    可回收金額 ──→ $42,000    ┘
```

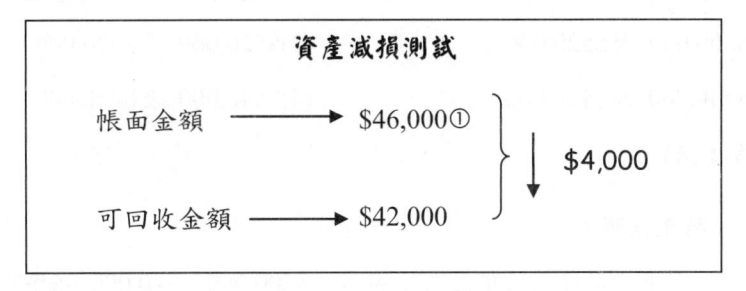

(二)丁公司X4年12月31日設備資產之折舊分錄如下：

X4/12/31	折舊費用	16,000	
	累計折舊－設備		16,000

($42,000－$10,000)÷2年

(三)丁公司X4年12月31日與該設備資產減損有關之分錄如下：

X4/12/31	累計減損－設備	2,000	
	不動產、廠房及設備減損迴轉利益		2,000

📖補充說明：

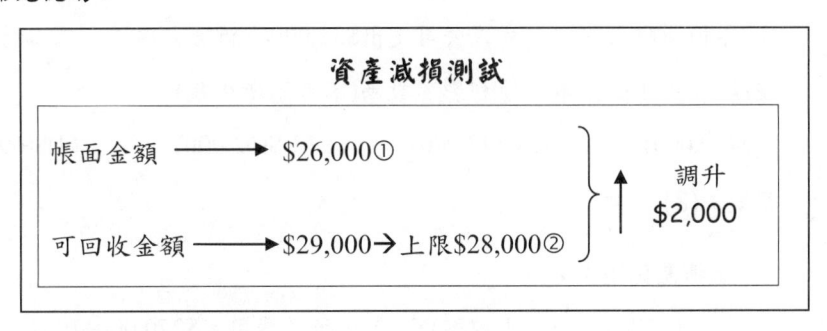

```
                    資產減損測試
    帳面金額  ──→  $26,000①              ┐
                                         ├ ↑ 調升 $2,000
    可回收金額 ──→ $29,000→上限$28,000②  ┘
```

①$42,000－$16,000
②$100,000－$18,000×4 年

2.甲公司與乙公司於X2年初進行帳面金額均為$500,000之設備交換，甲公司另支付現金$40,000予乙公司，當時甲、乙公司設備之公允價值分別為$480,000 及$520,000。若此交換交易對甲公司不具商業實質，對乙公司具商業實質，則甲公司及乙公司換入設備之入帳成本分別為何？
(1)$500,000 及$520,000　　　　　　(2)$520,000 及$520,000
(3)$540,000 及$460,000　　　　　　(4)$540,000 及$480,000

答案：(4)

　補充說明：
　　1.甲公司換入設備之入帳成本＝$500,000＋$40,000＝**$540,000**
　　2.乙公司換入設備之入帳成本＝$520,000－$40,000＝**$480,000**

3.某機器X1年初購得，若耐用年限間，機器之生產量平均發生。則X1年底提列折舊時，採用下列那一個方法的折舊費用最大？
(1)直線法　　(2)生產數量法　　(3)年數合計法　　(4)雙倍餘額遞減法

答案：(4)

4.甲公司於X1年底購入屬不動產、廠房及設備之熔爐一具，估計耐用年限10年，殘值為零，採直線法提列折舊與成本模式衡量。該熔爐入帳成本為$300,000(含依法須每3年換新之防火內襯成本$30,000)。X2年底法規修改為須每2年換新防火內襯，故該公司支出$32,000換新防火內襯。該熔爐(含防火內襯)對該公司X2年本期淨利影響數為(不考慮所得稅)：
(1)$(30,000)　　(2)$(47,000)　　(3)$(62,000)　　(4)$(69,000)

答案：(2)

　補充說明：
　　1.熔爐(不含防火內襯)X2 年之折舊費用＝$270,000÷10 年＝$27,000
　　2.防火內襯 X2 年之折舊＝$30,000－$30,000÷3 年＝$20,000
　　3.熔爐(含防火內襯)對 X2 年本期淨利影響數
　　　　＝$27,000＋$20,000＝**減少$47,000**

【105年初等特考試題】

1. 下列各項敘述何者錯誤？
(1)可以無限期被使用之土地為非折舊性資產，所以不須提列折舊
(2)甲電子公司在資產負債表上，就購入後準備伺機高價出售的土地應列為投資性不動產項目
(3)所有資產以前年度所認列之減損損失，嗣後若估計之可回收金額增加，即應予迴轉
(4)在應用重大性原則判斷是否應將辦公設備列為資本支出時，應考慮相對而非絕對金額的大小

答案：(3)

> **補充說明：**
> 選項(3)之敘述是錯誤的，因為**商譽之減損損失不可以迴轉**。

【104年普考試題】

1. 下列敘述何者錯誤？
(1)已認列的商譽損失不得於後續期間迴轉
(2)因減損損失迴轉而增加後之資產帳面金額，不得超過該資產若未認列減損損失時所決定之帳面金額
(3)企業應於每一報導期間結束日評估是否有任何跡象顯示資產可能已經減損
(4)資產減損損失均應於發生年度部分認列於損益，部分認列於其他綜合損益

答案：(4)

> **補充說明：**
> 選項(1)、選項(2)及選項(3)之敘述是正確的。
> 選項(4)之敘述是錯誤的，**資產減損損失應立即認列於損益，如該資產係以重估價金額列報，方有可能沖減其他綜合損益。**

2.甲公司在X1年初以$35,000購買一部機器，該機器正式運轉前，甲公司尚支付與該機器有關的支出有：運費$3,000、廠區電線改裝費$5,000、因人員操作不當而發生修理費$4,500、第一年之保險費$2,400。預估該機器可用5年，殘值為$800，甲公司以直線法提列折舊及成本模式衡量。試問該機器X2年之折舊費用為多少？

(1)$6,840　　　　(2)$8,440　　　　(3)$9,340　　　　(4)$9,820

答案：(2)

✎補充說明：

〔($35,000＋$3,000＋$5,000)－$800〕÷ 5 年＝**$8,440**

【104年初等特考試題】

1.X1年1月1日甲公司簽發面額為$90,000之零息票據取得機器設備。該票據之支付方式為自X1年12月31日起連續3年每年底支付相同金額$30,000，甲公司簽發零息票據時，與甲公司信用評等相當者所發行類似應付票據之通行利率為6%。請問甲公司於取得X1年1月1日機器設備之認列金額為：

(1)少於$90,000　　　　　　　　(2)$90,000
(3)多於$90,000　　　　　　　　(4)資訊不足，無法判斷

答案：(1)

✎補充說明：

機器設備須以未來現金流量金額折現金額為認列金額，折現金額會小於來現金流量金額。

【103年普考試題】

1.乙公司於X1年7月1日用$115,500買進一部機器，估計該機器可用8年，殘值為$5,500，採直線法折舊。X4年由於乙公司有更新的發明，決定該機器只能用到X7年底，且殘值為$1,125，試問：該機器於X4年應提列折舊之金額為多少？

(1)$20,000　　　　(2)$22,500　　　　(3)$25,000　　　　(4)$26,500

答案：(1)

📝 **補充說明：**

($115,500－$5,500) ÷ 8年 × 2.5年＝$34,375

($115,500－$34,375－$1,125) ÷ 4年＝**$20,000**

2.甲公司於X1年4月1日購置機器一部，購價$80,000，另付運費$2,000及安裝費$8,000，估計該機器可使用10年，並估計可使用100,000小時，估計殘值$10,000。假設該公司對該機器採用年數合計法計提折舊，則X1年度應提之折舊額約為多少金額？
(1)$10,909　　　(2)$12,727　　　(3)$14,545　　　(4)$16,363
答案：(1)

📝 **補充說明：**

($80,000＋$2,000＋$8,000－$10,000) × 10/55 × 9/12＝**$10,909**

3.乙公司於 X4 年 1 月 1 日買進機器設備，成本為$5,100,000，殘值為$100,000，耐用年限10年，以直線法提列折舊。假設認列後之衡量採成本模式。乙公司 X5 年 12 月 31 日機器設備因評估其使用方式發生重大變動，預期對企業將產生不利影響，故進行減損測試，經評估該項機器設備公允價值減處分成本為$3,800,000，使用價值為$3,500,000，請問 X5 年該項機器設備應提列減損損失為何？
(1)$280,000　　　(2)$300,000　　　(3)$580,000　　　(4)$600,000
答案：(2)

📝 **補充說明：**

```
                資產減損測試
    帳面金額 ――――→ $4,100,000
                              ⎫
                              ⎬ ↓ $300,000
                              ⎭
    可回收金額 ―――→ $3,800,000
```

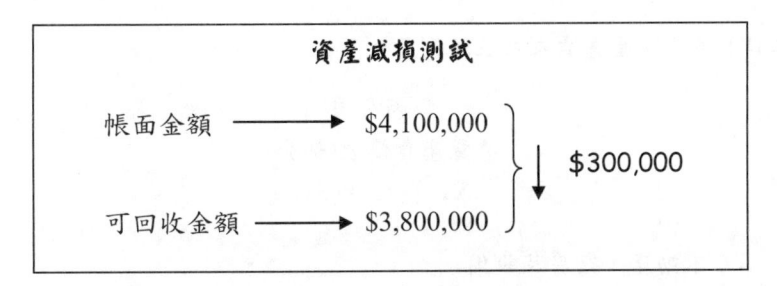

機器設備累計折舊＝($5,100,000－$100,000)÷10 年×2 年＝$1,000,000

機器設備帳面金額＝$5,100,000－累計折舊$1,000,000＝$4,100,000

4. 丙公司於X1年年底有一項原始成本為$12,000、累計折舊為$4,000的設備，該設備係採直線法提列折舊，且X1年的折舊費用也已經提列完畢。然而，基於有跡象顯示該資產可能已有減損之虞，因而蒐集相關的必要資訊。經評估後，X1年年底該設備之估計售價為$5,000，可回收金額為$6,000，估計剩餘耐用年限為3年，估計殘值為$0。

在次一年度，由於營運環境產生顯著變化，該設備於X2年年底之估計售價仍為$5,000，可回收金額也依然為$6,000。估計剩餘耐用年限則為2年，估計殘值仍為$0。

(一) X1年與該設備價值減損有關之分錄。
(二) X1年應如何於資產負債表表達。
(三) X2年的折舊費用為何？
(四) X2年與該設備價值減損有關之調整分錄。

解題：

(一) X1年與該設備價值減損有關之分錄如下：

X1/12/31	不動產、廠房及設備減損損失	2,000	
	累計減損－設備		2,000

✎ 補充說明：

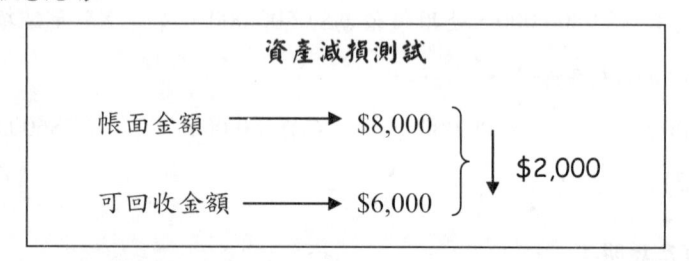

```
            資產減損測試
    帳面金額  ──→  $8,000  ┐
                             ├ ↓ $2,000
    可回收金額 ──→  $6,000  ┘
```

(二) X1年於資產負債表之表達列示如下：

丙公司
資產負債表(部分)
X1年12月31日

......

不動產、廠房及設備

設備			$12,000	
減：累計折舊	$4,000			
累計減損	2,000	6,000	$6,000	

(三)X2年的折舊費用：

(設備帳面金額$6,000－殘值$0)÷剩餘耐用年限3年＝$2,000

(四)X2年與該設備價值減損有關之調整分錄：

X2/12/31	累計減損－設備	1,333	
	不動產、廠房及設備減損迴轉利益		1,333

✎補充說明：

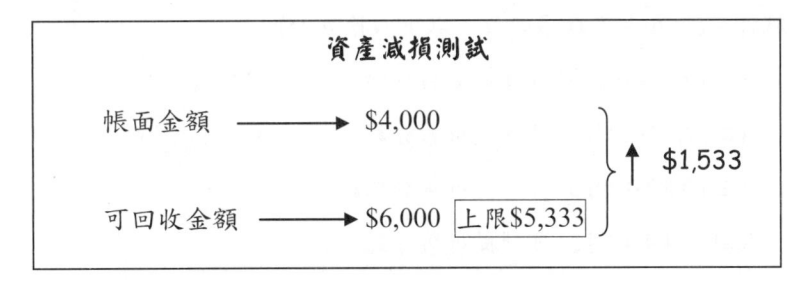

```
                    資產減損測試

    帳面金額    ───→  $4,000
                                        ↕ $1,533
    可回收金額  ───→  $6,000  上限$5,333
```

上限：

X1年年底設備帳面金額＝$12,000－累計折舊$4,000＝$8,000

X2年的折舊費用＝($8,000－$0)÷3年＝$2,667

X2年底設備帳面金額＝X1年底設備帳面金額$8,000
　　　　　　　　　－X2年折舊費用$2,667＝$5,333

【102年普考試題】

1. 甲公司於20x1年1月1日以成本$58,000取得A機器，預估年限為5年，採雙倍餘額遞減法提列折舊。20x3年1月1日甲公司以A機器及支付現金$54,000向乙公司換購公允價值為$82,000的B機器。甲公司判斷該項交換並不具商業實質。甲公司應認列B機器之入帳成本為多少？

(1)$66,528　　　(2)$74,880　　　(3)$82,000　　　(4)$88,800

答案：(2)

✎補充說明：

1. $58,000×40%＝$23,200

2. ($58,000－$23,200)×40%＝$13,920

3. ($58,000－$23,200－$13,920)＋$$54,000＝**$74,880**

第19頁 (第六章 不動產、廠房及設備)

2.臺中公司X1年7月1日購買一部運輸設備，購價為$3,100,000，採年數合計法計提折舊，預計可使用5年，殘值$100,000。

X3年初決定將運輸設備之折舊方法改採直線法，耐用年限不變，殘值$125,000。

X4年12月31日計提折舊前發現該運輸設備尚可使用5年，殘值$50,000。

X5年12月31日因評估其使用方式發生重大變動，預期將對企業產生不利之影響，且該運輸設備可回收金額為$670,000。

試作：(計算至小數第二位，以下四捨五入)

(一) X1年12月31日計提折舊分錄。

(二) X2年12月31日計提折舊分錄。

(三) X3年12月31日計提折舊分錄。

(四) X4年12月31日計提折舊分錄。

(五) X5年12月31日計提折舊及減損分錄。

解題：

(一) X1年12月31日計提折舊分錄：

X1/12/31	折舊費用	500,000	
	累計折舊－運輸設備		500,000

❧補充說明：

($3,100,000－$100,000) × 5/15 × 6/12＝$500,000

(二) X2年12月31日計提折舊分錄：

X2/12/31	折舊費用	900,000	
	累計折舊－運輸設備		900,000

❧補充說明：

($3,100,000－$100,000) × 5/15 × 6/12＝$500,000

($3,100,000－$100,000) × 4/15 × 6/12＝$400,000

$500,000＋$400,000＝$900,000

(三) X3年12月31日計提折舊分錄：

X3/12/31	折舊費用	450,000	
	累計折舊－運輸設備		450,000

✎補充說明：

$500,000+$900,000=$1,400,000

($3,100,000-$1,400,000-$125,000)÷3.5年=$450,000

(四) X4年12月31日計提折舊分錄：

X4/12/31	折舊費用　　　　　　　　　　200,000
	累計折舊－運輸設備　　　　　　　　200,000

✎補充說明：

$500,000+$900,000+$450,000=$1,850,000

($3,100,000-$1,850,000-$50,000)÷6年=$200,000

(五) X5年12月31日計提折舊及減損分錄：

X5/12/31	折舊費用　　　　　　　　　　200,000
	累計折舊－運輸設備　　　　　　　　200,000

X5/12/31	不動產、廠房及設備減損損失　180,000
	累計減損－運輸設備　　　　　　　　180,000

✎補充說明：

資產減損測試

帳面金額 → $850,000①

可回收金額 → $670,000

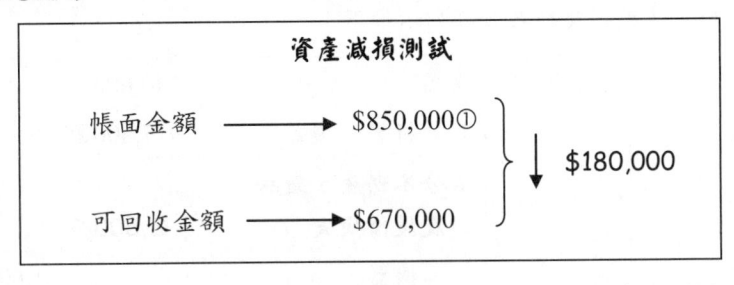

↓ $180,000

① = $3,100,000-($500,000+$900,000+$450,000+$200,000+$200,000)

3. 甲公司於20x1年1月1日以成本$58,000取得A機器，預估 年限為5年，採雙倍餘額遞減法提列折舊。20x3年1月1日甲公司以A機器及支付現金$54,000向乙公司換購公允價值為$82,000的B機器。甲公司判斷該項交換並不具商業實質。甲公司應認列B機器之入帳成本為多少？

(1)$66,528　　　(2)$74,880　　　(3)$82,000　　　(4)$88,800

答案：(2)

第21頁 (第六章 不動產、廠房及設備)

📝補充說明：

  1. $\$58,000 \times 40\% = \$23,200$

  2. $(\$58,000 - \$23,200) \times 40\% = \$13,920$

  3. $(\$58,000 - \$23,200 - \$13,920) + \$\$54,000 = \textbf{\$74,880}$

4. 甲公司X9年初購入一部機器設備，成本為$1,600,000，估計耐用年限8年，殘值為$100,000，採直線法提列折舊。甲公司決定自X12年起改採倍數餘額遞減法提列折舊，殘值及剩餘年限均不變，並於X13年1月1日以該機器與丙公司交換另一部機器，並支付現金$20,000，假設該交換具有商業實質，且該換入機器公允價值為$640,000，換出機器之公允價值無法可靠衡量，則甲公司應認列多少資產處分損益？

(1) $0   (2)損失$2,500   (3)損失$20,000   (4)利益$17,500

答案：(2)

📝補充說明：

  1.($1,600,000 - $100,000) ÷ 8年 = $187,500

  2.($1,600,000 - $187,500×3年) × 40% = $415,000

  3.機器交換之分錄列示如下：

X13/01/01	機器	640,000③
	累計折舊－機器	977,500②
	處分不動產、廠房及設備損失	2,500⑤
	機器	1,600,000①
	現金	20,000④

5. 甲公司於20x1年1月1日購入房屋做為辦公室之用。相關支出包含：房價$3,240,000、過戶契稅$20,000、代書費$10,000、仲介佣金$30,000，兩年火險$15,000，以及室內裝潢整修$420,000。房屋估計耐用年限為30年，但內部裝潢之耐用年限為10年，二者均無殘值。甲公司係以直線法提列折舊，試問20x1年甲公司應提列之折舊費用為多少？

(1)$124,000   (2)$150,000   (3)$152,000   (4)$159,500

答案：(3)

☞補充說明：

1.($3,240,000＋$20,000＋$10,000＋$30,000)÷30年＝$110,000

2.$420,000÷10年＝$42,000

3.$110,000＋$42,000＝**$152,000**

【102年四等地方特考試題】

*1.*中山航空公司於X12年1月1日購入客機一架做為載運旅客之用，已知購入的總成本為$36,000,000，預估殘值為$1,000,000，耐用年限為20年。然此運輸設備包含三項重大且獨立辨認之部分，詳細參見下表：

重大組成部分	耐用年限	成本	殘值
引擎	5年	$10,000,000	$150,000
金屬外殼	10年	11,000,000	300,000
骨架與其他組件	20年	15,000,000	550,000

假設公司選用直線法進行折舊費用之計算，請問X12年底之折舊費用，何者正確？

(1)依重大組成部分提列折舊，則該設備的總折舊費用為$3,762,500

(2)將飛機視為一整體設備，其折舊費用為$1,800,000

(3)依重大組成部分提列折舊，則該設備的總折舊費用為$2,625,000

(4)將飛機視為一整體設備，其折舊費用為$1,700,000

答案：(1)

☞補充說明：

因為題目所述之運輸設備包含三項重大且獨立辨認之部分，應分別計算其各組成部分之折舊費用，計算如下：

重大組成部分	X12年折舊費用
引擎	($10,000,000－$150,000)÷5年＝$1,970,000
金屬外殼	($11,000,000－$300,000)÷10年＝$1,070,000
骨架與其他組件	($15,000,000－$550,000)÷20年＝$722,500
合　計	**$3,762,500**

【102年五等地方特考試題】

1. 甲公司於X1年初購入房屋一棟,成本$8,000,000,估計耐用年限20年,無殘值,採直線法提列折舊。公司選擇重估價模式為其後續衡量,X1年12月31日房屋經重估後的公允價值為$8,200,000,估計耐用年限及殘值均不變,則X1年度有關該房屋重估之記錄何者為正確?

(1)認列折舊費用$410,000　　　　(2)認列資產重估增值$200,000
(3)認列資產重估增值$400,000　　(4)認列資產重估增值$600,000

答案:(4)

　📝補充說明:

　　1. X1年折舊費用=($8,000,000-$0)÷20年=$400,000

　　2. X1/12/31資產帳面金額=$8,000,000-$400,000=$7,600,000

　　3. 資產重估增值
　　　=X1/12/31房屋重估後的公允價值$8,200,000
　　　-X1/12/31資產帳面金額$7,600,000=**$600,000**

2. 甲公司於X1年1月1日支付$5,000,000購買一台高污染機器,估計耐用年限10年,預計10年後報廢無殘值,且依法令須支付$100,000的拆除費用(折現率6%下之複利現值為$55,840)。假設甲公司所使用之折現率為6%,並採直線法計提折舊,則X1年應認列多少折舊費用?

(1)$500,000　　(2)$505,584　　(3)$508,934　　(4)$510,000

答案:(2)

　📝補充說明:

　　X1年折舊費用=($5,000,000+$55,840)÷10年=**$505,584**
　　本題涉及除役復原義務,中級會計學將會較完整的說明。

【101 年普考試題】

1.甲公司於 X1 年初取得一部機器，認列的$2,000,000 成本中誤列入一筆年度維修費用$100,000，估計耐用年限 8 年，無殘值，採倍數餘額遞減法提列折舊。甲公司在 X3 年初發現該錯誤，試問此錯誤對甲公司保留盈餘的影響為多少？

(1)$35,625　　　　(2)$43,750　　　　(3)$50,000　　　　(4)$56,250

答案：(4)

　補充說明：

　　X3 年初發現錯誤時之更正分錄為：

X3/01/01	累計折舊－機器	43,750②	
	保留盈餘	56,250③	
	機器		100,000①

①為沖減機器高估之金額。

②為沖減機器累計折舊之高估金額，金額之計算如下：

　　折舊率＝1÷8 年×2＝25%

年度	折舊費用
X1 年	$100,000 × 25% ＝$25,000
X2 年	$75,000 × 25% ＝$18,750
合計	$43,750

2.甲公司於 X1 年 1 月 1 日取得一部機器，成本$800,000，耐用年限 5 年，無殘值，採直線法提列折舊。X1 年 12 月 31 日因評估其使用方式發生重大變動，預期將對甲公司產生不利之影響，且該機器可回收金額為$600,000，試問該機器在 X2 年 12 月 31 日之帳面價值為多少？

(1)$600,000　　　(2)$480,000　　　(3)$450,000　　　(4)$440,000

答案：(3)

　補充說明：

　　1.截至 X1 年 12 月 31 日機器減損測試前之累計折舊

　　　＝($800,000－$0)÷耐用年限 5 年×已提列 1 年＝$160,000

第 25 頁 (第六章 不動產、廠房及設備)

2. X1 年 12 月 31 日機器減損測試前之帳面金額
   ＝$800,000－$160,000＝$640,000

3. X1 年 12 月 31 日機器減損測試應認列減損損失，認列減損損失後之帳面金額為$600,000(＝機器之可回收金額)。

4. X2 年應提列之折舊費用
   ＝($600,000－$0)÷剩餘耐用年限 4 年＝$150,000

5. X2 年 12 月 31 日機器之帳面金額＝$600,000－$150,000＝$450,000

3.甲公司擁有運輸設備成本為$800,000，已提列累計折舊$450,000，公允價值為$300,000。甲公司以該運輸設備交換乙公司機器設備，成本為$650,000，已提列累計折舊$420,000，公允價值為$300,000。該交換交易具商業實質，試問甲公司應認列處分資產損益為多少？

(1)利益$20,000　　　　　　　　(2)損失$50,000
(3)利益$70,000　　　　　　　　(4)損失$120,000

答案：(2)

✎補充說明：

列示設備交換分錄如下：

xx/xx/xx	機器設備(新)	300,000③	
	累計折舊－運輸設備(舊)	450,000②	
	處分不動產、廠房及設備損失	**50,000④**	
	運輸設備(舊)		800,000①

①、②除列(沖銷)舊運輸設備及累計折舊帳列金額。

③為換入機器設備之入帳成本。

④＝①－②－③。

4.甲公司係化學產品製造商，X1 年自建完成建築物一筆供廢料倉儲之用。建築物建造工程支出$7,422,800，建築設計費$737,500，相關執照申請登記費$44,600，另建築物完工後尚未實際儲存廢料前，短期出租獲淨收益$378,200。若當地法令規定該類廢料之儲存建物僅得使用 3 年，屆滿時需委請專業環保公司拆除清理，估計處理成本$266,200。若該公司之加權平均資金成本為10%，則其應認列之建築物成本為：

(1)$8,026,700　　　(2)$8,092,900　　　(3)$8,404,900　　　(4)$8,471,100

答案：(3)

　補充說明：

建築物成本＝$7,422,800＋$737,500＋$44,600＋$266,200×(1+10%)$^{-3}$

　　　　　＝$7,422,800＋$737,500＋$44,600＋$200,000＝**$8,404,900**

【101 年初等特考試題】

1.甲公司於 X1 年年初以面額$363,000，X2 年年底到期的不附息票據(市場利率 10%)交換設備一批，另支付運費$3,000 及關稅$4,000，則設備的入帳成本為：

(1)$307,000　　　(2)$337,000　　　(3)$370,000　　　(4)$446,230

答案：(1)

　補充說明：

不附息票據之現值＝$363,000×(1+10%)$^{-2}$＝$300,000

設備的入帳成本＝$300,000＋$3,000＋$4,000＝**$307,000**

2.若一部機器設備估計可使用 10 年，無殘值，則下列何種折舊方法所計提的第 1 年折舊費用金額最大？

(1)直線法　　　　　　　　　(2)雙倍餘額遞減法
(3)年數合計法　　　　　　　(4)資料不足，無法判定

答案：(2)

　補充說明如下：

1. 採用直線法時，每年的折舊費用均相同，第 1 年的折舊費用為成本的 1/10（＝10%）。

2. 選項(2)雙倍餘額遞減法，第 1 年折舊費用為成本的 20%，計算如下：
   折舊率＝1÷10 年×2 倍＝20%
   第 1 年的折舊費用＝成本 × 20%

3. 選項(3)年數合計法，第 1 年之折舊費用為成本的 10/55（＝約 18%），計算如下：
   1＋2＋……＋10＝55
   第 1 年的折舊費用＝成本 × 10/55

綜合以上分析，**選項(2)雙倍餘額遞減法第 1 年之折舊費用最大**。

3. 甲公司於 X1 年初購入設備，成本$400,000，估計可用 8 年，無殘值，採直線法提列折舊。甲公司於 X4 年初發現該設備總計僅可用 6 年，但估計有殘值$10,000。X5 年 7 月 1 日甲公司以$105,000 出售該設備，則出售損益為：
(1)損失$25,000　　　　　　　　(2)損失$85,000
(3)利得$25,000　　　　　　　　(4)利得$15,000

答案：(1)

　補充說明：

出售設備分錄為：

X5/07/01	現金	105,000②
	累計折舊－設備	270,000③
	處分不動產、廠房及設備損失	**25,000④**
	設備	400,000①

①除列(沖銷)設備帳列金額。

②出售價款$105,000。

③除列(沖銷)累計折舊帳列金額，計算如下：

　❶X1~X3 三年折舊費用＝$(400,000－0)÷8 年×3 年＝$150,000。

　❷X4 年折舊費用＝$(400,000－150,000－$10,000)÷3 年
　　　　　　　　＝$80,000。

❸X5年1月1日至7月1日折舊費用＝$80,000(即X4年起會計估計變動後之折舊費用)×6/12＝$40,000。

❹X1年1月1日至X5年7月1日折舊費用總額(即累計折舊會計科目餘額)＝$150,000＋$80,000＋$40,000＝$270,000。

④＝①－②－③。

4.公司於X1年初設備之成本為600,000元，累計折舊為270,000元，若公司採直線法提列折舊，估計殘值為120,000元，已知該設備之折舊費用每年為30,000元，則該設備在X1年初之剩餘耐用年限為：

(1)6年　　　　　(2)7年　　　　　(3)9年　　　　　(4)11年

答案：(2)

補充說明：

1.設備的總耐用年限為：

$(600,000－120,000)÷?年＝$30,000

?年＝16年

2.截至X1年初設備已提列折舊之年限$270,000÷$30,000＝9年。

3.設備在X1年初之剩餘耐用年限＝16年－9年＝**7年**。

5.甲公司支付$4,500,000整批購入土地、房屋及機器設備。而單獨購買土地的公允價值為$2,000,000，單獨購買房屋的公允價值為$1,500,000，單獨購買機器設備的公允價值為$1,500,000，則下列有關土地、房屋及機器設備的入帳成本，何者正確？

(1)土地$2,000,000，房屋$1,500,000，機器設備$1,000,000

(2)土地$1,800,000，房屋$1,350,000，機器設備$1,350,000

(3)土地$1,500,000，房屋$1,500,000，機器設備$1,500,000

(4)土地$1,350,000，房屋$1,350,000，機器設備$1,800,000

答案：(2)

補充說明如下：

甲公司整批購入土地、房屋及機器設備，**其總價**$4,500,000 **並不等於各項資產公允價值的合計數，故甲公司應依各項資產的相對公允價值比例分攤其購入之總價，此法稱為相對公允價值法**。分攤計算如下：

	公允價值	公允價值之相對比例	購價之分攤
土地	$2,000,000	40%①	$1,800,000⑥
房屋	1,500,000	30%②	1,350,000⑦
機器設備	1,500,000	30%③	1,350,000⑧
合　計	$5,000,000	100%④	$4,500,000⑤

①＝$2,000,000÷$5,000,000。

②＝$1,500,000÷$5,000,000。

③＝$1,500,000÷$5,000,000。

④＝①＋②＋③。

⑤為支付的總價款。

⑥＝⑤×40%。

⑦＝⑤×30%。

⑧＝⑤×30%。

此欄即為答案

【100年普考試題】

1. A公司在X1年初將一項例行性之維護費用視為資本支出，分三年提列折舊，此錯誤對財務報表之影響，下列敘述何者正確？

(1)第一年淨利會低估　　　　(2)第二年淨利會高估

(3)第二年資產會低估　　　　(4)第三年底之保留盈餘將是正確

答案：(4)

✎**補充說明：**

影響分析如下：

(1)第一年當年度：**費用低估→造成淨利高估**。

(2)第二年及第三年當年度→**費用高低→造成淨利低估**。

(3)**第三年底結帳後**→以三年費用總金額而言，不論將例行性之維護費用正確的於X1年認列為費用；或錯誤將其認列為資產，而

於使用期間三年提列折舊而認列費用，**其三年總費用金額已相等(前題：須無殘值)，故第三年底之保留盈餘是正確的**。

(4)第一年及第二年底→**資產高估**。

2.乙公司在 X1 年 1 月 1 日購買一部機器標價為$190,000，該公司另行支付二年的保險費$20,000，安裝機器支出$12,000，測試費用$6,000。預計該機器可用 5 年，其殘值為$28,000，且採用年數合計法提列折舊費用。X3 年初重估該機器僅能再用 2 年，且殘值為 0。

試作：(答案若不能整除，請四捨五入至整數)

(一)乙公司購入機器有關之分錄。

(二)X1 年底之機器帳面金額為何？

(三)X3 年底之折舊分錄。

解題：

(一)乙公司購入機器有關之分錄為：

| X1/01/01 | 機器 | 208,000① | |
| | 現金 | | 208,000 |

①機器成本＝$190,000＋$12,000＋$6,000＝$208,000。

| X1/01/01 | 預付保險費 | 20,000 | |
| | 現金 | | 20,000 |

(二)X1 年底之機器帳面金額計算如下：

　1. X1 年折舊費用：$(208,000－28,000) × 5/15＝$60,000

　2. X1 年底機器之帳面金額＝$208,000－$60,000＝**$148,000**

(三)X3 年底之折舊分錄如下：

| X3/12/31 | 折舊費用 | 66,667① | |
| | 累計折舊－機器 | | 66,667 |

①＝(機器成本$208,000－X1 年折舊費用$60,000－X2 年折舊費用$48,000❶－殘值 0)×2/3＝$66,667。❶X2 年折舊費用＝($208,000－$28,000)×4/15＝$48,000

3.甲公司於 X3 年進口一台汽車,購價為$350,000,另外支付運費$10,000、運送過程保險費$5,000、關稅$7,000。汽車進口後發現,運送過程中意外碰撞而支付修理費用$3,000,另繳交當期牌照稅 $4,000 以便掛牌上路,並投保三年期意外險$6,000。試問汽車的入帳成本應為多少?

(1)$350,000　　(2)$372,000　　(3)$375,000　　(4)$381,000

答案:(2)

☙補充說明:

汽車成本＝$350,000＋$10,000＋$5,000＋$7,000＝**$372,000**

☙題目敘述「繳交當期牌照稅 $4,000 以便掛牌上路」,依國際財務報導準則之規定,**若其為使資產達到能符合管理階層預期運作方式之必要狀態及地點之直接可歸屬成本**,則應列入汽車成本。

【100 年初等特考試題】

1.丙公司於 X1 年 1 月 1 日購入機器一部,定價$600,000,因當天立即以現金支付,故可享受 1%的現金折扣。丙公司並於當日支付機器運費$6,000,安裝費$10,000,因司機於運送過程中超速,接到罰單$3,000,安裝時工人處理不慎造成機器稍有損壞,另支付$7,000 的修理費,則該機器之成本應為:

(1)$610,000　　(2)$616,000　　(3)$620,000　　(4)$626,000

答案:(1)

☙補充說明:

機器成本＝$600,000(1－1%)＋$6,000＋$10,000＝**$610,000**

2.乙公司於 X3 年年初支出$260,000 購入一部機器,估計可用 5 年,殘值為$10,000。試問採用直線法與雙倍餘額遞減法,X3 年折舊費用相差多少?

(1)$48,000　　(2)$50,000　　(3)$52,000　　(4)$54,000

答案:(4)

☙補充說明如下:

1. 採用直線法 X3 年折舊費用＝$(260,000－10,000)÷5 年＝$50,000

2. 採用雙倍餘額遞減法，X3 年之折舊費用為：

　　折舊率＝1÷5 年x2＝40%

　　X3 年折舊提列金額＝$260,000×40%＝$104,000

3. 採用直線法及雙倍餘額遞減法於 X3 年折舊費用之差額為：

　　$104,000－$50,000＝**$54,000**

3. 甲公司取得土地一筆，除了支付土地購買價格$2,000,000 以及仲介佣金$10,000 外，其餘取得土地後相關支出包括拆除及清運舊屋成本$10,000、整地支出$10,000 以及裝置照明設備$10,000，試問該土地之成本為多少？
(1)$2,010,000　　　(2)$2,020,000　　　(3)$2,030,000　　　(4)$2,040,000

答案：(3)

　補充說明：

　　土地成本＝$2,000,000＋$10,000＋$10,000＋$10,000＝**$2,030,000**

　　裝置照明設備$10,000 應列為土地改良物。

【100 年四等地方特考試題】

1. 甲公司 X1 年的房屋的折舊費用因計算錯誤，少提$100,000，X1 年底盤點存貨時，漏計$5,000，另外在 X1 年初也發現機器設備的經濟效益消耗型態由平均消耗變更為逐年遞減，故將折舊方法由直線法改為年數估計法，使得機器設備 X1 年的折舊必須多提$8,000。X1 年底結帳後發現上述事項，試問這些項目應如何調整 X2 年初之保留盈餘？
(1)增加$87,000　　　(2)增加$95,000　　　(3)減少$87,000　　　(4)減少$95,000

答案：(4)

　補充說明：

　　分析各項對 X2 年初保留盈餘之影響如下：

	對 X2 年初保留盈餘之影響
房屋折舊費用少提	高估$100,000
存貨低估	低估$5,000
淨影響金額	高估$95,000

結論：應減少 X2 年初之保留盈餘$95,000

X1 年將折舊方法由直線法改為年數合計法，表示機器設備於 X1 年**已按新方法提列折舊**，故不須調整 X2 年初之保留盈餘金額。

2.甲公司購入上有舊屋之土地一筆以興建新屋，總價$1,000,000，另支付仲介佣金$40,000，過戶登記費$10,000，購入後將舊屋拆除重建，支付拆除費$30,000，拆除殘料售得$5,000，整地費$20,000，建圍牆及鋪設道路$50,000，建停車場工程款$80,000，新屋之設計費$20,000，新屋工程款$800,000，建築物使用執照費$3,000，則：

(1)土地成本$1,120,000；房屋成本$848,000
(2)土地成本$1,095,000；房屋成本$823,000
(3)土地成本$1,070,000；房屋成本$898,000
(4)土地成本$1,075,000；房屋成本$848,000

答案：(2)

> 補充說明：
>
> 1.土地成本
>
> ＝$1,000,000＋$40,000＋$10,000＋$30,000－$5,000＋$20,000
>
> ＝**$1,095,000**
>
> 2.房屋成本＝$20,000＋$800,000＋$3,000＝**$823,000**
>
> 建圍牆及鋪設道路$50,000 及建停車場工程款$80,000 **應列為土地改良物**。

3. 甲公司於 20x1 年 1 月初購入機器一部,成本$300,000,估計可用 7 年,殘值$20,000,以年數合計法提折舊,至 20x3 年 6 月底重新評估其服務價值,估計其未折現之未來淨現金流量為$120,000,而未來淨現金流量之折現值為$95,000,則機器之資產減損數為:

(1)$105,000　　　(2)$80,000　　　(3)$50,000　　　(4)$25,000

答案:(3)

補充說明:

資產減損金額計算如下:

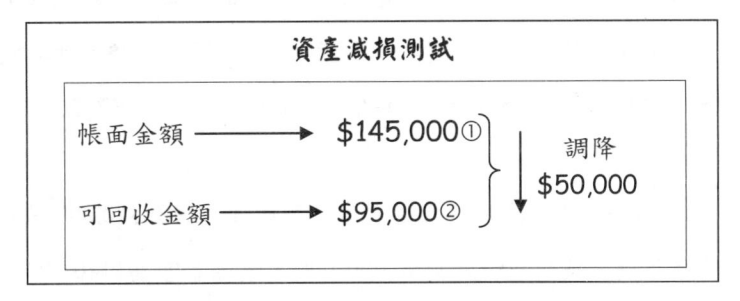

資產減損測試

帳面金額 → $145,000①
可回收金額 → $95,000②
調降 $50,000

①機器帳面金額為:

❶20x1 年 1 月初至 20x3 年 6 月底之折舊費用:

	折舊費用
20x1	($300,000－$20,000)×7/28＝$70,000
20x2	($300,000－$20,000)×6/28＝$60,000
20x3 至 6 月底	($300,000－$20,000)×5/28×6/12＝$25,000
	$155,000

❷機器帳面金額＝機器成本$300,000－累計折舊$155,000
　　　　　　　＝**$145,000**

②可回收金額為「公允價值減處分成本」及「使用價值」之較高金額者;「使用價值」即預期可由資產所產生之估計未來現金流量的現值。本題告知之估計其未折現之未來淨現金流量$120,000,既非「公允價值減處分成本」亦非「使用價值」,該金額與減損測試無關。

【100年五等地方特考試題】

1. 甲公司於X3年初以$60,000購入機器設備，估計可用5年，殘值為$10,000，採直線法提列折舊。X5年底該設備確定發生資產減損，估計可回收金額為$15,000，無殘值，試問該設備X6年底應提列折舊的金額為多少？
(1)$7,500　　　(2)$10,000　　　(3)$12,500　　　(4)$15,000

答案：(1)

　📖補充說明：

　　於X5年底認列資產減損之後，機器設備的帳面金額即調降至估計可回收金額，故自X6年起之折舊費用係以$15,000按新估計剩餘年限及殘值計算(＝($15,000－$0)÷估計剩餘年限2年＝**$7,500**)。

2. 甲公司的機器設備於X2年進行過資產減損處理，認列$20,000減損損失。X3年底評估設備之使用價值為$160,000，期末帳面金額為$140,000，而設備在未認列任何減損情況下之帳面金額為$145,000。試問可承認之減損迴轉利益為多少？
(1)$5,000　　　(2)$10,000　　　(3)$15,000　　　(4)$20,000

答案：(1)

　📖補充說明：

　　計算及說明如下：

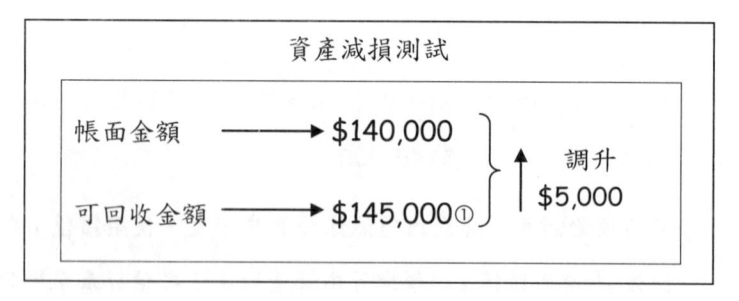

```
┌─────────── 資產減損測試 ───────────┐
│                                    │
│   帳面金額 ──────→ $140,000    ┐   │
│                                │ 調升
│                                │ $5,000
│   可回收金額 ────→ $145,000①  ┘   │
│                                    │
└────────────────────────────────────┘
```

　　①為**可回收金額**(本題為使用價值)$160,000 **與設備在未認列任何減損情況下之帳面金額**$145,000 **取低者**，此為迴轉後設備的帳面金額上限。

3.甲公司 X3 年 10 月 1 日以$56,000 購買一輛運輸卡車，估計耐用年限為 5 年，殘值為$4,000，採直線法提列折舊。X6 年 6 月 30 日出售產生損失$1,000，試問運輸卡車的售價為多少？
(1)$26,400　　　(2)$27,400　　　(3)$28,400　　　(4)$28,600
答案：(1)

▶ 補充說明：

由出售分錄可推算運輸卡車的售價，列示分錄如下：

X6/06/30	現金	?　④	
	累計折舊－運輸設備	28,600③	
	處分不動產、廠房及設備損失	1,000②	
	運輸設備		56,000①

①除列(沖銷)運輸卡車帳列金額。
②題目告知出售運輸卡車之損失金額。
③運輸卡車自 X3 年 10 月 1 日至 X6 年 6 月 30 日之折舊費用，計算＝$(56,000－4,000)÷5 年×(2＋9/12)＝$28,600
④運輸卡車的售價為**$26,400**(＝①－②－③)。

4.甲公司於 X3 年初以面額$1,100,000，一年期之票據交換機器一台，另支付運費$20,000，若票據不附利息，市場利率為 10%，試問該機器的入帳成本為多少？
(1)$1,000,000　　(2)$1,020,000　　(3)$1,100,000　　(4)$1,120,000
答案：(2)

▶ 補充說明：

機器入帳成本＝$1,100,000×$(1+10\%)^{-1}$＋$20,000＝**$1,020,000**

5.丙公司在 X2 年 1 月 1 日購買一部機器設備，該機器設備估計可使用 5 年，殘值$10,000。假設該公司會計年度結束日為 12 月 31 日，採用雙倍餘額遞減法提列折舊，在 X3 年提列之折舊費用為$150,000，請問該資產成本為何？
(1)$375,000　　(2)$385,000　　(3)$625,000　　(4)$635,000
答案：(3)

✎補充說明：

設：資產成本為？

折舊率＝1÷5年×2＝40%

每年折舊提列金額＝期初帳面金額×折舊率

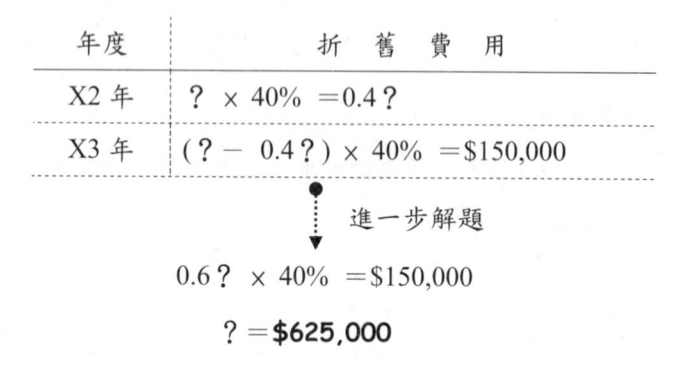

年度	折舊費用
X2年	？×40%＝0.4？
X3年	（？－0.4？）×40%＝$150,000

進一步解題

0.6？×40%＝$150,000

？＝$625,000

6.甲公司以成本$100,000，累計折舊$60,000，公允價值$50,000的機器一部，換入功能相近的機器一部，並支付現金$10,000，假設此項交換具商業實質，則換入機器之成本為何？

(1)$30,000　　　(2)$40,000　　　(3)$50,000　　　(4)$60,000

答案：(4)

✎補充說明：

換入機器之成本＝換出機器之公允價值$50,000＋現金支付數$10,000

＝$60,000

延伸：列示機器交換分錄如下：

xx/xx/xx	機器設備(新)	60,000④	
	累計折舊－機器設備(舊)	60,000②	
	機器設備(舊)		100,000①
	現金		10,000③
	處分不動產、廠房及設備利益		10,000⑤

①、②除列(沖銷)舊機器設備及累計折舊帳列金額。

③題目告知現金支付數。

④為換入機器之入帳成本。

⑤＝②＋④－①－③。

【99 年普考試題】

1. 甲公司於今年年初對現有的機器，花了成本$1,020,000 進行重大的更新，預期可以比原估計耐用年限增加 10 年，比原估計殘值增加$40,000。機器設備的原始成本為$7,810,000，採用直線法已提列折舊 50 年，估計殘值為$110,000。今年年初累積折舊餘額為$5,500,000。

試問：

(一)機器設備原來每年的折舊費用為多少？

(二)機器設備原來估計的耐用年限為幾年？

(三)經過重大更新後機器設備的帳面金額為多少？

(四)經過重大更新後機器設備的耐用年限還有幾年？

(五)假設重大更新在今年初即開始進行並完成，仍採用直線法下，今年折舊費用為多少？

解題：

(一)機器設備原來每年的折舊費用
　　＝今年年初累積折舊(累計折舊)餘額$5,500,000÷已提列折舊 50 年
　　＝**$110,000**

(二)機器設備原來估計的耐用年限
　　＝(機器設備原始成本$7,810,000－估計殘值為$110,000)
　　　÷機器設備原來每年的折舊費用$110,000＝**70 年**

(三)經過重大更新後機器設備的帳面金額：
　　＝機器設備原始成本$7,810,000
　　　－今年年初累積折舊餘額$5,500,000
　　　＋重大的更新成本$1,020,000＝**$3,330,000**

(四)經過重大更新後機器設備的剩餘耐用年限
　　＝70 年－50 年＋10 年＝**30 年**

(五)重大更新後，今年折舊費用為：
　　($3,330,000－新估計殘值$150,000)÷30 年＝**$106,000**

【99 年初等特考試題】

1.設備原始成本為$500,000，累計折舊為$420,000，因功能不適用必須提早報廢，其報廢出售殘值為$30,000，則報廢時應為：

(1)借：不動產、廠房及設備報廢損失$80,000
(2)借：不動產、廠房及設備報廢損失$50,000
(2)貸：不動產、廠房及設備報廢利益$30,000
(4)貸：不動產、廠房及設備報廢利益$50,000

答案：(2)

補充說明：

報廢設備之分錄如下：

xx/xx/xx	現金	30,000	
	累計折舊—設備	420,000	
	處分不動產、廠房及設備損失	50,000	
	設備		500,000

【99 年四等地方特考試題】

1.甲公司會計年度為曆年制，期末需作折舊費用的調整，公司採用直線法提列折舊。試作下列 X1 年 7 月 1 日至 X3 年 9 月 30 日相關交易之分錄。

(一)X1 年 7 月 1 日購買一台電腦，花了$35,000 加上營業稅 $1,750 及運費 $250，估計耐用年限為 4 年，殘值為$5,000。

(二)X2 年 7 月 1 日為了增加電腦的作業效率及記憶體容量，支付$1,200 進行電腦升級，沒有延長耐用年限也沒有改變殘值。

(三)X3 年 9 月 30 日將舊電腦加上$27,000 交換一部新電腦，此交換具備商業實質。新電腦公允價值為$45,000。

解題：

X1 年 7 月 1 日至 X3 年 9 月 30 日**相關交易之分錄依時序列示如下：**

X1/07/01	電腦	37,000①	
	現金		37,000

①＝$35,000＋$1,750＋$250＝$37,000。

X1/12/31	折舊費用　　　　　　　　　　4,000	
	累計折舊－電腦	4,000①

①＝$(37,000－5,000)÷4 年×6/12＝$4,000。

X2/07/01	電腦　　　　　　　　　　　　1,200	
	現金	1,200

X2/12/31	折舊費用　　　　　　　　　　8,200	
	累計折舊－電腦	8,200①

①＝〔$(37,000－5,000)÷4 年×6/12〕＋〔$(37,000－8,000＋1,200－5,000)÷3 年×6/12〕＝$8,200；或＝$(37,000－5,000)÷4 年＋$1,200÷3 年×6/12＝$8,200。

X3/09/30	折舊費用　　　　　　　　　　6,300	
	累計折舊－電腦	6,300①

①＝$(37,000－8,000＋1,200－5,000)÷3 年×9/12＝$6,300。

X3/09/30	電腦(新)　　　　　　　　　45,000③	
	累計折舊－電腦(舊)　　　　18,500②	
	處分不動產、廠房 　及設備損失　　　　　　　1,700⑤	
	電腦(舊)	38,200①
	現金	27,000④

①、②除列(沖銷)舊電腦及累計折舊帳列金額。

③換入電腦之入帳金額。

④題目告知。

⑤＝①＋④－②－③。

2.公司花了$7,000,000 取得一塊土地及地上一棟舊建築物，舊建築物市價為$2,500,000。公司取得土地的目的是為了要蓋一棟新辦公大樓，因此拆除舊建築物花了$300,000，殘值收回$20,000。試問土地成本要認列多少？

(1)$4,500,000　　　(2)$4,780,000　　　(3)$7,000,000　　　(4)$7,280,000

答案：(4)

✎補充說明：

土地的成本＝$7,000,000＋$300,000－$20,000＝**$7,280,000**

【99年五等地方特考試題】

1.乙公司於X3年初買入一部機器$300,000，估計耐用年限6年，無殘值，採直線法提列折舊，X6年3月1日支出$10,000進行檢修維護，7月1日支出$120,000進行大修，估計大修後尚可用4年，估計殘值為$15,000。試問X6年與機器有關之費用共有多少？

(1)$53,750　　　　(2)$57,500　　　　(3)$61,500　　　　(4)$63,750

答案：(4)

✎補充說明：

1.X6年與機器有關支出之分析：

(1) X6年3月1日支出$10,000→認列為維護費用**$10,000**。

(2) X6年7月1日支出$120,000→增列機器帳面金額$120,000。

(3) X6年的折舊費用計算如下：

X3年~X5年：$(300,000－0)÷6年×3＝$150,000

X6/1/1~ X6/6/30：$(300,000－0)÷6年×6/12＝**$25,000**

X6/7/1~ X6/12/31：$(300,000－$150,000－$25,000＋$120,000

－$15,000)÷4年×6/12＝**$28,750**

2.X6年與機器有關之費用合計數

＝$10,000＋$25,000＋$28,750＝**$63,750**

【98年初等特考試題】

1.不動產、廠房及設備耐用年限之估計變動時，應如何處理？

(1)計算估計變動累積影響數，於本期損益表單獨揭露

(2)計算估計變動累積影響數，以之調整期初保留盈餘

(3)以前年度報表均不作任何變更

(4)計算估計變動累積影響數，做為本期銷貨成本的調整

答案：(3)

📎 補充說明：

會計估計變動應採推延適用，即由變動當年度及以後年度依新估計金額計算及認列，不須計算累計影響數也無須更正以前年度之金額。

2.甲公司於 X1 年初購入機器設備一部，成本$330,000，殘值$30,000，估計可使用 5 年，帳上誤列為費用，於 X2 年初發現此項錯誤，甲公司採年數合計法提列折舊，則其更正分錄為：
(1)貸：累計折舊－機器設備$100,000
(2)貸：累計折舊－機器設備$110,000
(3)貸：前期損益調整$220,000
(4)貸：前期損益調整$330,000

答案：(1)

📎 補充說明：

1. X1 年應認列之正確折舊費用為：

    $(330,000-30,000) \times 5/15 = \$100,000$

2. X2 年初發現項錯誤時之更正分錄為：

X2/xx/xx	機器設備	330,000①	
	累計折舊－機器設備		100,000②
	前期損益調整		
	（或保留盈餘）		230,000③

①認列機器設備之金額。

②認列機器設備之累計折舊金額。

③ X1 年高估費用$330,000 並低估折舊費用$100,000，其淨影響為高估 X1 年費用$230,000→造成淨利低估→**結帳後，造成保留盈餘低估；更正時，應調升(貸記)保留盈餘(或以「前期損益調整」列帳)**。

3.【依IAS或IFRS改編會計科目】甲公司期初帳列土地資產$25,000,000，本年度日記簿中包括下列分錄：

借：土地　　　　　　　　10,000,000
　　貸：土地重估增值　　　　　　　10,000,000

下列敘述何者錯誤？
(1)該公司進行資產重估　　　　(2)「土地重估增值」列為營業外利益
(3)總資產增加$10,000,000　　　(4)權益增加$10,000,000

答案：(2)

☞補充說明：
1.選項(1)、選項(3)及選項(4)之敘述是正確的。
2.選項(2)之敘述是錯誤的，**「土地重估增值」應列為其他綜合損益，期末結轉至權益項目**。

【98年四等地方特考試題】

1.甲公司於X1年1月1日取得新機器，標價為$200,000，現金折扣為5%，由於公司內部資金調度不及，未能取得折扣。該公司另行支付2年的保險費$20,000，安裝機器支出$12,000，測試費用$6,000。預計該機器可用5年，其殘值為$28,000。在X2年初支付$50,000增添設備以增強機器效能，該增添部分之殘值為$0。在X5年初支付$72,000更換新引擎，估計耐用年限可延長2年，殘值不變。折舊費用均採用直線法提列。

試作：
(一)X1年取得該機器之成本為何？
(二)X2年及X5年之相關分錄。

解題：

第(一)項之計算：

機器成本＝$200,000(1－5%)＋$12,000＋$6,000＝**$208,000**

第(二)項X2年及X5年之相關分錄：

| X2/01/01 | 機器 | 50,000 | |
| | 現金 | | 50,000 |

X2/12/31	折舊費用	48,500	
	累計折舊－機器		48,500①

①計算如下：

X1 年折舊費用：$(208,000-28,000)÷5$ 年$=\$36,000$

X2 年折舊費用：$(208,000-36,000+50,000-28,000)÷4$ 年
$=\$48,500$

X5/01/01	累計折舊－機器	72,000①	
	現金		72,000

①資本支出若能延長耐用年限，會計慣例會借記「累計折舊」。

X5/12/31	折舊費用	40,167	
	累計折舊－機器		40,167①

①計算如下：

X3 年及 X4 年各年度折舊費用：同 X2 年之$\$48,500$。

X5 折舊費用：$(\$208,000-\$36,000+\$50,000-\$48,500-\$48,500$
$-\$48,500+\$72,000-\$28,000)÷3$ 年$=\$40,167$

【98 年五等地方特考試題】

1. 甲公司於 X1 年 7 月 1 日購入運輸設備一輛，估計可以使用 5 年，殘值 $24,000，採直線法計提折舊。今知該運輸設備於 X3 年 10 月 31 日出售時借記累計折舊$280,000，則出售前運輸設備的帳面金額為：

(1)$344,000 　　　　(2)$366,222 　　　　(3)$444,000 　　　　(4)$624,000

答案：(1)

▶ 補充說明：

1. 題目告知「運輸設備於 X3 年 10 月 31 日出售時借記累計折舊 $280,000」，表示 X1 年 7 月 1 日購入運輸設備至 X3 年 10 月 31 日出售時所提列的折舊費用總金額為$280,000；X1 年 7 月 1 日至 X3 年 10 月 31 日共 2 年 4 個月。

2.由第1項分析可知$280,000為2年4個月的折舊費用，由此可推算運輸設備之原始成本，計算如下：

設：運輸設備之原始成本為 x

$$(x-24,000) \div 5 \text{年} \times (2 \text{年} 4 \text{個月}) = \$280,000$$

$$x = \$624,000$$

3.出售前運輸設備的帳面金額＝$624,000－$280,000＝**$344,000**

2.【依 IAS 或 IFRS 改編】下列何者情況顯示資產發生減損？
(1)資產的帳面金額超過可回收金額
(2)資產的帳面金額低於可回收金額
(3)資產的公允價值減處分成本超過可回收金額
(4)資產的公允價值減處分成本低於可回收金額

答案：(1)

【97年普考試題】

1.於 X1 年初購入成本$20,000 之設備並安裝正式運轉。若安裝設備之成本$8,000 誤記為修理費，假設該設備估計使用年限為五年，採直線法提列折舊，無殘值，則前述錯誤將使 X1 年之淨利(不考慮稅的影響)：
(1)少計$1,600
(2)少計$6,400
(3)多計$1,600
(4)少計$8,000

答案：(2)

補充說明：

安裝設備之成本$8,000 誤記為修理費，對 X1 年之淨利影響分析如下：
1.修理費多計→造成**淨利少計**$8,000。
2.設備少計→造成折舊費用少計→**淨利多計**$1,600(＝$8,000÷5年)。

綜合以上分析，可知安裝設備之成本$8,000 誤記為修理費，**對 X1 年之淨利的淨影響金額為淨利少計**$6,400(＝淨利少計$8,000－淨利多計$1,600)。

【97年四等地方特考試題】

1. 甲公司於 X1 年 1 月 1 日購買一部機器,總成本為$175,000,經濟耐用年限為 5 年,殘值為$15,000,採用雙倍餘額遞減法提列折舊。在 X5 年 6 月 30 日公司將這舊機器折抵$20,000,換入市價為$200,000 的新機器,並付現金$30,000,餘款則開立支票支付。

試問:

(一)X5 年 6 月 30 日之舊機器的帳面金額為何?

(二)若此交換交易屬不具有商業實質,列出此之交換分錄。

(三)若此交換交易具有商業實質,列出此之交換分錄。

解題:

(一)X5 年 6 月 30 日之舊機器的帳面金額計算如下:

$$折舊率 = 1 \div 5 年 \times 2 = 40\%$$

每年折舊提列金額= 期初帳面金額×折舊率

年度	折舊費用
X1 年	$175,000 × 40% =$70,000
X2 年	$105,000 × 40% =$42,000
X3 年	$63,000 × 40% =$25,200
X4 年	$37,800 × 40% =$15,120
X5 年	($37,800－$15,120－殘值$15,000)×6/12＝$3,840
合計	$156,160

X5 年 6 月 30 日之舊機器的帳面金額
＝成本$175,000－累計折舊$156,160＝**$18,840**

(二)若交換交易 不具有商業實質 ,則交換分錄為:

要了解本項之分錄,建議先了解下列第(三)項之分錄。**不具有商業實質之資產交換先比照具有商業實質編製分錄,再刪除資產交換損益金額**(因為不具有商業實質的交換交易,不可以認列資產交換損益),**並修改「機器設備(新)」的入帳金額,即可轉換為不具有商業實質之交換分錄**,列示如下:

X5/06/30		▶198,840	
	機器(新)	~~200,000~~③	
	累計折舊－機器(舊)	156,160②	
	機器(舊)		175,000①
	現金		30,000④
	應付票據		150,000⑤
	~~處分不動產、廠房~~		
	~~及設備利益~~		~~1,160~~⑥

↓ 重新列示修改後之分錄

X5/06/30	機器(新)	198,840	
	累計折舊－機器(舊)	156,160	
	機器(舊)		175,000
	現金		30,000
	應付票據		150,000

(三)若交換交易 具有商業實質 ，則交換分錄如下：

X5/06/30	機器(新)	200,000③	
	累計折舊－機器(舊)	156,160②	
	機器(舊)		175,000①
	現金		30,000④
	應付票據		150,000⑤
	處分不動產、廠房		
	及設備利益		1,160⑥

①、②除列(沖銷)機器(舊)及累計折舊帳列金額。

③換入機器的公允價值。

④支付現金之金額。

⑤＝換入機器的公允價值$200,000－舊機器折抵金額$20,000－現金支付數$30,000。

⑥為差額＝①＋④＋⑤－②－③。

2.拆除購入土地上舊有建物以興建新房屋之支出應列為：
(1)房屋的成本　　　　　　　(2)土地的成本
(3)拆除費用　　　　　　　　(4)舊屋處分損益

答案：(2)

3.甲公司採曆年制，於 X2 年 1 月 1 日購入一部機器，耐用年限 5 年，採直線法提列折舊。甲公司於 X4 年 5 月 1 日對此機器進行極重大零件更新，花費$64,000，該支出將增加機器產能但不改變耐用年限及殘值，這筆支出會計人員認列為當期費用。試問甲公司 X4 年的淨利：

(1)正確 (2)高估$64,000
(3)低估$64,000 (4)低估$48,000

答案：(4)

◎補充說明：

將增加機器產能支出錯誤認列為費用，對 X4 年淨利影響之分析如下：
1.當期費用高估→**造成淨利低估**$64,000。
2.機器低估→造成 X4 年折舊費用低估$16,000(＝$64,000÷剩餘耐用年限 32 個月×8 個月)→**造成淨利高估**$16,000。

綜合以上分析，將增加機器產能支出錯誤認列為費用，**對 X4 年淨利之淨影響會造成淨利低估$48,000**(＝淨利低估$64,000－淨利高估$16,000)。

【97 年五等地方特考試題】

1.有關不動產、廠房及設備的資本支出，如其支出效果在於延長使用年限，則應：

(1)借：「資產」帳戶 (2)借：「累計折舊」帳戶
(3)借：「費用」帳戶 (4)借：「遞延借項」帳戶

答案：(2)

◎補充說明：

資本支出若可延長資產之使用年限，**一般會計慣例均以借記「累計折舊」處理**，但國際財務報導準則對此會計處理並未明訂相關規定。

【96年普考試題】

1.某公司採曆年制，民國 X1 年初購買一不動產、廠房及設備，該資產之估計耐用年限為 5 年或 7,000 單位。該公司之會計人員以直線法、年數合計法、二倍數餘額遞減法、生產數量法分別計算 X1 年及 X2 年之折舊費用，並編製下表。

	方法一	方法二	方法三	方法四
X1 年	$8,800	$4,200	$7,000	$4,500
X2 年	5,280	4,200	5,600	6,000

方法三是何種折舊方法？
(1)直線法　　(2)年數合計法　　(3)二倍數餘額遞減法　　(4)生產數量法

答案：(2)

　　📖補充說明：

　　1.由方法三之 X1 年及 X2 年的折舊費用金額，可知不會是直線法。另因為資料不全，無法確定是否為生產數量法。**方法三符合年數合計法或雙倍餘額遞減法之特性，因為耐用年限初期提列折舊費用會較高並逐期下降。**

　　2.**檢驗是否為年數合計法如下：**
　　　X1 年：(成本－估計殘值) × 5/15
　　　X2 年：(成本－估計殘值) × 4/15
　　　由上列算式可知 X1 年折舊費用為 X2 年折舊費用的 1.25 倍(＝分子 5 ÷ 分子 4)。題目列示之 X1 年折舊費用$7,000 為 X2 年折舊費用$5,600 的 1.25 倍，二者相符，**答案為選項(2)**。

2.**【依 IAS 或 IFRS 改編】**企業接受股東捐贈建廠用地，將產生：
(1)法定資本　　(2)資本公積　　(3)其他損益　　(4)保留盈餘

答案：(2)

　　📖補充說明：

　　接受股東捐贈建廠用地，**應以公允價值增列資產及資本公積。**

3.某公司之「機器設備」科目於去年增加$400,000,「累計折舊－機器設備」增加$30,000。該公司於去年購入一新機器設備,成本$700,000;並曾出售一舊機器設備,出售損失為$20,000。去年之折舊費用共為$100,000。該公司去年僅此三項與機器設備相關之交易,試問,該公司自出售機器設備所得之款項為若干?

(1)$210,000　　(2)$250,000　　(3)$280,000　　(4)$320,000

答案：(1)

✎補充說明：

1.將題目告知之資料分別填入下列 T 字帳之適當位置,**假設「機器設備」及「累計折舊－機器設備」期初餘額為$0,則期末金額即為當年度變動金額**：

機器設備		累計折舊－機器設備	
0	出售時?①	出售時?②	0
700,000			100,000
400,000			30,000

由上列可推算出售時應除列(沖銷)「機器設備」①$300,000(＝$700,000－$400,000)、除列(沖銷)「累計折舊－機器設備」②$70,000(＝$100,000－$30,000)。將此二項金額填入下列分錄：

xx/xx/xx	現金		?⑤
	累計折舊－機器設備		?④
	處分不動產、廠房及設備損失	20,000	
	機器設備		?③

③＝①$300,000。

④＝②$70,000。

⑤＝③$300,000－④$70,000－處分資產損失$20,000＝**$210,000**。

【96年初等特考試題】

1. 賒購機器 1 部，定價$250,000，按 8 折成交，付款條件 2/10，n/30，未取得現金折扣，另支付運費$250，安裝費$1,000，搬運時不慎損壞修繕費$500，若採淨額法入帳，則該機器成本為：
(1)$197,250　　　(2)$197,750　　　(3)$201,750　　　(4)$246,750

答案：(1)

　📖 補充說明：

　　　$250,000×80%×(1－2%)＋$250＋$1,000＝**$197,250**

2. 甲公司於 X1 年初以面額$400,000，不附息票據交換機器 1 部，票據 2 年到期，設備之現金價格無法明確決定，而當時市場利率 10％，則下列敘述正確者有幾項？
①機器設備之成本為$400,000　　②交換時應貸記應付票據$400,000
③交換時應借記利息費用$72,000　　④年底應付票據之帳面金額為$363,636
(1)一項　　　　(2)二項　　　　(3)三項　　　　(4)四項

答案：(2)

　📖 補充說明：

　　1. 機器成本＝$400,000×(1＋10%)$^{-2}$＝**$330,580**

　　2. 以票據購買機器設備之分錄為：

X1/01/01	機器設備	330,580②	
	應付票據折價	69,420③	
	應付票據		400,000①

　　　①以票據之票面金額入帳。
　　　②為第 1 項計算所得之機器成本。
　　　③為差額＝①－②。

　　3. X1 年底應付票據之帳面金額＝X1 年初帳面金額$330,580
　　　　＋X1 年之利息費用$33,058(＝$330,580×10%)＝$363,638(和④之敘述尾差$2)

　　綜合以上說明，②及④**的敘述是正確的**。

第 52 頁（第六章 不動產、廠房及設備）

3.資產成本為$40,000，殘值為$4,000，估計可使用 5 年，按年數合計法計提折舊，第 3 年底之累計折舊為：
(1)$21,600　　　　(2)$24,000　　　　(3)$28,800　　　　(4)$32,000

答案：(3)

補充說明：

1. 第 1 年折舊費用：$(40,000-4,000) \times 5/15 = \$12,000$
2. 第 2 年折舊費用：$(40,000-4,000) \times 4/15 = \$9,600$
3. 第 3 年折舊費用：$(40,000-4,000) \times 3/15 = \$7,200$
4. 第 3 年底之累計折舊＝第 1~3 年折舊費用合計數
   ＝$12,000＋$9,600＋$7,200＝**$28,800**

4.下列何項非為於企業財務狀況表之不動產、廠房及設備項下表達之必要條件？
(1)具有未來經濟效益　　(2)剩餘耐用年限必須超過 1 年或 1 個營業週期
(3)供營業使用　　　　　(4)具有實體存在

答案：(2)

補充說明：

不動產、廠房及設備至耐用年限屆滿之年度，其「剩餘耐用年限」**不會**超過 1 年或 1 個營業週期。

【96 年四等地方特考試題】

1.甲公司於 X1 年初購買一艘郵輪進行減損測試，該郵輪為一現金產生單位，其購買金額為$500,000,000，剩餘耐用年限為 10 年，並以年數合計法提列折舊。甲公司於 X5 年初發現其產業環境受到不利之影響，經公司評估減損測試後，預估未來每年淨現金流入約為$100,000,000，其剩餘耐用年限縮短為 2 年，並決定改採直線法提列折舊，折現率為 12%，折現值為$169,005,102。

試作：

(一) X5 年所作之資產價值減損損失分錄。

(二) X5 年的折舊分錄。

解題：

(一) X5 年初資產減損損失之計算及分錄：

資產減損金額計算如下：

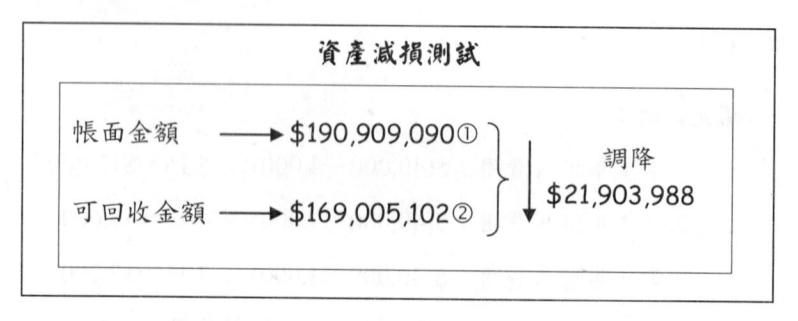

```
                    資產減損測試
    帳面金額 ──→ $190,909,090 ①  ⎫
                                  ⎬  調降 $21,903,988
    可回收金額 ──→ $169,005,102 ②  ⎭
```

① 機器帳面金額為：

❶ X1 年 1 月初日至 X4 年 12 月底之折舊費用：

	折舊費用
X1 年	$500,000,000 × 10/55 = $90,909,091
X2 年	$500,000,000 × 9/55 = $81,818,182
X3 年	$500,000,000 × 8/55 = $72,727,273
X4 年	$500,000,000 × 7/55 = $63,636,364
合　計	$309,090,910

❷ 機器帳面金額＝機器成本 $500,000,000

　　　　　　　－累計折舊 $309,090,910＝$190,909,090

② 可回收金額即為題目告知之郵輪淨現金流入折現值，此為國際財務報導準則所稱之使用價值。

認列資產減損損失之分錄為：

X5 年初	減損損失	21,903,988	
	累計減損－郵輪		21,903,988

(二) X5 年的提列折舊之分錄為：

X5/12/31	折舊費用	84,502,551	
	累計折舊－郵輪		84,502,551 ①

① ＝X5 年初認列減損損失後之郵輪帳面金額 $169,005,102÷剩餘耐用年限 2 年。

2.下列那項支出不可列入土地成本？
(1)政府在該地區修建地下水道所強制徵收之受益費
(2)支付土地仲介業者之佣金
(3)拆除地上舊建築物之費用
(4)鋪設道路之支出

答案：(4)

☞補充說明：

選項(1)，英文版會計課本類似議題之說明如下：因政府修建地下水道，土地是公司的，若其往後年度維護係由政府負責，企業除第一次被強制徵收受益費之外，**於往後年度不須再負擔任何費用，則收益費認列為土地成本**；若企業除第一次被強制徵收受益費之外，於往後年度仍須負擔相關維護費用，則收益費應認列為土地改良物。

選項(4)非屬使土地達到能符合管理階層預期運作方式之必要狀態及地點之直接可歸屬成本，其應列為土地改良物。

【96年五等地方特考試題】

1.若機器設備已經完全折舊，但仍繼續使用，則下列敘述何者正確？
(1)將機器設備的成本及累計折舊自會計帳上沖銷
(2)將機器設備的成本及累計折舊留在會計帳上，但毋需再提列折舊
(3)將機器設備的成本及累計折舊留在會計帳上，且繼續提列折舊
(4)更改或調整以前年度的折舊費用

答案：(2)

☞補充說明：

因為機器設備已經完全折舊，無法再提折舊；至機器設備處分、報廢或轉分類為待出售時才可予以除列(沖銷)。

2.下列何者應視為收益支出？

(1)修復機器，並能增加經濟效益的支出

(2)更換重要零組件，增加機器設備耐用年限的支出

(3)增添防治污水設備的支出

(4)機器經常性的維護保養的支出

答案：(4)

✎補充說明：

收益支出指該項支出之經濟效益僅及於當年度或未產生經濟效益。

【95年初等特考試題】

1.【依 IAS 或 IFRS 改編】某零售業購買土地，供未來出售圖利，此類土地在財務狀況表上應列為：

(1)流動資產　　　　　　　　　(2)投資性不動產

(3)財產廠房與設備　　　　　　(4)天然資源

答案：(2)

2.下列何者最可能認列為資本支出？

(1)每年例行的機器檢修　　　　(2)修理電話機費用

(3)粉刷展覽室之支出　　　　　(4)換修工廠屋頂之支出

答案：(4)

✎補充說明：

資本支出產生之經濟效益不僅及於當年度且及於以後年度，其應認列為資產。

【95年四等地方特考試題】

1.某企業為設置停車場，發生鋪設成本$40,000 及照明設備成本$15,000，則該企業應：

(1)借記土地$40,000　　　　　　(2)借記土地改良物$15,000

(3)借記土地$55,000　　　　　　(4)借記土地改良物$55,000

答案：(4)

> 補充說明：
> 停車場之成本應列為土地改良物，**因為停車場的耐用年限是有限的**，不可以列為土地。

【95年五等地方特考試題】

1. 企業為增進工作效率，將原有機器設備等重新加以改裝整修，其所耗費之支出應列為：
(1)機器設備成本之增加　　　　(2)折舊費用
(3)營業損失　　　　　　　　　(4)累計折舊之減項

答案：(1)

> 補充說明：
> 因為該支出可增進工作效率，故應增列資產帳列金額。

2. 甲公司於 X1 年 3 月 19 日購入機器一部，成本$305,000，估計可使用 5 年，殘值$5,000，採用直線法提列折舊，公司之折舊政策為使用未滿一個月者，該月不提折舊，則 X3 年底該公司機器之帳面金額為：
(1) $120,000　　(2) $125,000　　(3) $135,000　　(4) $140,000

答案：(4)

> 補充說明：
> 計算如下：
> 1. 採用直線法提列折舊之每年折舊費用
>   ＝$(305,000－5,000)÷5 年＝$60,000
> 2. X1 年折舊費用＝$60,000×9/12＝$45,000
> 3. X2 年折舊費用＝$60,000
> 4. X3 年折舊費用＝$60,000
> 5. X3 年底之累計折舊＝X1 年～X3 年折舊費用合計數
>   ＝$45,000＋$60,000＋$60,000＝$165,000
> 6. X3 年底之帳面金額＝$305,000－$165,000＝**$140,000**

第七章　遞耗資產、農業、投資性不動產

重點內容：

- 本章主題
    1. 遞耗資產。
    2. 折耗之提列。
    3. 折耗之估計變動。
    4. 農業。
    5. 投資性不動產。

- 遞耗資產包括天然資源，如煤礦、林礦及油礦等。

- 折耗之提列

    遞耗資產之成本分攤稱為折耗，一般採生產數量法提列折耗。估計生產數量變動時，應以會計估計變動處理之。

- 農業

    所謂農業活動之會計處理，係指**生物資產及收成點之農產品**的會計處理。相關的除非公允價值無法可靠衡量，生物資產或農產品於原始認列及續後衡量規定為：

    1. **生物資產應於原始認列時及各報導期間結束日以公允價值減出售成本衡量**。若於原始認列時，其支付的價款和當日之公允價值減出售成本不相等時，**其差額應認列為損益項目**。

    2. 自企業生物資產 收成 之農產品，**應以收成時點之公允價值減出售成本衡量**；收成時點 後 即應適用國際會計準則第 2 號「存貨」或其他適用之會計準則。

● 投資性不動產

國際會計準則第 40 號「投資性不動產」定義投資性不動產為：

「投資性不動產係指為賺取租金或資本增值或兩者兼具所持有(由所有者所持有或由承租人以 使用權資產 所持有)之不動產」。

國際會計準則第 40 號「投資性不動產」，允許企業對於投資性不動產於原始衡量後，可以自由選擇成本模式及公允價值模式二種會計處理；企業選擇以公允價值衡量時，公允價值之變動應認列為損益項目。

【108 年普考試題】

1. A 牧場於 X3 年 1 月 1 日買了 100 隻乳牛飼養在牧場中，準備未來生產牛奶。每隻乳牛市價$5,400，並支付該批乳牛從市場至牧場間的運費$8,500。X3 年 1 月 1 日估計若處分該批乳牛，除須支付將其運送往市場之運費$8,500 外，並須支付佣金等出售成本$4,500。則 A 牧場 X3 年 1 月 1 日買入該批乳牛的公允價值減出售成本為何？

(1)$527,000　　(2)$531,500　　(3)$540,000　　(4)$548,500

答案：(1)

　補充說明：

　　　$5,400×100 隻－$8,500－$4,500＝**$527,000**

【108 年初等特考試題】

1. 下列何項資產不屬投資性不動產之適用範圍？
(1)正在建造或開發將供投資用途之不動產
(2)自用不動產
(3)尚未決定將土地作為自用不動產或供正常營業出售
(4)為獲取長期資本增值所持有之土地

答案：(2)

2. 甲公司購買豬仔時，生物資產依公允價值模式以$10,000入帳。飼養期間之飼育成本$8,000依公司慣例增加生物資產帳面金額。年底估計該批成長中的豬仔目前市價$25,000。若當天立即出售估計需支付運費$1,800。則年底應：
(1)無需做分錄，因為豬仔尚未出售　　(2)借記生物資產$5,200
(3)借記生物資產$7,000　　　　　　　(4)借記生物資產$13,200

答案：(2)

　補充說明：

　　　增加生物資產＝($25,000－$1,800)－($10,000＋$8,000)＝**$5,200**

延伸：

若題目未說明「飼養期間之飼育成本$8,000依公司慣例增加生物資產帳面金額」，則下列答案亦為正確的：

增加生物資產＝($25,000－$1,800)－$10,000＝**$13,200**

【107年普考試題】

1. 甲公司本年初以$36,000,000購得煤礦，估計蘊藏量3,000,000噸，開採結束後，預計復原成本之現值為$1,800,000，復原後土地售價之現值為$2,400,000。本年度已開採180,000噸，出售175,000噸，本年度銷貨成本包含的折耗費用為：
(1)$2,065,000　　(2)$2,100,000　　(3)$2,124,000　　(4)$2,160,000

答案：(1)

補充說明：

每噸折耗金額＝(煤礦成本$36,000,000＋復原成本$1,800,000
　　　　　　　－殘值$2,400,000)÷3,000,000噸＝$11.8

銷貨成本中折耗額＝$11.8×出售噸數175,000噸＝**$2,065,000**

【107年初等特考試題】

1. 甲公司X2年購買一塊土地，持有目的為出租賺取租金收益。甲公司對該土地採公允價值模式評價，X5年12月31日該土地公允價值為$1,000,000，X6年3月1日起改變用途，轉供自用，當日公允價值為$1,100,000，自用之土地甲公司採重估價模式，X6年12月31日土地公允價值為$1,200,000，試問X6年甲公司如何認列此塊土地相關之公允價值變動？
(1)公允價值調整利益$200,000全數認列於當期損益
(2)公允價值調整利益$100,000認列於當期損益，及公允價值調整利益$100,000認列於其他綜合損益－重估價利益
(3)認列其他綜合損益－重估價利益$200,000
(4)不得認列公允價值調整利益，只能認列其他綜合損益－重估價利益$100,000

答案：(2)

> ✎補充說明：
> 1. $1,100,000 － $1,000,000 ＝ 增值 **$100,000**，認列於**當期損益**(利益)。
> 2. $1,200,000 － $1,100,000 ＝ 增值 **$100,000**，認列於**其他綜合損益**(利益)。

【107年五等地方特考試題】

1. 甲公司於X1年初購入一棟商辦大樓供出租之用，購買成本$500,000,000、購買不動產交易成本$200,000、負責購買不動產行政人員薪資$100,000。甲公司對於投資性不動產之後續衡量採用公允價值模式，X1年底該商辦大樓的公允價值為$600,000,000，請問X1年應如何認列「公允價值變動損益－投資性不動產」？

(1)貸記$0 (2)貸記$99,700,000
(3)貸記$99,800,000 (4)貸記$100,000,000

答案：(3)

> ✎補充說明：
> 1. 投資性不動產之成本＝$500,000,000＋$200,000＝$500,200,000。
> 2. X1年應認列「公允價值變動損益－投資性不動產」**增加**(**貸記**)**$99,800,000**(＝$600,000,000－$500,200,000)。

2. 某牧場於X11年購入仔豬950隻，準備未來屠宰出售，每隻仔豬之公允價值減出售成本為$1,250。當年投入飼料成本$90,000，人事成本$53,000。年底若要將仔豬全數售出，每隻仔豬可賣得$1,400，運送的費用共$3,700。試問期末報表中應表達之生物資產金額為何？

(1)$1,330,000 (2)$1,473,000 (3)$1,326,300 (4)$1,469,300

答案：(3)

> ✎補充說明：
> $1,400×950隻－$3,700＝**$1,326,300**

【105年初等特考試題】

1. 蛋雞飼養戶購入2,000隻蛋雞，準備飼養成熟後，大量生產蛋品供應市場需求。每隻蛋雞購入時成本為$50，將該批蛋雞運送至飼養場花費$1,000。公司估計，如果立即將整批蛋雞運往市場出售，尚需負擔相關運輸及出售成本$1,500。在公允價值模式下，購入蛋雞時，需認列多少費損？
   (1)$0　　　　(2)$1,000　　　　(3)$1,500　　　　(4)$2,500

   答案：(4)

   補充說明：

   $1,000＋〔($50×2,000隻)－($50×2,000隻－$1,500)〕＝**損失$2,500**

2. 乙公司X3年1月1日購買一棟商辦大樓，預估耐用年限50年，無殘值，乙公司對一般建築物都採直線法提列折舊。此大樓持有目的為出租賺取租金收益，並採公允價值模式評價。乙公司支付買價$3,000,000及不動產移轉稅捐$100,000，仲介佣金$520,000，公司行政作業人員成本$80,000。X3年12月31日該商辦大樓公允價值為$3,800,000。試問該投資性不動產對乙公司X3年之本期淨利影響數應為多少？
   (1)$100,000　　　(2)$174,000　　　(3)$180,000　　　(4)$252,400

   答案：(3)

   補充說明：

   建築物對乙公司X3年淨利之影響數
   ＝租金收入＋公允價值變動金額
   ＝租金收入未告知
     －〔$3,800,000－($3,000,000＋$100,000＋$520,000)〕
   ＝公允價值變動金額造成之利益$180,000
   ＝**淨利增加金額$180,000**

【104 年普考試題】

1. 下列有關採成本模式之投資性不動產，何者錯誤？
(1)應揭露投資性不動產之公允價值
(2)入帳成本不包括延遲付款之利息
(3)當發生減損時，應認列減損損失
(4)提列折舊或不提列折舊均可

答案：(4)

✎ 補充說明：

選項(1)、選項(2)及選項(3)之敍述是正確的。

選項(4)之敍述是錯誤的，**採成本模式之投資性不動產須提列折舊。**

【104 年初等特考試題】

1. 有關公允價值得可靠衡量之生物資產的會計處理，下列敍述何者正確？
(1)自生物資產收成之農產品應以收成點之公允價值衡量
(2)生物資產原始認列必須按取得成本衡量
(3)生物資產原始認列不可能產生損益
(4)生物資產應於報導期間結束日按公允價值減出售成本評價

答案：(4)

【104 年五等地方特考試題】

1. 下列屬農產品者有幾項？①海生館展覽用的小丑魚 ②牛奶 ③芒果樹 ④羊毛 ⑤乳牛
(1)1項　　　(2)2項　　　(3)3項　　　(4)4項

答案：(2)

✎ 補充說明：

②牛奶及④羊毛為農產品。

【103 年普考試題】

1. 甲公司於X01年1月1日以$100,000,000成本購置一棟商辦大樓,並以營業租賃方式出租以獲取穩定的租金收益,分類為投資性不動產,後續按成本模式衡量,估計該商辦大樓可使用50年,無殘值,依直線法提列折舊。X31年1月1日甲公司決定將大樓重新隔間更新內牆,更新內牆成本共計$8,000,000。假設舊內牆之原始成本為$4,000,000。以下對甲公司重置新內牆相關分錄之敘述何者正確?

(1)「投資性不動產－建築物」帳面金額淨增加$2,400,000
(2)「投資性不動產－建築物」帳面金額淨增加$4,000,000
(3)應認列「處分投資性不動產利益」$1,600,000
(4)應認列「處分投資性不動產損失」$1,600,000

答案:(4)

補充說明:

X31 年 1 月 1 日更新內牆前之餘額:

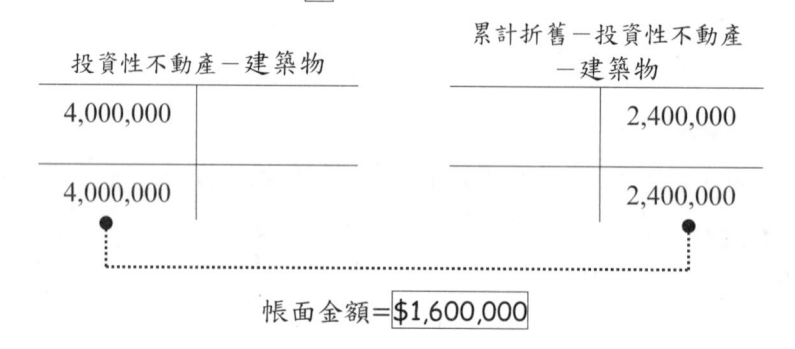

投資性不動產－建築物	累計折舊－投資性不動產－建築物
4,000,000	2,400,000
4,000,000	2,400,000

帳面金額=$1,600,000

1. 報廢內牆帳面金額之分錄:

X31/01/01	累計折舊－投資性不動產－建築物	2,400,000	
	處分投資性不動產損失	1,600,000	
	投資性不動產－建築物		4,000,000

2. 更新內牆之分錄:

X31/01/01	投資性不動產－建築物	8,000,000	
	現金		8,000,000

X31 年 1 月 1 日更新內牆後之餘額：

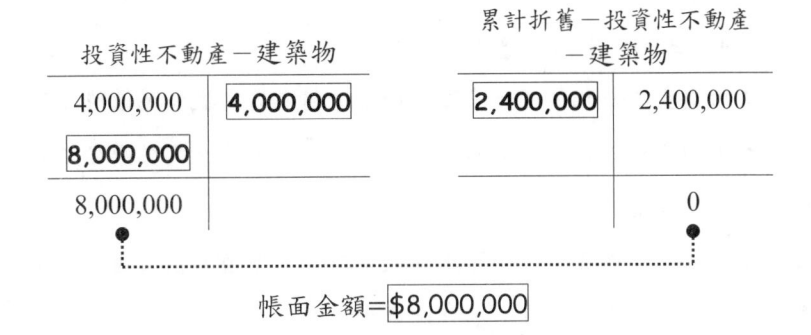

投資性不動產－建築物		累計折舊－投資性不動產－建築物	
4,000,000	4,000,000	2,400,000	2,400,000
8,000,000			
8,000,000			0

帳面金額＝$8,000,000

投資性不動產－建築物帳面金額變動數
＝$8,000,000－$1,600,000＝**$6,400,000**

【103 年初等特考試題】

1. 下列敘述何者正確？

(1) 生物資產於原始認列時無法取得其市場決定之價格或價值，且公允價值之替代估計顯不可靠時，則應以其成本減累計折舊及累計減損損失衡量

(2) 生物資產於原始認列時若以成本減累計折舊及累計減損損失衡量，後續仍應以成本減累計折舊及累計減損損失衡量

(3) 生物資產於原始認列時若以公允價值減出售成本衡量，後續可以改以成本減累計折舊及累計減損損失衡量

(4) 生物資產收成之農產品於原始認列時，若公允價值無法可靠衡量，則應以其成本減累計折舊及累計減損損失衡量

答案：(1)

☞ 補充說明：

1. 選項(1)：敘述是正確的。

2. 選項(2)：敘述是錯誤的，國際財務報導準則規定**一旦該生物資產之公允價值變成能可靠衡量時，應以其公允價值減出售成本衡量。**

3. 選項(3)：敘述是錯誤的，國際財務報導準則規定**應繼續按公允價值減出售成本衡量該生物資產直至處分為止。**

4. 選項(4)：敘述是錯誤的，國際財務報導準則**認為農產品於收成點之公允價值均能可靠衡量，故一定是以公允價值減出售成本衡量。**

【103年四等地方特考試題】

1. 下列有關生物資產之敘述，何者正確？
(1)若生物資產之公允價值無法可靠衡量，期末仍需依公允價值之估計數評價
(2)除非生物資產之公允價值無法可靠衡量，否則農產品於原始認列時，應依公允價值評價
(3)於報導期間結束日，生物資產應依當時公允價值減出售成本重新評價
(4)於原始認列生物資產時，不可能產生損益

答案：(3)

【103年五等地方特考試題】

1. 清清農場對生物資產之公允價值得可靠估計，年初以每隻$3,000代價向市場購入20隻小羊，並支付$2,000將所有小羊運送至農場，準備飼養以供未來產羊奶。公司估計，如果立即將該批小羊出售，需負擔運費$2,000及出售成本$1,000。則年初購入小羊時，應認列生物資產之價值為何？
(1)$57,000　　(2)$58,000　　(3)$59,000　　(4)$62,000

答案：(1)

📖補充說明：

　　$3,000×20隻－$2,000－$1,000＝**$57,000**

【102年普考試題】

1. 乙公司於X11年取得一座煤礦，成本為$10,000,000，估計可開採量1,000,000噸，礦產開採完後，預計回復原狀成本之現值為$3,000,000，於X11年度開採量與銷售量分別為400,000噸及300,000噸，則X11年度銷貨成本中包含之折耗成本是多少？
(1)$3,000,000　　(2)$3,900,000　　(3)$4,000,000　　(4)$5,200,000

答案：(2)

📖補充說明如下：

每噸折耗金額

＝(煤礦成本$10,000,000＋復原成本$3,000,000)÷1,000,000 噸＝$1.3

銷貨成本中折耗額＝$1.3×出售噸數 300,000 噸＝**$390,000**

2.下列有關投資性不動產之敘述，何者錯誤？
(1)投資性不動產按公允價值衡量時，其公允價值變動所產生之損益，應於發生當期認列為損益
(2)將目前尚未決定未來用途之土地歸類為投資性不動產
(3)以融資租賃出租之不動產歸類為投資性不動產
(4)公司持有一組不動產，一部分為賺取資本增值，另一部分則用於生產存貨於市場販售。若各部分不動產皆無法單獨出售或出租，僅在生產存貨部分之不動產係屬不重大時，整組不動產才可依投資性不動產處理

答案：(3)

【102 年初等特考試題】

1.下列有關自生物資產收成之「農產品」之會計處理，何者正確？
(1)列於資產負債表「生物資產」項下
(2)原始評價採用成本原則
(3)續後評價採用淨公允價值評價
(4)續後評價採用成本與淨變現價值孰低法評價

答案：(4)

【101 年普考試題】

1.甲牧場 X1/1/1 以$100,000 購入乳牛一隻以生產牛乳。X1 年間飼養該乳牛之成本包含飼料$20,000，專屬飼養人員薪資$200,000。若該乳牛 X1/12/31 之公允價值為$98,000，出售成本為$3,000，則甲公司 X1 年底資產負債表中該乳牛之列示金額為：

(1)$95,000　　　(2)$98,000　　　(3)$120,000　　　(4)$320,000

答案：(1)

≥補充說明：

乳牛為生物資產，其於原始認列及報導期間結束日均須以公允價值減出售成本衡量，**故甲公司 X1 年底資產負債表中乳牛之列示金額即為「公允價值減出售成本」之金額**$95,000（＝$98,000－$3,000）。

2.甲公司 X1/1/1 以$1,100,000 購入建築物一筆以出租收取租金，符合認列為投資性不動產。該建築物耐用年限為 20 年，殘值$100,000，直線法提列折舊，採公允價值模式衡量。若該建築物 X1 年共得租金收入$60,000，且 X1 年底之公允價值為$1,080,000，則該建築物對甲公司 X1 年淨利之影響數為（不考慮所得稅）：

(1)減少$10,000　　　　　　　　(2)增加$10,000
(3)增加$40,000　　　　　　　　(4)增加$60,000

答案：(3)

≥補充說明：

建築物對甲公司 X1 年淨利之影響數
　＝公允價值變動金額＋租金收入
　＝租金收入$60,000－($1,100,000－$1,080,000)
　＝租金收入$60,000－公允價值變動金額造成之損失$20,000
　＝淨利增加金額$40,000

【100 年初等特考試題】

1.乙公司於 X6 年 1 月 1 日取得鐵礦，成本為$20,000,000，原估計蘊藏量為 10,000,000 噸，開採完畢後估計殘值為$2,000,000，X6 年至 X9 年間共計開採 6,000,000 噸。乙公司於 X10 年 1 月 1 日探勘後發現蘊藏量僅餘 2,000,000 噸，新估計殘值亦變為$1,000,000，則 X10 年底之每噸折耗率為：

(1)$1.58　　　(2)$2.38　　　(3)$3.60　　　(4)$4.10

答案：(4)

≥補充說明如下：

X10 年之以前年度已提列折耗金額：

$(20,000,000-2,000,000)÷10,000,000 噸×6,000,000 噸＝$10,800,000

X10 年及以後年度之**每噸折耗率**：

$(20,000,000-10,800,000-1,000,000)÷2,000,000 噸＝**$4.1**

【98 年初等特考試題】

1. 甲公司以$1,300,000 購買礦山一座，另支付開發成本$400,000，估計總蘊藏量為 1,000,000 噸，預計開採完畢後土地殘值$200,000。若第一年生產 200,000 噸，除折耗外，另支付人工成本 $350,000 及其他開採費用$150,000。該年出售 100,000 噸，每噸售價$8，則第一年認列的銷貨成本為：

(1)$150,000　　　(2)$300,000　　　(3)$400,000　　　(4)$800,000

答案：(3)

補充說明：

1. 第一年折耗金額

  　＝$(1,300,000＋400,000－200,000)÷1,000,000 噸×200,000 噸

  　＝$300,000

2. 生產成本：

1.折耗費用	$300,000
2.人工成本	350,000
3.其他開採費用	150,000
合　　計	$800,000

3. 第一年認列的銷貨成本

  　＝生產成本$800,000÷生產量 200,000 噸×出售量 100,000 噸

  　＝**$400,000**

第八章　無形資產

重點內容：

- **可辨認無形資產之定義**
  1. 具**可辨認性**。
  2. 對資源具有**可控制性**。
  3. 具有**未來經濟效益**。

- **商譽為不可辨認的無形資產，因其無法與企業分割而單獨出售。**

- **無形資產之認列條件**

  企業認列無形資產，除該資產**須符合無形資產之定義**外，尚須符合下列二項認列條件：
  1. 可歸屬於該資產之**預期未來經濟效益很有可能流入企業**。
  2. 資產之**成本能可靠衡量**。

- **內部產生無形資產成本之認列**

  所謂內部產生的無形資產，係指企業**自行研究發展**而產生的無形資產；企業內部產生之無形資產應依下列規定認列及衡量：

  1. 應將無形資產之產生過程，**分為研究階段及發展階段；若無法區分，則全部視為發生於「研究階段」**。

  2. **於研究階段之支出，應於發生時認列為費用**。

  3. **於發展階段之支出**，若企業能證明下列各項時，才可以開始將相關支出認列為無形資產：
     (1) 完成之無形資產**已達技術可行性**，將可使該資產可供使用或出售。
     (2) **意圖**完成該無形資產，並加以使用或出售。
     (3) **有能力**使用或出售該無形資產。

(4)無形資產將如何產生**很有可能**的未來經濟效益。企業必須能證明無形資產之產出、或無形資產本身已存在市場，若無形資產係供內部使用，企業必須證明該資產是具有用性。

(5)**具充足之技術、財務及其他資源以完成此項發展**，並使用或出售該無形資產。

(6)歸屬於該無形資產發展階段之**支出**，能夠可靠衡量。

● 以購買方式取得無形資產成本之認列

以購買方式取得無形資產，**無形資產的成本僅能累計至已達到管理階層所預期方式運作之必要狀態(可供使用狀態)前**。

● 無形資產耐用年限的種類

無形資產的耐用年限可分為二種，一為**有限耐用年限**，一為**非確定耐用年限**。所謂「非確定耐用年限」，係指企業預期該等資產為企業產生淨現金流入之期間未存在可預見之限制。

● 無形資產之攤銷

有限年限無形資產應採用有系統之方法攤銷無形資產的成本；**其殘值應假定為「零」，除非符合特定條件才會有殘值**。

攤銷方法可用**直線法、餘額遞減法及生產數量法**。若符合國際財務報導準則之規定時，可採用無形資產使用之活動所產生之收入為基礎的攤銷方法。

非確定耐用年限之無形資產，因為無法預見其終止期限而無法決定其攤銷年限，**故不得攤銷**。

● 無形資產之減損

無形資產減損之計算及會計處理同不動產、廠房及設備。

【108 年普考試題】

1. X1 年 1 月 1 日，丁公司以$4,850,000 現金購買戊公司 80%的流通在外普通股。當日戊公司的淨資產帳面金額為$3,000,000，經估價師評估，除了一筆土地的公允價值高出帳面金額$350,000 以外，其餘帳上資產或負債的帳面金額皆等於公允價值。估價師另評估戊公司有一筆不在帳面上的顧客名單，公允價值為$300,000。上述交易中，丁公司於合併報表中應認列多少商譽？
(1)$650,000　　　(2)$1,200,000　　　(3)$1,850,000　　　(4)$1,930,000

答案：(4)

　補充說明：
　　$4,850,000－($3,000,000＋$350,000＋$$300,000)×80%＝**$1,930,000**

【108 年初等特考試題】

1. 甲公司X1年初花費$1,000,000購買LED燈之專利權，預計可使用5年，按直線法攤銷專利權成本。X3年初因專利權受侵害而提起訴訟，共支出$100,000獲得勝訴，則X3年與該專利權相關費用共計若干？
(1)$100,000　　　(2)$200,000　　　(3)$233,333　　　(4)$300,000

答案：(4)

　補充說明：
　　專利權攤銷費用$$200,000＋訴訟費用$100,000＝**$300,000**

【107 年普考試題】

1. 乙公司於 X3 年 7 月 1 日以$600,000 取得農業資材農藥及重金屬殘留快篩試劑專利權，購入時其法定年限為 20 年，但經評估其經濟效益僅有 8 年，採直線法攤銷。X4 年 7 月 1 日曾發生訴訟支出$80,000，獲判勝訴得到賠償$10,000，其經濟效益不變。
試問：
(一)X4 年度該專利權應攤銷之金額為多少？
(二)X5 年底該專利權之帳面金額為多少？

解題：

(一) X4應攤銷金額：

$600,000 ÷ 8 年 = **$75,000**

(二) X5底專利權之帳面金額：

截至X5底已提列之折舊金額 = $600,000 ÷ 8 年 × 2.5 年 = $187,500

X5底專利權之帳面金額 = $600,000 − $187,500 = **$412,500**

2. 甲公司自X1年至X3年投入新技術研發，合計發生研究發展費$25,000,000，均認定為研究階段之支出。X4年初研發成果獲得專利權，支付申請登記費$300,000，該專利權法定年限10年，公司自行評估經濟年限僅8年。至X6年初競爭對手研發出另一專利，使甲公司專利權僅餘2年經濟效益。試問X6年該專利權之攤銷費用為：

(1)$37,500　　(2)$75,000　　(3)$112,500　　(4)$150,000

答案：(3)

✎ 補充說明：

$300,000 ÷ 8 年 × 2 年 = $75,000

($300,000 − $75,000) ÷ 2 年 = **$112,500**

【107年初等特考試題】

1. 下列那一項無形資產，毋須攤銷？
(1)著作權
(2)將以極小成本無限展期的商標權
(3)10年期的特許權契約
(4)專利權

答案：(2)

✎ 補充說明：

將以極小成本無限展期的商標權屬於**非確定耐用年限**之無形資產，**不須攤銷**。

【107年四等地方特考試題】

1.甲公司以$8,000,000 買下乙公司,購買日當天乙公司之資產及負債的公允價值如下:應收帳款$1,400,000,應付長期票據$6,000,000,固定資產$10,000,000,應付帳款$2,800,000,存貨$2,500,000,專利權$1,100,000。根據上述資料,甲公司應入帳之商譽金額為何?

(1)$1,100,000　　(2)$1,800,000　　(3)$6,200,000　　(4)$8,000,000

答案:(2)

> 補充說明:
>
> $8,000,000－($1,400,000＋$10,000,000＋$2,500,000＋$1,100,000
>
> －$6,000,000－$2,800,000)＝**$1,800,000**

【107年五等地方特考試題】

1.有關商譽之敘述,下列何者錯誤?
(1)商譽的價值可能與公司優良之人力資源、研發能力、管理團隊等有關
(2)企業得認列內部所產生之商譽
(3)商譽不得攤銷
(4)當購併其他企業時,可能將購買成本的某一部分認列為商譽

答案:(2)

> 補充說明:
>
> **企業不可以認列內部所產生之商譽。**

2.甲公司 X1 年為研究發展一項新產品共支出$8,000,000,其中$5,000,000 係研究階段之支出,$3,000,000 為發展階段之支出,而發展支出中的$1,000,000 係發生於滿足資本化之條件後,則甲公司 X1 年有關研究發展支出之記錄何者正確?

(1)借記研究發展費用$5,000,000
(2)借記研究發展費用$8,000,000
(3)借記發展中無形資產$1,000,000
(4)借記發展中無形資產$3,000,000

答案：(3)

📝 補充說明：

研究發展費用＝$5,000,000＋($3,000,000－$1,000,000)＝$7,000,000。

發展中無形資產＝$1,000,000。

【106年初等特考試題】

1.下列那一個情況，企業才可能將商譽入帳？
(1)當商譽能合理的估計時　　(2)當公司有超額的獲利能力
(3)當公司併購另一家公司時　(4)當公司申請專利權時

答案：(3)

【106年四等地方特考試題】

1.甲公司於X3年初以$1,000,000向乙公司購入一款抗癌新藥專利配方。該專利的法定年限為10年，但甲公司估計效益年限為8年。於X5年初主管機關檢驗出該項抗癌新藥內含不利人體的物質，甲公司被要求將此藥品立即停止生產及禁止病人服用。請問X5年甲公司針對該抗癌藥品專利配方，應認列費損金額為何？

(1)$200,000　(2)$250,000　(3)$750,000　(4)$800,000

答案：(3)

📝 補充說明：

$1,000,000－($1,000,000÷8年×2年)＝**$750,000**

【104年初等特考試題】

1.甲公司於X3年3月1日以$3,300,000之價格購買乙公司，當日乙公司可辨認資產的帳面金額為$3,800,000；公允價值為$4,300,000，負債帳面金額與公允價值均為$1,800,000，乙公司另有公允價值為$200,000的無形資產未認列於帳上，則甲公司可認列之商譽是多少？

(1)$600,000　(2)$800,000　(3)$1,100,000　(4)$1,300,000

答案：(1)

> 📝 補充說明：
>
> $$\$3,300,000-(\$4,300,000+\$200,000-\$1,800,000)=\mathbf{\$600,000}$$

【103年普考試題】

1.丙公司於 X2 年 3 月 1 日以$180,000 購買一組客戶名單，估計該組客戶名單資訊之效益年限至少 1 年，但不會超過 3 年。因該組客戶名單未來無法更新或新增，故丙公司管理階層對該客戶名單耐用年限之最佳估計為 18 個月。丙公司無法可靠決定該客戶名單未來經濟效益之耗用型態，故採用直線法攤銷。丙公司 X2 年對該組客戶名單應提列的攤銷費用為何？
(1)$60,000　　　(2)$100,000　　　(3)$120,000　　　(4)$180,000

答案：(2)

> 📝 補充說明：
>
> $180,000÷18個月×10個月＝**$100,000**

【102年四等地方特考試題】

1.企業自行投入的研發，一般視為費用，但於發展階段的支出，符合一定之要件，則可列為無形資產。下列判斷要件的敘述中，何者最為正確？
(1)完成該無形資產已達技術可行性，且該無形資產需限於內部使用之目的
(2)公司只要在技術面可以完成此研發專案即可，財務與資金面則不攸關
(3)發展階段可歸屬於該無形資產的成本，無法有效推估與區別
(4)公司有明確之意圖完成該無形資產，未來將以使用或出售為最終目的

答案：(4)

【103年五等地方特考試題】

1. 下列敘述何者正確？

(1)甲公司為維護其專利權而發生訴訟，甲公司獲得勝訴，訴訟相關支出$1,000,000應認列為專利權資產增加

(2)甲公司擁有A產品40%市場占有率，並致力於建立客戶關係及忠誠度，故估計公允價值$1,000,000認列為無形資產－顧客關係

(3)甲公司估計並認列內部產生之商譽$4,000,000，不攤銷但每年定期進行商譽價值減損測試

(4)甲公司將無形項目支出原始已認列為費用之金額$2,000,000，於達到可資本化條件後不得增加認列為無形資產成本之一部分

答案：(4)

【101年普考試題】

1. 甲公司X1年初以$4,500,000併購乙公司之全部淨資產。乙公司可辨認資產帳面金額為$6,850,000，公允價值為$7,300,000，另外發現帳上漏列專利權成本$150,000，其公允價值為$250,000；負債帳面金額與公允價值相等為$4,050,000。試問甲公司併購乙公司之商譽價值為多少？

(1)$1,000,000　　(2)$1,450,000　　(3)$1,500,000　　(4)$1,550,000

答案：(1)

　　補充說明：
　　$4,500,000－($7,300,000＋$250,000－$4,050,000)＝**$1,000,000**

2. 下列為公司內部產生之無形項目，何者符合無形資產之定義及認列條件？

(1)產品材料及生產流程改良之研究支出

(2)開設新據點或業務之開辦活動支出

(3)員工訓練活動支出

(4)企業合併時取得之品牌

答案：(4)

　　補充說明：

　　選項(1)、選項(2)及選項(3)均應發生當年度認列為費用。

【99年四等地方特考試題】

1. 甲公司以$50,000,000買入乙公司。當時乙公司淨資產之帳面金額為$30,000,000；可辨認淨資產之公允價值為$35,000,000。甲公司於此項交易中將認列之商譽金額為何？

(1)$0　　　　(2)$5,000,000　　　　(3)$15,000,000　　　　(4)$20,000,000

答案：(3)

✎ 補充說明：

$50,000,000－$35,000,000＝**$15,000,000**

【98年初等特考試題】

1. 下列那一項支出可列企業之無形資產？
(1)內部自行發展之商譽
(2)自外部購買之產品配方
(3)在創業時所發生之開辦費
(4)供出售之電腦軟體在建立技術可行性前所發生之成本

答案：(2)

✎ 補充說明：

選項(1)、選項(3)及選項(4)均應認列為費用；其中選項(4)為自行研究發展軟體，其可認列為無形資產之條件請參閱本章之重點內容說明。

【98年四等地方特考試題】

1. 下列何者不是「無形資產」的特性？
(1)能提供未來經濟效益　　　　(2)供營業使用
(3)不具有排他專用權　　　　　(4)無實體存在

答案：(3)

✎ 補充說明：

選項(3)「不具有排他專用權」表示除企業本身之外，其他企業或個人也可使用，其不可認列為資產。

2.【依 IAS 或 IFRS 改編】下列何者非屬財務狀況表上之無形資產？
(1)專利權　　　　　　　　　　(2)研究支出
(3)商譽　　　　　　　　　　　(4)特許權
答案：(2)

🔖補充說明：
　　研究支出應於發生時列為費用。

【98年五等地方特考試題】

1.下列何項資產不屬於可明確辨認之無形資產？
(1)特許權　　　　　　　　　　(2)著作權
(3)商譽　　　　　　　　　　　(4)專利權
答案：(3)

🔖補充說明：
　　商譽為不可辨認之無形資產。

【97年初等特考試題】

1.有關無形資產的殘值，下列敘述何者錯誤？
(1)企業應至少於會計年度終了時評估無形資產的殘值
(2)無形資產殘值的變動應視為會計估計變動
(3)無形資產的殘值增加而大於或等於其帳面金額時，該無形資產仍應繼續攤銷
(4)有限耐用年限無形資產的殘值通常為零
答案：(3)

🔖補充說明：
　　選項(3)的正確敘述應為：**無形資產的殘值增加而大於或等於其帳面金額時，該無形資產當年度不須攤銷**，直至該無形資產的殘值後續減少至低於其帳面金額時，才須依規定繼續攤銷。

2.甲公司於 X1 年 7 月 1 日以$720,000 購入一組客戶名單,預期該名單資訊所產生的效益至少 1 年但不超過 3 年,該客戶名單將依管理當局對耐用年限的最佳估計,以 20 個月攤銷,則 X1 年應提列的攤銷費用為:
(1)$216,000　　　(2)$252,000　　　(3)$150,000　　　(4)$120,000

答案:(1)

☞補充說明:

X1 年應提列的攤銷費用
　＝$720,000÷20 個月×6 個月＝**$216,000**

【97 年五等地方特考試題】

1.甲公司於 X1 年 8 月 1 日開始致力於發展一項新的生產技術。X1 年 8 月 1 日至 X1 年 10 月 31 日為研究階段,共支出$750,000。X1 年 11 月 1 日甲公司能證明該技術符合認列無形資產的全部條件,X1 年 11 月 1 日至 X1 年 12 月 31 日共支出$150,000,X1 年 12 月 31 日該生產技術的可回收金額為$120,000,則下列相關會計處理,何者正確?
(1)借:發展費用$900,000
(2)借:發展中之無形資產$900,000
(3)借:遞延借項$120,000
(4)借:減損損失$30,000

答案:(4)

☞補充說明:

本題相關支出之會計處理說明如下:
1.X1 年 8 月 1 日至 X1 年 10 月 31 日為**研究階段**,其支出$750,000 **應認列為費用**。
2.X1 年 11 月 1 日至 X1 年 12 月 31 日支出$150,000 **應認列為「發展中之無形資產」**,其屬無形資產。
3. X1 年 12 月 31 日之「發展中之無形資產」**應認列減損損失** $30,000(＝帳面金額$150,000－可回收金額$120,000)。

【96年五等地方特考試題】

1. 甲公司在 X1 年初成立，在開始營運前共支付下列項目：協助公司成立的律師公費$60,000，針對租賃辦公室所作的改良$100,000，股票印製及承銷費用$10,000，為籌組公司而召開會議的相關支出$20,000。則甲公司 X1 年應認列的開辦費為：

(1)$90,000　　　　(2)$160,000　　　　(3)$170,000　　　　(4)$190,000

答案：(1)

☞補充說明：

開辦費＝$60,000＋$10,000＋$20,000＝$90,000，國際財務報準則並未說明開辦費之項目及會計處理。**租賃辦公室所作的改良$100,000 應列為租賃改良物。**

【95年五等地方特考試題】

1. X1 年 10 月 1 日購入一項專利權，成本$600,000，該專利法定年限 15 年，購入時法定年限到期日尚有 12 年，惟預計 8 年後即有新產品發明而完全取代利用本專利生產之產品，則 X2 年專利權之攤銷費用若干？

(1)$40,000　　　　(2)$50,000　　　　(3)$75,000　　　　(4)$30,000

答案：(3)

☞補充說明：

X2 年專利權之攤銷費用＝$600,000÷8 年＝**$75,000**

☞本題並非計算 X1 年而是 X2 年專利權之攤銷費用，**故不須再乘以期間。**

第九章　流動負債、負債準備、或有負債及資產

重點內容：

● **本章主題**

1. 流動負債。
2. 負債準備。
3. 或有負債。
4. 或有資產。

● **負債之定義**

負債係指個體因**過去事項**所產生之**現時義務**，該義務之清償預期將導致具經濟效益之資源自該個體流出。

● **流動負債之定義**

國際財務報導準則規定，**有下列情況之一者**，企業應將負債分類為流動負債：

1. 企業預期於其**正常營業週期中清償**之負債。
2. 企業**主要為交易目的而持有**之負債。
3. 企業**預期於報導期間後十二個月內到期清償**之負債。
4. 企業**未具無條件將清償期限遞延至報導期間後至少十二個月之權利**之負債。

● **負債準備之定義及認列條件**

負債準備係指不確定時點或金額之負債。負債準備於下列情況下應予認列：

1. 企業因**過去事項**而負有**現時義務**(法定義務或推定義務)。
2. **很有可能**需要**流出具經濟效益之資源**以清償該義務。
3. **該義務之金額能可靠估計**。

若前述各條件未能符合，企業不得認列負債準備。

● 負債準備認列金額之估計

認列負債準備之金額**應為報導期間結束日清償現時義務所需支出之最佳估計**。

認列負債準備金額所存在之不確定性，可依不同情況而採取不同的估計方式，例如：

1. 若衡量負債準備涉及之項目，**其結果發生之機率各有不同時，應以其各種可能結果按相關發生機率予以加權計算應認列負債之金額**，此種計算所得之金額稱為「**期望值**」。以實例說明如下：

   【實例：

   台北公司銷售附有保固條款之商品，客戶購買後六個月內出現之任何製造瑕疵之修理成本由企業負擔。台北公司估計若全部出售商品均發現輕微瑕疵，將花費$200,000 維修成本；若全部出售商品均發現重大瑕疵，則將花費$800,000 維修成本。台北公司根據過去的經驗及對未來的預期，預估已出售商品在下一年度中，有80%之出售商品不會發生瑕疵，有18%之出售商品會發生輕微瑕疵，有2%之出售商品會發生重大瑕疵。

   試作：

   計算出售商品當年度產品保固費用及負債準備認列之金額。

   解題：

   出售商品當年度產品保固費用及負債準備認列之金額
   ＝$0×80％＋$200,000×18％＋$800,000×2％
   ＝**$52,000**】

2. 若可能結果為連續區間，且該區間內之每一點(金額)與其他各點(金額)之可能性均相同，則應採用該區間之中間點(即中間數)為出售商品當年度產品保固費用及負債準備認列之金額。

● **或有負債**之定義及會計處理

國際財務報導準則對於或有負債之定義為：

1. 因**過去事項**所產生之**可能義務**，其**存在與否**僅能由一個或多個**未能完全由企業所控制之不確定未來事項之發生或不發生加以證實**。

2. 因過去事項所產生之現時義務，但因下列原因之一而未予以認列：
   (1) **並非很有可能**需要流出具經濟效益之資源以清償該義務。
   (2) 該義務之金額**無法充分可靠地衡量**。

國際財務報導準則規定企業**不得認列或有負債**；企業應揭露或有負債，除非具經濟效益資源流出之可能性甚低。此表示，原則上企業應揭露或有負債，**但若該或有負債使具經濟效益資源流出之可能性甚低時，則不揭露**。

● **或有資產**之定義及會計處理

或有資產係指因**過去事項**所產生之**可能資產**，其**存在與否**僅能由一個或多個**未能完全由企業所控制之不確定未來事項之發生或不發生加以證實**。或有資產即為過去所稱之或有利得項目。

企業不得認列或有資產；當經濟效益之流入很有可能時，則應依規定揭露或有資產。

【108年普考試題】

1. 甲公司在 X1 年初設置 A 機器，預估耐用年限為 2 年。依據法令規範，甲公司於 A 機器拆除後需進行環境清理回復工作。甲公司預估屆時需支付 $50,000 進行環境清理回復。若 X1 年適當之折現率為 10%，甲公司在 X1 年底財務報表表達之除役負債準備為多少？

(1)$41,322　　　(2)$45,455　　　(3)$50,000　　　(4)$55,000

答案：(2)

✎補充說明：

計算除役負債準備之現值＝$50,000 × $(1+10\%)^{-1}$＝**$45,455**

【108年初等特考試題】

1. 甲公司於X1年以每台$25,000出售1,000台筆記型電腦，附有一年的產品保固，依據過去經驗，大約有90%的筆記型電腦不會發生任何損壞，8%會發生每台修理費用$800之小瑕疵，2%會發生每台修理費用$3,000之大瑕疵。若甲公司X1年度實際發生維修支出$48,000，請問X1年底「產品保證負債準備」之餘額為多少？

(1)$76,000　　　(2)$124,000　　　(3)$126,000　　　(4)$174,000

答案：(1)

✎補充說明：

X1年底「產品保證負債準備」之餘額
＝1,000台×8%×$800＋1,000台×2%×$3,000－$48,000＝**$76,000**

2. 因過去交易事項所產生之現存義務，若很有可能造成經濟效益資源的流出且該義務金額能可靠估計，則：
(1)應估計入帳並考量是否於附註中作適當揭露
(2)應估計入帳但不須於附註中揭露
(3)不應估計入帳但應於附註中作適當揭露
(4)不應估計入帳且不須於附註中揭露

答案：(1)

> **補充說明：**
> 題目所述即為負債準備之定義，**負債準備須認列入帳。**

【107年四等地方特考試題】

1. 成立於X1年初之甲公司於X1年度銷售冷氣機之收入為$1,000,000，銷售時承諾保證型保固2年，估計X1年度及X2年度冷氣機送回維修之成本占銷貨收入金額之百分比分別為2.5%與3.5%。若X1年度實際發生之維修成本為$14,000，則甲公司X1年底產品保證負債準備之餘額為：
(1)$14,000　　(2)$25,000　　(3)$46,000　　(4)$60,000

答案：(3)

> **補充說明：**
> $1,000,000 \times (2.5\% + 3.5\%) - \$14,000 = \mathbf{\$46,000}$

2. 甲公司被指控有侵權行為，並被提請訴訟要求賠償損失。該公司估計被法院判決敗訴之可能性為40%，敗訴之應賠償金額可以合理估計，請問有關會計處理應如何進行？
(1)分類為確定負債，認列負債並揭露
(2)分類為負債準備，認列負債並揭露
(3)分類為或有負債，揭露但不認列負債
(4)毋須認列負債也不必揭露

答案：(3)

> **補充說明：**
> 原則上企業應揭露或有負債，**但若該或有負債使具經濟效益資源流出之可能性甚低時，則不揭露。**

第5頁（第九章 流動負債、負債準備、或有負債及資產）

3.甲公司有一張應付票據於X4年1月20日到期，面額$1,000,000。甲公司X4年1月15日用閒置資金$200,000支付部分票款，並於X4年1月18日與銀行達成再融資協議，銀行退回日前支付之$200,000現金，票據全數延至X5年1月18日到期。試問甲公司於X4年3月15日公告之X3年度財務報告中對前述應付票據應將：

(1)$1,000,000全數列為流動負債
(2)$1,000,000全數列為非流動負債
(3)$800,000列為非流動負債，$200,000列為流動負債
(4)$800,000列為流動負債，$200,000列為非流動負債

答案：(1)

☞補充說明：
　　甲公司**未於X3年12月31日前延長票據的到期日並超過報導期間結束後至少一年以上**，故應付票據於X3年度財務報告中應全數列為流動負債。

【107年五等地方特考試題】

1.甲公司X2年所銷售的產品出現重大瑕疵，很有可能被要求回收修護，估計回收修護成本介於$1,000,000至$3,000,000之間，最佳估計值為$2,000,000，試問在X2年度財務報表上應認列之損失金額為多少？
(1)$0　　　(2)$1,000,000　　　(3)$2,000,000　　　(4)$3,000,000

答案：(3)

2.甲公司與乙公司進行專利權侵權訴訟，X5年底甲公司律師評估後，甲公司可能勝訴，並獲賠$1,650,000，針對此案件X5年度應有之會計處理？
(1)認列負債準備　　　　　　(2)認列應收賠償款
(3)不得認列但須揭露　　　　(4)不得認列且不須揭露

答案：(4)

☞補充說明：
　　此題或有資產**並非很有可能流入經濟效益**，故不得認列且不須揭露。

【106年普考試題】

1.下列何者非為流動負債的必要條件之一？
(1)企業因營業而發生之債務，預期將於企業之正常營業週期中清償者
(2)主要為交易目的而發生者
(3)需於報導期間結束日後12個月內清償之負債
(4)需以金融資產償付之債務

答案：(4)

【106年五等地方特考試題】

1.負債準備需符合下列那些條件？　①企業因過去事項而負有現時義務
②很有可能需要流出具經濟效益之資源以清償該義務
③該義務之金額能可靠估計　　　④該義務之金額需確實發生
(1)僅①②　　　(2)僅①③　　　(3)僅①②③　　　(4)僅①②④

答案：(3)

【105年普考試題】

1.甲公司和跨國企業進行專利權之訴訟官司，很有可能敗訴而賠償的金額在$20,000,000到$150,000,000之間，最可能發生之金額為$90,000,000。試問甲公司應提列多少負債準備？
(1)$20,000,000　　(2)$90,000,000　　(3)$150,000,000　　(4)僅需附註說明

答案：(2)

【105年初等特考試題】

1.甲公司X3年中發現乙公司侵犯該公司專利權，因此對乙公司提起訴訟，該公司法律顧問認為很有可能獲賠$2,500,000，試問甲公司X3年財務報表上對該事件應如何處理？
(1)認列$2,500,000的利益　　　　　(2)附註揭露
(3)認列$2,500,000的利益並予以附註揭露　　　(4)不認列也不揭露

答案：(2)

✎補充說明：

　　甲公司對乙公司提起訴訟，該公司法律顧問認為很有可能獲賠$2,500,000係屬或有資產；**因為其發生的可能性為「很有可能」，故附註揭露該或有資產即可。**

2.甲公司預計於X2年3月1日發布會計期間結束日在X1年12月31日之年度財務報表，然而，有一筆七年期負債將於X2年6月1日到期，下列何種情形甲公司應將該負債分類為非流動：
(1)於X1年12月31日將負債展期8個月
(2)於X1年12月31日前公司未違反任何債務合約
(3)於X2年1月31日將負債展期12個月
(4)於X1年11月30日違反債務合約，該負債變成立即償還，但債權人於X2年1月31日同意展期1年

答案：(1)

✎補充說明：

　　分析各選項如下：

　　1.選項(1)：因為甲公司**於** X1 年 12 月 31 日之前(含)為**長期性再融資**，故應將該負債分類為**非流動負債**。

　　2.選項(2)：未做任何處理，故應將該負債分類為**流動負債**。

　　3.選項(3)：因為甲公司**未於** X1 年 12 月 31 日之前(含)為**長期性再融資**，故應將該負債分類為**流動負債**。

　　4.選項(4)：因為甲公司**未於** X1 年 12 月 31 日之前(含)取得債權人同意展期 1 年，故應將該負債分類為**流動負債**。

【104年普考試題】

1. 成立於X12年初之甲公司於X12年度銷售冷氣機之收入為$1,000,000，銷售時承諾保固2年，估計X12年度及X13年度冷氣機送回維修之成本占銷貨金額之百分比分別為2%及3%。若X12年度實際發生之維修成本為$13,000，則甲公司X12年底產品保證負債準備之餘額為：
(1)$13,000　　(2)$20,000　　(3)$37,000　　(4)$50,000

答案：(3)

> **補充說明：**
> $1,000,000 \times (2\% + 3\%) - \$13,000 = \$37,000$

【104年初等特考試題】

1. 甲公司在20x1年初即對於乙公司疑似販售仿冒產品提出訴訟。截至20x1年底，法院尚未作出判決，但根據甲公司之法律顧問判斷，甲公司應有60%的勝訴機會，且約可獲得500萬之賠償金。試問甲公司於20x1年之財報中，應如何處理？
(1)不做任何處理與揭露
(2)認列資產
(3)認列利益
(4)在財報中對該事件進行揭露

答案：(4)

> **補充說明：**
> 企業**不得認列或有資產**，因甲公司有60%的勝訴機會，表示經濟效益很有可能流入，故以揭露方式表達。

【104年五等地方特考試題】

1. X1年甲公司因某電影放映權與乙公司發生訴訟,甲公司專業律師團評估公司很有可能因侵權而敗訴,且估計賠償金額與機率如下:

情況	發生機率	損失金額
1	10%	$1,000,000
2	60%	500,000
3	20%	200,000
4	10%	100,000

甲公司X1年應認列之訴訟損失準備金額為何?
(1)$100,000　　(2)$450,000　　(3)$500,000　　(4)只須附註揭露

答案:(3)

📖補充說明:

情況2為**最可能發生之情況**,且**其發生機率大於或等於其他情況發生機率之合計比率**,故答案為情況2估計之金額。

【103年普考試題】

1. 乙公司為一家精密機器設備製造商,乙公司於X6年12月銷售一套機器設備,並附提供該設備更換重要零件之保固,乙公司估計每更換1個零件之成本為$20,000。依據過去經驗,發生1個零件故障的機率為30%,發生2個零件故障的機率為50%,發生3個零件故障的機率為20%。請問乙公司期末應認列負債準備金為何?
(1)$20,000　　(2)$38,000　　(3)$40,000　　(4)$60,000

答案:(3)

📖補充說明:

發生2個零件故障為**最可能發生之情況**,且**其發生機率大於或等於其他情況發生機率之合計比率**,故答案為發生2個零件故障估計之金額。

【103年初等特考試題】

1. 甲公司與乙公司簽訂不可取消之辦公室營業租賃合約，每年租金$5,000。X5年12月31日甲公司不再需要該辦公室而將閒置，但合約期限還有一年，甲公司可以轉租給別人，但僅可收到租金$3,800；或者可支付解約金$1,500以終止租約。試問甲公司應如何認列此交易？
(1)屬於未來待履行合約故不須入帳
(2)認列負債準備$1,200
(3)認列負債準備$1,500
(4)認列負債準備$5,000

答案：(2)

> 補充說明：
>
> 1. 本題為**虧損性合約負債準備**。
>
> 2. 若甲公司**轉租給別人**，發生損失$1,200(＝$5,000－$3,800)。
>
> 3. 若甲公司**解約以終止租約**，發生損失$1,500。
>
> 4. 綜合以上分析，**甲公司應會選擇**損失最小**的方案**，故應認列負債準備$1,200。

【103年四等地方特考試題】

1. 下列有關或有負債與資產的敘述何者錯誤？
(1)企業不得將未來營運所需發生的成本認列為負債準備
(2)因過去事項產生之可能義務，且經濟效益資源流出之可能性並非甚低，企業應揭露或有負債
(3)若現時義務很有可能存在，且經濟效益資源很有可能流出並能可靠衡量，企業應認列為或有負債
(4)雖然符合或有資產定義，但仍不得認列或有資產

答案：(3)

【101 年普考試題】

1. 成立於 X1/1/1 之甲公司 X1 年底相關資料如下：①有 300 個產品保固合約流通在外，每個合約成本為$1,000，估計有 70%會請求保固，30%不會請求保固。②有一尚未宣判之訴訟案，該公司律師認為勝訴機率為 80%而無須賠償，敗訴機率為 20%須賠償$600,000。③根據 X1/10/31 公布之法令，該公司若欲繼續營運，需於 X2/10/31 前安裝一成本估計約$100,000 之環保設備，該公司 X1 年底尚未安裝。就上述資料，甲公司 X1 年底資產負債表中應列示之相關負債準備金額總計為：

(1)$210,000　　(2)$310,000　　(3)$400,000　　(4)$430,000

答案：(1)

補充說明：

1. 甲公司 X1 年底資產負債表(國際財務報導準則稱為「財務狀況表」)中應列示之相關負債準備金額
   ＝$1,000×300 個產品保固合約×70%＝$210,000

2. 第②項所述尚未宣判之訴訟案，**其並未說明其發生賠償的可能性為「很有可能」**，並不符合負債準備之認列條件。

3. 第③項所述安裝環保設備之法令規定，**其並非因過去事項而負有現時義務**，故不符合負債準備認列條件。

【101 年初等特考試題】

1. X1 年 9 月 1 日向銀行借款，年息 3.5%，半年付息 1 次；該年底調整應付未付之利息為$42,000，問該借款本金為多少(1 年以 12 月計)？

(1)$3,500,000　　(2)$3,600,000　　(3)$3,900,000　　(4)$4,000,000

答案：(2)

補充說明：

借款本金？ × 3.5% × 4/12＝$42,000

借款本金？＝**$3,600,000**

【100年初等特考試題】

1. X9年1月1日甲公司出租一棟大樓給乙公司，租期為10年，每年之租金為$150,000，期初付款。乙公司在租期開始時先支付2年之租金與保證金$300,000。租期屆滿時此保證金並不退還給乙公司，但可抵最後2年之租金。試問甲公司於X9年12月31日之財務狀況表上應如何表達乙公司支付之$600,000？

(1)流動負債：$0；非流動負債：$600,000

(2)流動負債：$150,000；非流動負債：$300,000

(3)流動負債：$300,000；非流動負債：$300,000

(4)流動負債：$300,000；非流動負債：$150,000

答案：(2)

補充說明：

甲公司於X9年1月1日共收取現金$600,000(＝2年租金$300,000＋保證金$300,000)，各項金額於X9年12月31日之財務報表表達為：

項目	說明
2年之租金$300,000	1.其中$150,000為X9年的租金，應於X9年認列為**租金收入**。 2.其中$150,000為X10年的租金，應於X9年12月31日認列為**預收租金**，應分類為**流動負債**。
保證金$300,000	其為第9年及第10年的租金，應於X9年12月31日認列為**預收租金**，應分類為**非流動負債**。
彙總結果	1.損益表➔租金收入$150,000 2.財務狀況表➔**預收租金(流動負債部分)**$150,000、**預收租金(非流動負債部分)**$300,000。

2.丙公司於 X8 年度及 X9 年度分別出售電視機 1,000 台及 2,000 台,每台售價為$30,000,均附有一年的售後保固。依據該公司經驗,很有可能會有 5%的電視機在 1 年內會發生損壞。X8 年度及 X9 年度每台電視機的平均修理費均為$1,500,X8 年中並未進行任何售後服務,X9 年度實際發生的售後維修費用為$70,000,則 X9 年底估計產品保固負債準備之餘額為:

(1)$145,000　　　(2)$155,000　　　(3)$225,000　　　(4)$295,000

答案:(2)

☞補充說明:

$1,500×(1,000 台＋2,000 台)×5%－$70,000＝**$155,000**

【99 年初等特考試題】

1.甲公司於 X1 年度及 X2 年度分別銷售 100 及 120 部汽車,保固期間為兩年,依據以往經驗,每部汽車的保固維修支出平均為$6,000。X1 年底及 X2 年底保固負債準備分別為$400,000 及$500,000,則 X2 年度的產品保固維修支出為:

(1)$220,000　　　(2)$420,000　　　(3)$500,000　　　(4)$620,000

答案:(4)

☞補充說明:

以 T 字帳分析保固負債準備會計科目金額之變動,即可求得答案,分析如下:

保固負債準備

X2 年度產品保固維修支出?	X1 年底餘額　　　$400,000
	X2 年度認列金額 $6,000×120 部＝$720,000
	X2 年底餘額　　　$500,000

$400,000＋$720,000－X2 年度產品保固維修支出?＝$500,000

X2 年度產品保固維修支出＝**$620,000**

【99年四等地方特考試題】

1. 甲公司每部電腦銷售價格為$20,800，每部電腦有 2 年保固，以供消費者替換不良零件。其估計所有銷售之電腦中的 6% 將被退回要求維修，平均每台維修費用為$180。在 11 月時，該公司銷售 8,000 部電腦，當月份有顧客在保固服務期間送來維修，總維修成本為$55,000。其於 11 月 1 日時所估計之保固負債準備為$2,900，則該公司於 11 月 30 日的估計保固負債餘額為：
(1)$86,400　　(2)$34,300　　(3)$55,000　　(4)$89,300

答案：(2)

補充說明：

$\underbrace{\$2,900}_{\text{期初負債準備餘額}} + \underbrace{\$180 \times 8,000 \text{部} \times 6\%}_{\text{11月新增負債準備}} - \underbrace{\$55,000}_{\substack{\text{11月已解除} \\ \text{的負債準備義務}}} = \underbrace{\$34,300}_{\text{期末負債準備餘額}}$

【99年五等地方特考試題】

1. 甲公司係於每月 5 日支付上月薪資，X3 年 12 月份之薪資總額為$1,080,000，並代扣所得稅$80,000，試問該交易屬流動負債之數額為多少？
(1)$0　　(2)$80,000　　(3)$1,000,000　　(4)$1,080,000

答案：(4)

補充說明：

X3 年 12 月 31 日認列薪資費用時之分錄為：

X3/12/31	薪資費用	1,080,000	
	應付薪資		1,000,000
	代扣所得稅		80,000

由上列分錄可知，**流動負債之金額為$1,080,000**（＝應付薪資$1,000,000＋代扣所得稅$80,000）。

2.丙公司 X2 年銷售 120 部影印機,每部單價為$80,000,保固免費維修期間 2 年,依據過去經驗,每部之保固維修支出平均為$3,000。X2 年實際發生之免費維修支出為$82,000,試問 X2 年底估計保固負債準備為多少?
(1)$82,000　　　(2)$180,000　　　(3)$278,000　　　(4)$360,000

答案:(3)

> 補充說明:
>
> $3,000×120 部 − $82,000 = **$278,000**

3.甲公司開立一張面額$30,000、市場與票面利率均為 8%、60 天期應付票據支付供應商之欠款,則其分錄為:
(1)借:應付帳款$30,400,貸:應付票據$30,400
(2)借:應付帳款$29,600,貸:應付票據$29,600
(3)借:應付帳款$30,000,貸:應付票據$30,000
(4)借:現金$30,000,貸:應付票據$30,000

答案:(3)

> 補充說明:
>
> 因為市場利率與票面利率相同,故票據的入帳金額即為票據的面額(票面金額)$30,000。

【98 年普考試題】

1.將銷售商品的售後保固費用在商品銷售年度估計並入帳是符合下列那個原則:
(1)客觀原則　　(2)成本原則　　(3)保守原則　　(4)配合原則

答案:(4)

> 補充說明:
>
> 售後保固費用是與銷貨收入配合,以允當地表達該期間之損益金額。

【98年五等地方特考試題】

1. 「本公司產品之註冊商標遭某公司仿冒，經向法院提起訴訟，請求賠償金損失$10,000,000，雖然目前一審仍在審理中，但據本公司法律顧問表示勝訴可能性較大」。上述財務報表中之附註揭露，最有可能描述：
(1)很有可能發生之報導期間後事項
(2)有可能發生之報導期間後事項
(3)有可能發生之或有負債
(4)有可能發生之或有資產

答案：(4)

> ✎補充說明：
> 企業不得認列或有資產；當經濟效益之流入很有可能時，則應依規定揭露或有資產。

【97年五等地方特考試題】

1. 甲公司專利權遭某公司仿冒，經向法院提起訴訟，請求賠償金損失$5,000,000，經一審及二審均判決甲公司勝訴，雖然對方再向最高法院提起上訴，目前正在審理中，甲公司法律顧問表示勝訴機會甚大。對此事件甲公司應：
(1)估計入帳
(2)附註揭露
(3)估計入帳且附註揭露
(4)估計入帳但不必附註揭露

答案：(2)

> ✎補充說明：
> 訴訟很有可能獲得的賠償金額屬**或有資產**，**僅能附註揭露，不可以認列入帳**。

【96年初等特考試題】

1. 大安公司於 X1 年初推出一項新的產品售後保固服務計畫，提供產品售出後 2 年內免費回廠修護服務，預計產品賣出後第 1 年及次年回廠修護的成本約分別占銷貨淨額的 3%與 5%，其他資料如下：

年	銷貨淨額	實際保固修護支出
X1	$20,000	$ 300
X2	30,000	1,100

X2 年損益表中之產品保固費用應為：
(1)$1,100　　(2)$2,400　　(3)$2,600　　(4)$3,700

答案：(2)

> 補充說明：
> $30,000×(3%＋5%)＝**$2,400**

2.【依 IAS 或 IFRS 改編】或有負債在下列何種情況下應予入帳：
(1)極有可能發生且金額可合理估計時
(2)極有可能發生時
(3)有可能發生且金額可合理估計時
(4)依情況於附註揭露或不予表達

答案：(4)

> 補充說明：
> 國際財務報導準則規定**企業應揭露或有負債，除非具經濟效益資源流出之可能性甚低。**

【96年四等地方特考試題】

1. 甲公司 5 月份之薪資費用總額為$200,000，該公司需代為扣繳相當於員工薪資 5%的個人所得稅，同時該公司員工需強制參加勞工保險，5 月份保險費共$60,000，80%由雇主負擔，20%由員工自行負擔。則應付薪資為多少？
(1)$178,000　　(2)$150,000　　(3)$140,000　　(4)$130,000

答案：(1)

☙補充說明：

認列薪資費用時之分錄為：

xx/05/31	薪資費用	200,000
	應付薪資	**178,000**③
	代扣所得稅	10,000①
	代扣勞保費	12,000②

①＝$200,000×5%。

②＝$60,000×20%(僅員工負擔部分)。

③＝$200,000－①－②。

由雇主負擔之勞保費應列為企業之費用，不會影響應付薪資。

【96年五等地方特考試題】

1.下列何者係屬於流動負債？①代扣員工所得稅　②待分配股票股利　③長期抵押借款　④將以流動資產清償之一年內到期長期借款

(1) ①②　　　　(2) ①③　　　　(3) ①④　　　　(4) ②④

答案：(3)

☙補充說明：

①及④應列為**流動負債**，②應列為**權益項目**，③應列為**非流動負債**。

【95年普考試題】

1.【依IAS或IFRS改編】請簡述或有負債(contingent liabilities)之定義及會計處理。

解題：

1.或有負債之定義：

(1)因過去事項所產生之可能義務，其存在與否僅能由一個或多個未能完全由企業所控制之不確定未來事項之發生或不發生加以證實。

(2)因過去事項所產生之現時義務，但因下列原因之一而未予以認列：

①並非很有可能需要流出具經濟效益之資源以清償該義務。

②該義務之金額無法充分可靠地衡量。

2.或有負債之會計處理：

國際財務報導準則規定**企業不得認列或有負債；企業應揭露或有負債，除非具經濟效益資源流出之可能性甚低。**

2.【依 IAS 或 IFRS 改編】負債準備的特徵為：
(1)指不確定時點或金額之負債
(2)金額尚未確定，且尚未發生
(3)金額已確定，但尚未發生
(4)金額已確定，且實際已發生

答案：(1)

【95 年初等特考試題】

1.【依 IAS 或 IFRS 改編】以下有關或有負債的敘述那一項正確？
(1)因過去事項所產生之可能義務，其存在與否僅能由一個或多個未能完全由企業所控制之不確定未來事項之發生或不發生加以證實
(2)可準確衡量的債務
(3)包括產品售後服務保固支出
(4)須認列為負債

答案：(1)

補充說明：

1.選項(1)：敘述是正確的，其為國際財務報導準則之定義。

2.選項(2)：敘述是錯誤的，**或有負債並非可以準確衡量的債務。**

3.選項(3)：敘述是錯誤的，**產品售後服務保固支出為負債準備**而非或有負債。

4.選項(4)：敘述是錯誤的，**或有負債不可認列為負債。**

【95年五等地方特考試題】

1. 甲公司向乙銀行貸款，並開出面值$100,000，一年後到期，未附息之票據一張，貸得現金$90,000，試問該票據之有效利率為：

(1) 10.87%　　　(2) 10%　　　(3) 9.09%　　　(4) 11.11%

答案：(4)

補充說明：

1. 可由貸款取得現金數$90,000與票據面值之關係推算利息之金額，計算如下：

　　貸款取得現金數$90,000＋利息？＝票據面值$100,000

　　利息＝$10,000

2. 因為**利息$10,000為一年的利算費用**，則票據之有效利率為：

　　貸款取得現金數$90,000×有效利率？% ×12/12＝利息$10,000

　　有效利率＝11.11%

第十章　非流動負債

重點內容：

●本章主題

　1.公司債發行金額之計算及會計處理。

　2.公司債之折、溢價攤銷。

　3.公司債提前贖回(買回)之損益計算及會計處理。

　4.非於可發行日或付息日發行公司債時之會計處理。

●公司債發行價格與票面金額之關係

情況	票面利率與市場利率之比較	發行價格與票面金額之比較	發行情形
1	票面利率 **大** 市場利率 **小**	發行價格會 **大於** 票面金額	**溢價**發行
2	票面利率與市場利率 **相等**	發行價格會 **等於** 票面金額	**平價**發行
3	票面利率 **小** 市場利率 **大**	發行價格會 **小於** 票面金額	**折價**發行

●公司債非於可發行日或付息日發行，於實際發行公司債時須 **先收取** 可發行日或上一次付息日至實際發行日之利息，於下一次付息日時 **再給付** 每一付息期間之利息，**此作法目的在於簡化實際發行日後第 1 次付息日計算付息金額之工作。**

●若發行公司債係以溢價或折價方式發行，國際財務報導準則**規定須採有效利息法攤銷折、溢價**，並未說明可以採用直線法攤銷折、溢價。若歷屆考題係規定採直線法攤銷折、溢價時，本書仍依直線法攤銷折、溢價解題，以備國家考試出此類題型才會解題。

● 應付公司債之折、溢價採有效利息法攤銷時,其攤銷表之格式及各欄位之關係如下:

1. 溢價發行時:

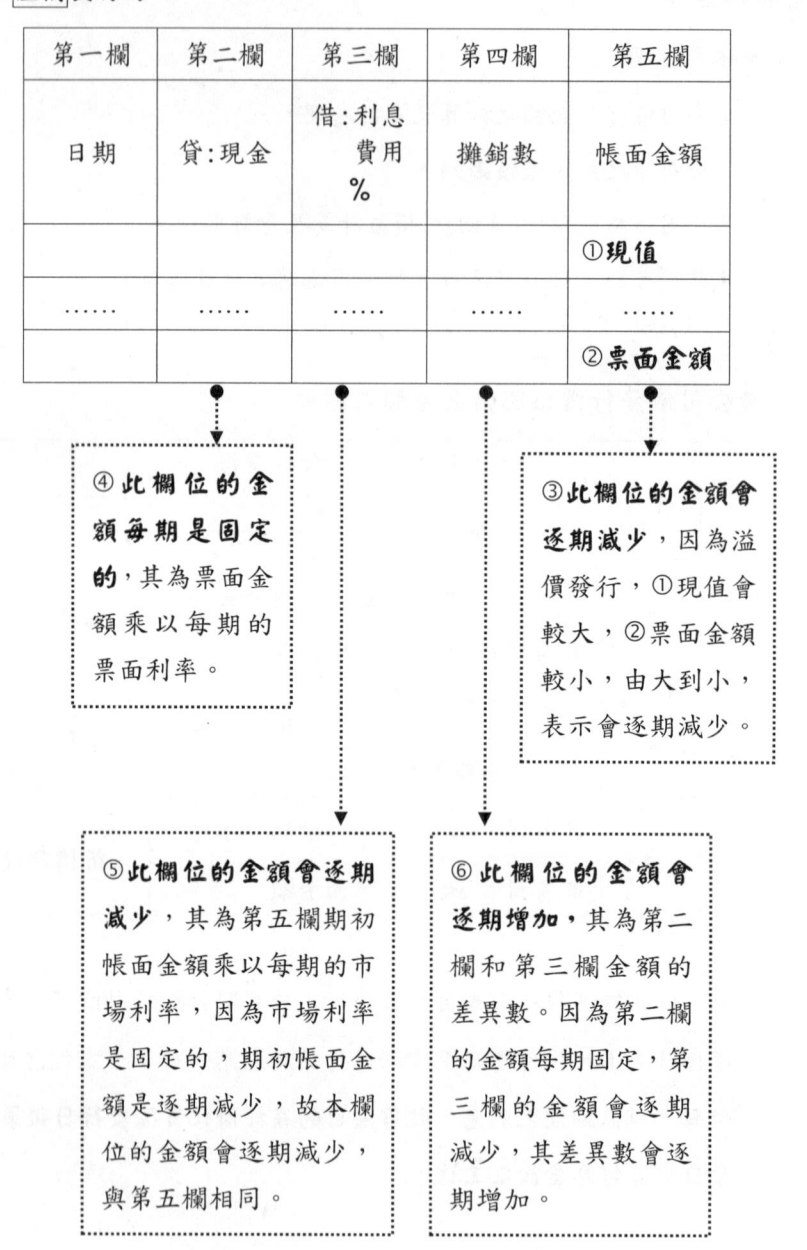

第一欄	第二欄	第三欄	第四欄	第五欄
日期	貸:現金	借:利息費用%	攤銷數	帳面金額
				①現值
……	……	……	……	……
				②票面金額

④此欄位的金額每期是固定的,其為票面金額乘以每期的票面利率。

③此欄位的金額會逐期減少,因為溢價發行,①現值會較大,②票面金額較小,由大到小,表示會逐期減少。

⑤此欄位的金額會逐期減少,其為第五欄期初帳面金額乘以每期的市場利率,因為市場利率是固定的,期初帳面金額是逐期減少,故本欄位的金額會逐期減少,與第五欄相同。

⑥此欄位的金額會逐期增加,其為第二欄和第三欄金額的差異數。因為第二欄的金額每期固定,第三欄的金額會逐期減少,其差異數會逐期增加。

註:①、②、③、④、⑤及⑥為分析的次序。①現值即為發行價格。

2. 折價發行時：

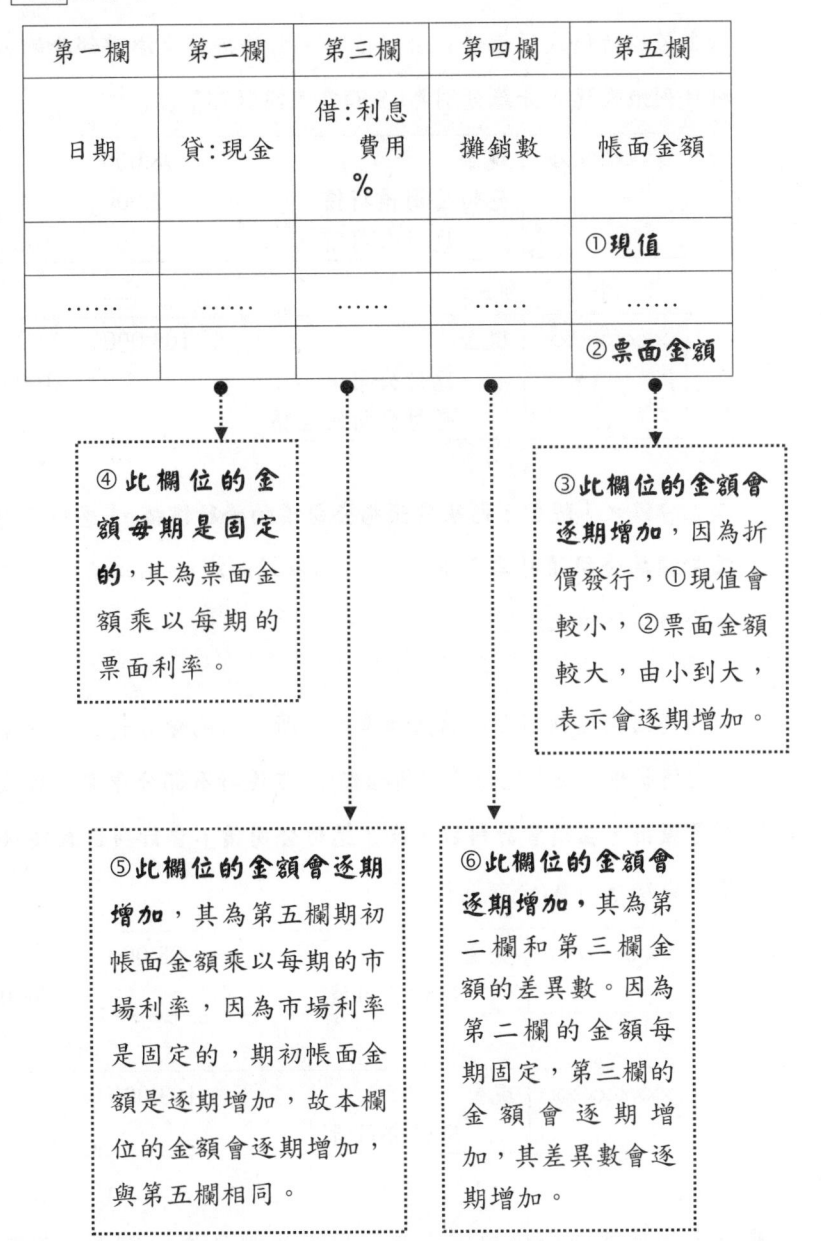

第一欄	第二欄	第三欄	第四欄	第五欄
日期	貸:現金	借:利息費用 %	攤銷數	帳面金額
				①現值
......	......	......	......	......
				②票面金額

③ 此欄位的金額會逐期增加，因為折價發行，①現值會較小，②票面金額較大，由小到大，表示會逐期增加。

④ 此欄位的金額每期是固定的，其為票面金額乘以每期的票面利率。

⑤ 此欄位的金額會逐期增加，其為第五欄期初帳面金額乘以每期的市場利率，因為市場利率是固定的，期初帳面金額是逐期增加，故本欄位的金額會逐期增加，與第五欄相同。

⑥ 此欄位的金額會逐期增加，其為第二欄和第三欄金額的差異數。因為第二欄的金額每期固定，第三欄的金額會逐期增加，其差異數會逐期增加。

註：①、②、③、④、⑤及⑥為分析的次序。①現值即為發行價格。

● 發行公司債之交易成本

企業發行公司債時，若發生印製費用及申請規費等直接可歸屬於發行公司債之交易成本，**依國際財務報導準則之規定，直接可歸屬於發行該公司債的交易成本，應作為公司債發行價格的減項。**

● 發行公司債之折、溢價會計科目之說明

過去若以折價或溢價發行公司債時,對於折價及溢價部分均另設會計科目列帳表達,分錄分別為(金額為假設數):

xxxx/xx/xx	現金	98,000	
	應付公司債折價	2,000	
	應付公司債		100,000

xxxx/xx/xx	現金	103,000	
	應付公司債		100,000
	應付公司債溢價		3,000

以上分錄之「**現金**」列帳金額為公司債的**發行價格**、「**應付公司債**」列帳金額為公司債的**票面金額**(又稱面值或面額)、前二者之差額則為應付公司債折價或溢價。

我國為因應接軌國際財務報導準則,所設訂的會計科目亦設有「應付公司債折價」及「應付公司債溢價」。**但現行有部分原文會計教科書已不另設折、溢價會計科目,而「應付公司債」會計科目直接以現值入帳**。分錄分別為(金額為假設數):

xxxx/xx/xx	現金	98,000	
	應付公司債		98,000

xxxx/xx/xx	現金	103,000	
	應付公司債		103,000

● 企業會計準則公報規定:應採用有效利息法攤銷者,**若按直線法攤銷結果差異不大時,亦得採用之**。

【108年普考試題】

1. 當市場利率高於公司債的票面利率而發行公司債時，下列敘述何者正確？
(1)公司債折價為補償發行公司於付息日超付的利息
(2)發行期間各期之利息費用將逐期遞減
(3)公司發行該批公司債所支付的利息現金總額為各期付息日利息費用之總和
(4)發行期間各期之公司債帳面金額將逐期增加

答案：(4)

補充說明：

當市場利率高於公司債的票面利率而發行公司債時，表示是折價發行公司債。各選項分析如下：

1. 選項(1)：敘述是錯誤的，正確為→公司債折價為補償發行公司於付息日 少付 的利息。

2. 選項(2)：敘述是錯誤的，正確為→發行期間各期之利息費用將逐期 遞增 。

3. 選項(3)：敘述是錯誤的，正確為→公司發行該批公司債所支付的利息現金總額為各期付息日利息費用 扣除折價總金額後之金額 。

4. 選項(4)：敘述是正確的。

2. 丁公司發行一公司債，三年到期，到期日為 X4 年 9 月 1 日，本金$1,000萬，票面利率12%，每半年付息。原先預定發行日期為 X1 年 9 月 1 日，因故拖延到 X1 年 11 月 1 日發行，到期日仍為 X4 年 9 月 1 日。假設此公司債為平價發行，下列敘述何者正確？
(1)丁公司發行時認列預付利息$20萬
(2)丁公司發行時取得現金$980萬
(3)丁公司 X1 年 12 月 31 日認列利息費用$40萬
(4)丁公司 X1 年 12 月 31 日該債券應付利息餘額為$40萬

答案：(4)

✎補充說明：

以下金額「萬元」為單位。

1.X4年11月1日發行公司債之分錄為：

X4/11/01	現金	1,020③	
	應付公司債		1,000①
	應付利息 或 利息費用		**20②**

① = 公司債票面金額。

② = $1,000×6%×2/6。

③ = ① + ②。

2.X4年12月31日調整分錄為：

(1)若前列第1項分錄為貸記「應付利息」，則調整分錄為：

X4/12/31	利息費用	20	
	應付利息		**20①**

① = $1,000×6%×2/6。

(2)若前列第1項分錄為貸記「利息費用」，則調整分錄為：

X4/12/31	利息費用	40	
	應付利息		**40①**

① = $1,000×6%×4/6。

3.結論：選項(4)答案是正確的，為上列二項分錄「應付利息」的合計金額。

【108年初等特考試題】

1.乙公司X3年10月31日購買一部機器，簽發一張6個月期不附息票據，當時之有效利率為12%。乙公司X3年12月31日資產負債表上應付票據折價餘額為$12,600。試問這張不附息票據面額中所隱含的利息總額為多少？

(1)$18,900　　　(2)$25,200　　　(3)$26,250　　　(4)$37,800

答案：(1)

✎補充說明如下：

設：票據之現值為$×

1. × + ×・12%・6/12＝票面金額

    1.06×＝票面金額

2. X4/01/01～X4/04/30之利息費用＝0.04×＝$12,600

    ×＝$315,000

3. 不附息票據面額中所隱含的利息總額
    ＝$315,000・12%・6/12＝**$18,900**

2.乙公司X3年1月1日向銀行借得現金$421,236，並開立一張面額$421,236，票面利率6%的長期應付票據予銀行。當時有效利率也是6%，乙公司承諾自X3年年底起每年償付固定金額$100,000，分5年還清借款。若乙公司採曆年制，則X3年12月31日的財務報表中應認列的長期負債為多少？
(1)$267,301　　　(2)$290,522　　　(3)$321,236　　　(4)$346,510

答案：(1)

☞補充說明：

票據之攤銷表如下：

日期	貸:現金	借:利息費用 6%	攤銷數	帳面金額
X3/01/01				$421,236
X3/12/31	$100,000	$25,274	74,726	346,510
X4/12/31	100,000	20,791	**79,209**	**267,301**
……	……	……	……	……

X3年12月31日的財務報表中應認列的負債總金額為$346,510，分類流動負債之金額為$79,209，**非流動負債**(題目所述之長期負債)**$267,301**。

3.公司債到期清償，則帳上：
(1)將產生利益　　　　　　　　(2)將產生損失
(3)將不產生任何損益　　　　　(4)仍有溢折價必須攤銷

答案：(3)

✎補充說明：
　　公司債到期時，溢、折價已攤銷為$0，應付公司債的帳面金額已為票面金額，故**公司債到期清償時，即清償票面金額，不會產生任何損益**。

4.關於公司債溢價發行的敘述，下列何者錯誤？
(1)溢價發行會出現在公司債發行時的票面利率低於有效利率的情況
(2)債券發行公司於借款日所取得的現金會高於債券面額
(3)溢價其實是在發行債券時，補償發行公司於未來各付息日高於有效利率的利息
(4)債券溢價應於債券的流通期間加以攤銷

答案：(1)

5.攤銷應付公司債折、溢價時，下列敘述何者正確？
(1)折價攤銷會使期末應付公司債之帳面金額減少
(2)溢價攤銷會使期末應付公司債之帳面金額減少
(3)每年折價攤銷的金額是遞減的
(4)每年溢價攤銷的金額是遞減的

答案：(2)

✎補充說明：
　　1.選項(1)：正確應為折價攤銷會使期末應付公司債之帳面金額**增加**。
　　2.選項(2)：是正確的。
　　3.選項(3)：正確應為每年折價攤銷的金額是**遞增的**。
　　3.選項(4)：正確應為每年溢價攤銷的金額是**遞增的**。

【107年普考試題】

1. 甲公司在X1年發行三年期，面值$100,000，票面利率10%之公司債，發行價格為$108,700，並訂每年7月1日為付息日。試問下列敘述何者正確？

(1)到期日需支付$108,700

(2)三年利息總和為$21,300

(3)付息日所支付之金額小於每年之利息費用

(4)發行當時之市場利率大於10%

答案：(2)

> 補充說明：
>
> $100,000×10%×3 年－($108,700－$100,000)＝**$21,300**

【107年四等地方特考試題】

1. 甲公司於X3年1月1日發行三年期、票面利率10%、面額$400,000之公司債，於每年6月30日及12月31日各付息一次，公司債發行價格為$435,000，有效利率為8%。該公司採有效利率法攤銷溢折價。請問X3年度之利息費用為何？

(1)$34,696　　　(2)$34,800　　　(3)$40,000　　　(4)$43,500

答案：(1)

> 補充說明：
>
> 編製攤銷表如下：
>
> | 日期 | 貸:現金 | 借:利息費用 4% | 攤銷數 | 帳面金額 |
> |---|---|---|---|---|
> | X3/01/01 | | | | $435,000 |
> | X3/06/30 | $20,000 | $17,400 | $2,600 | 432,400 |
> | X3/12/31 | 20,000 | 17,296 | 2,704 | 429,696 |
> | …… | …… | …… | …… | …… |
>
> X3年度之利息費用＝$17,400＋$17,296＝**$34,696**

【107 年五等地方特考試題】

1. 甲公司發行面額$700,000，20年期的債券，有效利率與票面利率均為9%，則債券持有人每半年可以獲得的利息總金額為：
(1)$63,000　　(2)$67,500　　(3)$31,500　　(4)$630,000

答案：(3)

　📝補充說明：
　　　$700,000×9%×6/12＝**$31,500**，因為是平價發行，無折、溢攤銷。

2. 下列有關應付公司債會計處理之敘述，何者正確？
(1)溢價發行時借記應付公司債溢價
(2)折價發行時貸記應付公司債折價
(3)將應付公司債折價，列報為應付公司債之加項
(4)將應付公司債溢價，列報為應付公司債之加項

答案：(4)

3. 若公司發行面額$5,000,000 之公司債，票面利率為5%，市場利率為6%，則此公司債將以何種價格發行？
(1)按面額發行　　(2)折價發行　　(3)平價發行　　(4)溢價發行

答案：(2)

4. 甲公司X1年3月1日平價發行面額$100,000，12%，每年底付息之五年期應付公司債。若不考慮手續費等交易成本，甲公司發行該公司債於X1年3月1日可得現金總金額為：
(1)$98,000　　(2)$100,000　　(3)$102,000　　(4)$110,000

答案：(3)

　📝補充說明：
　　　$100,000＋$100,000×12%×2/12＝**$102,000**

5.甲公司於X1年初發行2年期公司債，面額$3,000,000，票面利率為4%，有效利率為6%，每年6月30日以及12月31日付息，請問此公司債X1年6月30日應攤銷之折溢價為何？(若有小數請四捨五入求取整數)

期數	2% ($1年金現值)	3% ($1年金現值)	4% ($1年金現值)	6% ($1年金現值)
1	0.980392	0.970874	0.961538	0.943396
2	1.941561	1.913470	1.886095	1.833393
3	2.883883	2.828611	2.775091	2.673012
4	3.807729	3.717098	3.629895	3.465106

期數	2% ($1複利現值)	3% ($1複利現值)	4% ($1複利現值)	6% ($1複利現值)
1	0.980392	0.970874	0.961538	0.943396
2	0.961169	0.942596	0.924556	0.889996
3	0.942322	0.915142	0.888996	0.839619
4	0.923845	0.888487	0.854804	0.792094

(1)應攤銷折價$26,655　　　　(2)應攤銷折價$27,454

(3)應攤銷溢價$26,655　　　　(4)應攤銷溢價$27,454

答案：(1)

📖補充說明：

1.計算公司債發行價格如下：

$3,000,000 × (1+3%)$^{-4}$ = $2,665,461

$60,000 × P_{4,3\%}$ = $223,026

　　　　　　　　　　　　$2,888,487

2.編製攤銷表如下：

日期	貸:現金	借:利息費用 3%	攤銷數	帳面金額
X1/01/01				$2,888,487
X1/06/30	$60,000	$86,655	**−$26,655**	2,915,142
……	……	……	……	……

第11頁 (第十章 非流動負債)

【106年普考試題】

1. 甲公司本年度發行一票面利率5%，五年到期，每半年付息一次之公司債，發行時之市場利率為3%，下列有關上述交易之敘述何者正確？
(1)公司債會以溢價發行　　　　(2)公司債會以平價發行
(3)公司債會以折價發行　　　　(4)公司債不確定會以折價或溢價發行

答案：(1)

補充說明：

因為票面利率大於市場利率，故**公司債會以溢價發行**。

2. 乙公司X7年1月1日以105買回公司債，該公司債面額$300,000，每年7月1日及12月31日付息，買回時公司債之帳面金額為$311,235，則X7年1月1日買回公司債之分錄應包括：
(1)借：除列金融負債損失$3,765　　(2)借：應付公司債溢價$15,000
(3)借：應付公司債$315,000　　　　(4)借：應付公司債$11,235

答案：(1)

補充說明：

X7年1月1日買回公司債之分錄為：

X7/01/01	應付公司債	300,000	
	應付公司債溢價	11,235	
	買回公司債損失	**3,765**	
	現金		315,000

3. 甲公司本年1月1日經核定發行一面額$1,000,000，票面利率12%，五年到期之公司債，公司債每年12月31日付息一次。公司債實際發行日為本年5月1日，發行時之有效利率為10%，發行價格為107.1。本年度甲公司應認列多少公司債利息費用(最接近之整數)？
(1)$71,400　　(2)$80,000　　(3)$107,100　　(4)$120,000

答案：(1)

補充說明：

$1,000,000×107.1%×10%×8/12＝**$71,400**

【105年普考試題】

1. 甲公司於X0年底向銀行舉借五年期抵押借款$1,000,000，利率10%，本息償付方式為自X1年起至X6年止，每年之6月30日與12月31日償付$129,505共十次。關於該借款，該公司於X2年應認列之利息費用為(答案四捨五入至元)：

(1)$59,010　　　(2)$60,900　　　(3)$79,319　　　(4)$96,025

答案：(3)

　　補充說明：

　　1.票據之攤銷表如下：

日期	貸:現金	借:利息費用 5%	攤銷數	帳面金額
X0/12/31				$1,000,000
X1/06/30	$129,505	$50,000	$79,505	920,495
X1/12/31	129,505	46,025	83,480	837,015
X2/06/30	129,505	41,851	87,654	749,361
X2/12/31	129,505	37,468	92,037	657,324
……	……	……	……	……

　　2.X2年應認列之利息費用＝$41,851＋$37,468＝**$79,319**

2. 甲公司於X1年1月1日發行面額$600,000，票面利率為4%之10年期公司債，付息日為每年1月1日及7月1日，發行當時之有效利率為6%。公司債溢折價依有效利息法攤銷。

複利現值表

期間	2%	3%	4%	5%	6%
10	0.820	0.744	0.676	0.614	0.558
20	0.673	0.554	0.456	0.377	0.312

年金現值表

期間	2%	3%	4%	5%	6%
10	8.983	8.530	8.111	7.722	7.360
20	16.351	14.878	13.590	12.462	11.470

試作：(算至整數，小數點以下四捨五入)

(一) X1年1月1日發行所獲之價金為何？

(二) X2年7月1日應付公司債之帳面金額為何？

(三) X2年12月31日公司以$600,000加應付利息贖回全部公司債，則贖回利益或損失為何？

解題：

(一) X1年1月1日發行所獲之價金：

$600,000 × (1+3%)$^{-20}$　＝$600,000 × 0.554＝　$332,400

$12,000 × P$_{20,3\%}$　　　＝$12,000 × 14.878＝　$178,536

　　　　　　　　　　　　　　　　　　　　　　　　$510,936

(二) X2年7月1日應付公司債之帳面金額為**$521,223**，計算如下：

日期	貸:現金	借:利息費用 3%	攤銷數	帳面金額
X1/01/01				$510,936
X1/07/01	$12,000	$15,328	−$3,328	514,264
X2/01/01	12,000	15,428	−3,428	517,692
X2/07/01	12,000	15,531	−3,531	**521,223**
X3/01/01	12,000	15,637	−3,637	524,860
……	……	……	……	……

(三) X2年12月31日贖回公司債之分錄如下：利益或損失

X2/01/01	應付公司債	600,000	
	贖回公司債損失	**75,140**	
	應付公司債折價		75,140①
	現金		600,000

① ＝ $600,000 − $524,860。

由分錄可知贖回公司債損失為**$75,140**，因為按面額贖回，故損失金額即為未攤銷之公司債折價金額。

第14頁 (第十章 非流動負債)

【105年初等特考試題】

1. 企業溢價發行債券時，下列有關債券會計處理之敘述，何者錯誤？

(1)利息費用逐期減少

(2)應付公司債之帳面金額逐期減少

(3)溢價攤銷金額逐期減少

(4)利息支付金額各期固定

答案：(3)

> 補充說明：
>
> 選項(3)是錯誤的，溢價攤銷金額會逐期增加。

【105年四等地方特考試題】

1. 下列敘述何者錯誤？

(1)一般情況下，「負債準備」與「或有負債」之區別在於具經濟效益之資源流出之可能性是否高於50%

(2)在有效利息法之下，公司債各期溢價攤銷數等於當期實際支付利息金額減當期利息費用

(3)長期負債1年內到期的部分是指必須在1年內支付的本金部分，應將其歸類為長期負債

(4)應付公司債折價為應付公司債之減項

答案：(3)

> 補充說明：
>
> 1.選項(3)正確敘述應歸類為流動負債。
>
> 2.選項(1)，於國際財務報導準則**並未說明百分比**(50%)，「負債準備」與「或有負債」其中一項之區別在於具經濟效益之資源流出之可能性是否為「**很有可能**」。

2.甲公司於X1年1月1日以$105,000發行可轉換公司債,該公司債得以每股$40轉換為甲公司普通股。若不包含轉換權,則公司債之價格為$100,000。關於此交易之處理,下列何者正確？

(1)應認列$100,000之負債 (2)應認列$100,000之權益
(3)應認列$105,000之負債 (4)應認列$105,000之權益

答案：(1)

> 補充說明：
>
> 企業發行可轉換公司債總發行價格$105,000須區分為**負債組成部分$100,000及權益組成部分$5,000**($=$105,000-$100,000)。
>
> 此主題於中級會計學會有較深入之說明。

【104年普考試題】

1.若公司折價發行公司債並以有效利息法進行公司債折價攤銷,則下列敘述何者正確？

(1)每期之利息費用固定不變
(2)每期折價攤銷之金額遞減
(3)公司債票面利率高於有效利率
(4)公司債折價攤銷將使公司債帳面金額增加

答案：(4)

> 補充說明：
>
> 1. 選項(1)：敘述是錯誤的,以有效利息法進行公司債折價攤銷,**每期之利息費用會遞增**。
>
> 2. 選項(2)：敘述是錯誤的,以有效利息法進行公司債折價攤銷,**每期折價攤銷之金額會遞增**。
>
> 3. 選項(3)：敘述是錯誤的,**折價發行公司債表示票面利率低於有效利率**。
>
> 4. 選項(4)：敘述是正確的。

2.台北公司於X1年1月1日以$8,649,160的價格發行十年期，面額$8,000,000，票面利率5%，每年12月31日付息一次之公司債，發行當時市場利率為4%，台北公司對債券的溢價採有效利率法(利息法)攤銷。X4年1月1日台北公司以$8,200,000買回全部公司債。

試作：(答案若不能整除，請四捨五入至整數)

(一)計算X4年1月1日台北公司公司債帳面金額。

(二)作X4年1月1日台北公司公司債買回分錄。

解題：

(一) X4年1月1日台北公司公司債帳面金額：

1.編製攤銷表如下：

日期	貸:現金	借:利息費用 4%	攤銷數	帳面金額
X1/01/01				$8,649,160
X1/12/31	$400,000	$345,966	$54,034	8,595,126
X2/12/31	400,000	343,805	56,195	8,538,931
X3/12/31	400,000	341,557	58,443	**8,480,488**
……	……	……	……	……

2.X4年1月1日台北公司公司債帳面金額為**$8,480,488**

(二)X4年1月1日公司債買回分錄：

X4/01/01	應付公司債	8,000,000	
	應付公司債溢價	480,488	
	現金		8,200,000
	買回公司債利益		280,488

3.台南公司於X2年7月1日付現$1,000,000及簽發一紙三年期不附息票據$600,000購入一筆土地，票據於未來三年平均清償，並於未來各年度之6月30日償付，有效利率為10%，試問台南公司X3年12月31日應付票據帳列金額為多少？

(1)$347,107　　(2)$364,462　　(3)$418,731　　(4)$353,624

答案：(2)

補充說明：

1. 票據每年應清償之金額＝$200,000 × $P_{3,10\%}$ ＝$497,370

2. 票據之攤銷表如下：

日期	貸:現金	借:利息費用 10%	攤銷數	帳面金額
X2/07/01				$497,370
X3/06/30	$200,000	$49,737	$150,263	347,107
X4/06/30	200,000	34,711	165,289	181,818
……	……	……	……	……

3. X3年12月31日應付票據帳列金額
   ＝$347,107＋$34,711×6/12＝**$364,463** (與選項(2)，尾差$1)

【103年普考試題】

1. 乙公司於X1年1月1日向銀行借款$10,000，並簽發一紙長期應付票據。該票據借款利率為3%，每年年底固定償還(含本息)金額$1,605，7年後到期。依據前述內容回答以下問題：

(一)X1年之分錄　　　　　　(二)X2年之分錄

解題：

票據之攤銷表如下：

日期	貸:現金	借:利息費用 3%	攤銷數	帳面金額
X1/01/01				$10,000
X1/12/31	$1,605	$300	$1,305	8,695
X2/12/31	1,605	261	1,344	7,351
……	……	……	……	……

(一)X1年之分錄：

X1/01/01	現金　　　　　　　　　10,000	
	長期應付票據	10,000

X1/12/31	利息費用	300	
	長期應付票據	1,305	
	現金		1,605

(二)X2年之分錄：

X2/12/31	利息費用	261	
	長期應付票據	1,344	
	現金		1,605

2.乙公司X3年1月1日以$2,391,763發行面額$2,500,000之公司債，該公司債券為5年期，票面利率4%，發行時市場利率5%，利息於每年1月1日支付利息一次。公司債折(溢)價採有效利率法攤銷，假設債券於X4年1月1日在乙公司支付利息後，按面額98贖回一半流通在外之公司債券。試問X4年1月1日贖回債券之損益為多少金額？

(1)贖回債券損失$25,000　　　(2)贖回債券利益$25,000

(3)贖回債券損失$19,324　　　(4)贖回債券利益$19,324

解題：

1.編製攤銷表如下：

日期	貸:現金	借:利息費用 5%	攤銷數	帳面金額
X3/01/01				$2,391,763
X4/01/01	$100,000	$119,588	−$19,588	2,411,351
……	……	……	……	……

÷ 2

日期	貸:現金	借:利息費用 5%	攤銷數	帳面金額
X3/01/01				$1,195,882
X4/01/01	$50,000	$59,794	−$9,794	**1,205,676**
……	……	……	……	……

第19頁 (第十章 非流動負債)

2.贖回公司債之分錄為：

X4/01/01	應付公司債	1,250,000	
	贖回公司債損失	**19,324**	
	應付公司債折價		44,324
	現金		1,225,000

面額(票面金額)$1,250,000×98%＝$1,225,000

【103年五等地方特考試題】

1. 甲公司於X1年1月1日以$168,500的價格，發行面額$150,000，票面利率10%，五年期，每年年底支付利息的公司債。已知甲公司在X1年底付息後之未攤銷溢折價餘額為$15,295。試問甲公司發行債券時之市場有效利率為多少？

(1)7.0%　　　(2)7.9%　　　(3)10.2%　　　(4)10.7%

答案：(1)

補充說明：

1.依(1)~(5)填入資料，再推算市場有效利率

日期	貸:現金	借:利息費用 ?%	攤銷數	帳面金額
X1/01/01				(1) $168,500
X1/12/31	(2) $15,000	(5) $11,795	(4) $3,205	(3) 165,295
……	……	……	……	……

2.市場有效利率＝$11,795÷$168,500＝**7%**

【102年普考試題】

1. 甲公司在20x1年12月31日支付每年之利息後，其帳上有面額$1,000,000之應付公司債，另有此應付公司債之溢價$92,000。20x2年1月1日甲公司以$325,000買回30%的債券，試問甲公司應記錄：

(1)應付公司債溢價減少$25,000　　(2)應付公司債減少$325,000
(3)償債損失$25,000　　(4)償債利益$2,600

答案：(4)

✎補充說明：

買回公司債之分錄為：

20x2/01/01	應付公司債	300,000	
	應付公司債溢價	27,600	
	現金		325,000
	買回公司債利益		2,600

2.甲公司X13年4月1日發行面值$400,000，5年到期，票面利率8%，每年4月1日及10月1日付息之公司債，發行價格為$369,113(有效利率10%)，試求X13年底應付公司債帳面價值為何？

(1)$371,569　　　(2)$372,858　　　(3)$373,746　　　(4)$400,000

答案：(2)

✎補充說明：

1.編製攤銷表如下：

日期	貸:現金	借:利息費用 5%	攤銷數	帳面金額
X13/04/01				$369,113
X13/10/01	$16,000	$18,455	−$2,455	371,568
X14/04/01	16,000	18,578	−2,578	374,146
……	……	……	……	……

2. X13年底應付公司債帳面金額
　　＝$371,568＋$2,578×3/6＝**$372,857**(和答案尾差$1)

【101年普考試題】

*1.*甲公司於 X1 年 2 月 1 日折價發行公司債，甲公司應該使用有效利息法攤銷折價，卻誤用直線法攤銷折價。試問此錯誤將對甲公司當年度財務報表造成什麼影響？
(1)高估公司債帳面金額，高估保留盈餘
(2)低估公司債帳面金額，低估保留盈餘
(3)高估公司債帳面金額，低估保留盈餘
(4)低估公司債帳面金額，高估保留盈餘

答案：(3)

補充說明：

1.因為公司債是折價發行，使用有效利息法攤銷折價，**利息費用**(攤銷表第三欄的金額)**會逐期增加**；若採直線法攤銷折價，**利息費用**(攤銷表第三欄的金額)**則每期固定**。因為不論是使用有效利息法或直線法攤銷折價，其公司債存續期間的 總利息費用 會相同，表示使用有效利息法攤銷折價，**其公司債發行後之初期的利息費用**(因為其**會逐期增加**)會 小於 使用有效利息法攤銷折價之利息費用，若誤用直線法攤銷折價，會使公司債發行後之初期(如題目所述之 X1 年)的利息費用會高估，**進而造成本期淨利及保留盈餘低估**。

2.因為公司債是折價發行，使用有效利息法攤銷折價，**折價攤銷金額**(攤銷表第四欄的金額)**會逐期增加**；若採直線法攤銷折價，**折價攤銷金額**(攤銷表第四欄的金額)**則每期固定**。因為不論是使用有效利息法或直線法攤銷折價，其公司債存續期間的 總折價攤銷金額 會相同，表示使用有效利息法攤銷折價，其公司債發行後之初期的折價攤銷金額(因為其會逐期增加)會 小於 使用直線法攤銷攤銷折價之折價攤銷金額，若誤用直線法攤銷折價，**會使公司債發行後之初期**(如題目所述之 X1 年)**的公司債帳面金額會高估**。

【101 年初等特考試題】

*1.*甲公司於 X1 年 4 月 1 日平價發行面值$1,000,000，年息 12%，5 年期之公司債，每年付息 2 次，1 月 1 日與 7 月 1 日為付息日。該日甲公司債券發行紀錄應為：

(1) 現金　　　　　　　1,000,000
　　　應付公司債　　　　　　　　　1,000,000
(2) 現金　　　　　　　1,030,000
　　　應付公司債　　　　　　　　　1,030,000
(3) 現金　　　　　　　1,000,000
　　利息費用　　　　　　30,000
　　　應付公司債　　　　　　　　　1,030,000
(4) 現金　　　　　　　1,030,000
　　　應付公司債　　　　　　　　　1,000,000
　　　應付利息　　　　　　　　　　　30,000

答案：(4)

✎ **補充說明：**

因為甲公司並未於付息日發行公司債，故於實際發行公司債時須 先收取 上一次付息日至發行日共 3 個月(X1 年 1 月 1 日~X1 年 3 月 31 日)之利息，於下一次付息日(X1 年 7 月 1 日)時 再給付 6 個月的利息，此作法目的係為簡化 X1 年 7 月 1 日(即實際發行日後第 1 次付息日)計算付息金額的工作。本題 先收取 3 個月之利息， 再給付 6 個月的利息，**二者相抵實際僅給付 3 個月投資者應得的利息，並可簡化 X1 年 7 月 1 日計算付息金額的工作。**

實際發行公司債之上一次付息日至發行日共 3 個月(X1 年 1 月 1 日~X1 年 3 月 31 日)之利息＝$1,000,000 × 12% × 3/12＝$30,000。**答案為選項(4)，貸方「應付利息」之會計科目亦可改列「利息費用」。**

2.應付公司債折價的攤銷會使：

(1)利息費用增加　　　　　　　　(2)利息付現數增加

(3)利息費用減少　　　　　　　　(4)利息付現數減少

答案：(1)

▷補充說明：

應付公司債折價攤銷之分錄為：

xx/xx/xx	利息費用	xx,xxx	
	應付公司債折價		xx,xxx

由以上分錄可知**應付公司債折價的攤銷會使利息費用增加**，但不會影響利息付現數，答案為選項(1)。

3.指定用途，日後用以償付長期應付公司債之銀行存款為：

(1)流動資產　　　　　　　　　　(2)非流動資產

(3)保留盈餘　　　　　　　　　　(4)流動負債

答案：(2)

▷補充說明：

指定用以償付債務之銀行存款稱為償債基金，**償債基金應與相對之債務為相同之分類**，此題係將用以償付「**長期**」應付公司債，故應分類為非流動資產，**答案為選項**(2)。

【100年普考試題】

1.甲公司在 X1 年 5 月 1 日發行 5 年期公司債，面額$2,100,000，票面利率為12%，市場利率為10%，付息日為每年 5 月 1 日及 11 月 1 日，發行價格為$2,262,156，以有效利息法攤銷溢價，則 X1 年的債券利息費用為：(計算至整數，小數點以下四捨五入)

(1)$113,108　　　(2)$225,571　　　(3)$168,000　　　(4)$150,596

答案：(4)

▷補充說明如下：

須先編製攤銷表方可進一步求得答案，列示攤銷表如下：

日期	貸:現金	借:利息費用 5%	攤銷數	帳面金額
X1/05/01				$2,262,156
X1/11/01	$126,000	●$113,108	$12,892	2,249,264
X2/05/01	126,000	112,463●	13,537	2,235,727
……	……	……	……	……

此為 X1 年 5 月 1 日(發行日)至 X1 年 10 月 31 日之利息費用

此為 X1 年 11 月 1 日至 X2 年 4 月 30 日之利息費用

X1 **年的債券利息費用**＝X1 年 5 月 1 日(發行日)至 X1 年 12 月 31 日之利息費用
＝$113,108＋112,463×2/6＝**$150,596**

2.同上題，試問甲公司 X1 年的應付公司債溢價攤銷數為：
(1)$26,429　　(2)$12,892　　(3)$17,404　　(4)$16,216

答案：(3)

❧補充說明：

X1 年的應付公司債溢價攤銷數(說明同上題,但是分析攤銷表第四欄)
＝$12,892＋13,537×2/6＝**$17,404**

3.甲公司於 X1 年 1 月 1 日簽發一張面額$800,000 三年期的不附息票據一張，向銀行借款，銀行的放款利率為 9%，借得現金$617,747，X2 年底此應付票據的帳面金額為：
(1)$617,747　　(2)$800,000　　(3)$673,344　　(4)$733,945

答案：(4)

❧補充說明如下：

編製攤銷表即可求得答案，列示攤銷表如下：

日期	貸:現金	借:利息費用 9%	攤銷數	帳面金額
X1/01/01				$617,747
X1/12/31	$0	$55,597	－$55,597	673,344
X2/12/31	0	60,601	－60,601	**733,945**
……	……	……	……	……

【100年初等特考試題】

1.甲公司於X3年7月1日發行面額$100,000，5年期，票面利率10%之公司債，每年1月1日及7月1日付息，市場實質利率為8%，發行價格為$108,111。甲公司應該用有效利息法攤銷溢折價，但誤用直線法，此項錯誤對X3年12月31日公司債之影響為何？

(1)應付公司債折價高估$136
(2)利息費用高估$136
(3)應付利息費用低估$136
(4)應付公司債帳面金額低估$136

答案：(4)

補充說明：

1.採用有效利息法攤銷溢價，其攤銷表如下：

日期	貸:現金	借:利息費用 4%	攤銷數	帳面金額
X3/07/01				$108,111
X4/01/01	$5,000	**$4,324**	**$676**	107,435
……	……	……	……	……

2.採用直線法攤銷溢價，其攤銷金額及利息費用為：

X3年7月1日至X3年12月31日溢價攤銷金額
＝總溢價$8,111÷5年×6/12＝**$811**

X3年7月1日至X3年12月31日利息費用

＝票面金額$100,000×票面利率10%×6/12

－溢價攤銷金額$811＝**$4,189**

3.採用直線法及有效利息法攤銷溢價，相關金額之比較及計算各選項之正確答案如下：

項　　目	直線法	有效利息法	差異數
X3/12/31 應付公司債溢價	$7,300	$7,435	選項(1)之正確答案： **低估 $135**
X3年利息費用	4,189	4,324	選項(2)之正確答案： **低估 $135**
X3/12/31 應付利息	5,000	5,000	選項(3)之正確答案： **未高估或低估**
X3/12/31 帳面金額	107,300	107,435	選項(4)之正確答案： **低估 $135**

答案為選項(4)，**計算所得金額為$135，題目列示為$136，是因為四捨五入尾差的關係。**

2.公司債發行時所發生之印製及推銷費用、律師及會計師公費等交易成本：
(1)應作為發行公司債所得價款之增加
(2)應作為發行公司債所得價款之減少
(3)應作為發行公司債當期之費用
(4)應作為發行公司債未來之費用

答案：(2)

❦補充說明：

　　國際財務報導準則規定**直接可歸屬於發行公司債之交易成本，應作為公司債發行價格的減項。**

【100 年五等地方特考試題】

1. 甲公司採曆年制，X2 年 1 月 1 日向銀行舉債，借款利率為市場公平利率 6%，取得借款$275,000。銀行要求從 X3 年 1 月 1 日起分五年，每年初清償本金$55,000 及相關之利息。試問甲公司 X4 年財務狀況表上如何表達此筆負債？

(1)流動負債$55,000，非流動負債$165,000
(2)流動負債$58,300，非流動負債$165,000
(3)流動負債$58,300，非流動負債$110,000
(4)流動負債$64,900，非流動負債$110,000

答案：(4)

▷ **補充說明：**

以數線圖列示各日期清償金額如下：

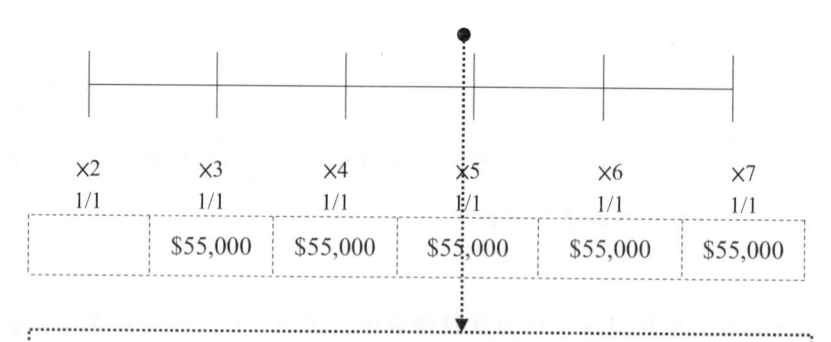

X2 1/1	X3 1/1	X4 1/1	X5 1/1	X6 1/1	X7 1/1
	$55,000	$55,000	$55,000	$55,000	$55,000

1. 本金部分：

   至 X4 年 12 月 31 日尚有 3 期$55,000 銀行借款尚未清償，一筆($55,000)將於 X5 年清償，**應列為流動負債**；二筆($55,000×2 期＝$110,000)將於 X6 年及 X7 年清償，**應列為非流動負債**。

2. 應付利息部分：

   X4 年度之利息費用＝$55,000×3 期×6%＝$9,900。此金額將於 X5 年 1 月 1 日支付，於 X4 年 12 月 31 日財務狀況表上**應列為流動負債**。

3. 綜合以上之說明，**應列為流動負債之金額為**$64,900 (＝$55,000＋$9,900)，**應列為非流動負債之金額為**$110,000。

2.公司債若折價發行，則表示：
(1)債券發行公司的財務狀況可能不理想
(2)市場有效利率高於公司債票面利率
(3)市場有效利率低於公司債票面利率
(4)債券投資人會收到較債券票面利率為低之利息

答案：(2)

☞補充說明：

　　公司債若折價發行表示票面利率較低，市場利率較高。

3.乙公司於X10年1月1日發行公司債，面額$500,000，五年期，年利率10%，每年12月31日付息。若乙公司延遲至X10年4月1日始發行公司債，市場利率為9%，發行價格為$519,950，若乙公司採直線法攤銷溢、折價，則X10年12月31日認列利息費用之金額為：

(1)$34,350　　　　(2)$37,500　　　　(3)$46,850　　　　(4)$47,007

答案：(1)

☞補充說明：

　　國際財務報導準則**規定須採有效利息法攤銷折、溢價**，並未說明可以採用直線法攤銷折、溢價。我國非公開發行公司適用之「**企業會計準則公報**」規定可採直線法攤銷折、溢價。本題以直線法攤銷溢、折價，計算如下：

　　1.題目要求計算的金額係指X10年度(X10年4月1日發行日至X10年12月31日共9個月)應認列的利息費用金額。

　　2.溢價總金額＝發行價格$519,950－面額$500,000＝$19,950。

　　3.X10年12月31日認列利息費用金額
　　　　＝$500,000×10%×9/12－$19,950÷57個月× 9個月＝**$34,350**

4.乙公司採用有效利息法攤銷應付公司債溢價，將使：
(1)公司債利息費用逐期遞減
(2)每年公司債利息費用均相等
(3)公司債利息費用逐期遞增
(4)公司債利息費用的走向依市場利率的走向而定

答案：(1)

補充說明：

公司債以溢價發行，因為帳面金額(為攤銷表的第五欄金額)會由現值逐期減少至票面金額，**故利息費用也會逐期減少**。詳細說明請參閱本章重點內容。

【99年普考試題】

1.甲公司在X6年1月1日發行5年期、利率8%、面額$200,000的公司債，發行價格98.5，收回價格105。該公司每年6月30日及12月31日支付利息，並且按直線法攤銷公司債折價，試依據下列獨立情況分別作相關分錄：(作答時請依序標明子題序號，並依序作答)
(一)X6年1月1日發行公司債。
(二)X11年1月1日到期償還公司債。
(三)X9年1月1日以收回價格提早贖回全部公司債。

解題：

國際財務報導準則**規定須採有效利息法攤銷折、溢價**，並未說明可以採用直線法攤銷折、溢價。我國非公開發行公司適用之「**企業會計準則公報**」規定可採直線法攤銷折、溢價。本題以直線法攤銷溢、折價，計算如下：

(一)X6年1月1日發行公司債之分錄為：

X6/01/01	現金	197,000	
	應付公司債折價	3,000	
	應付公司債		200,000

(二)X11 年 1 月 1 日到期償還公司債之分錄為：

X11/01/01	應付公司債	200,000	
	現金		200,000

(三)X9 年 1 月 1 日贖回全部公司債之分錄為：

X9/01/01	應付公司債	200,000①	
	贖回公司債損失	11,200④	
	應付公司債折價		1,200②
	現金		210,000③

①除列(沖銷)應付公司債之帳列金額(等於公司債票面金額)。

②除列(沖銷)贖回日尚未攤銷的應付公司債折價金額＝總折價金額 $3,000÷5 年×尚未攤銷年數 2 年。

③＝公司債票面金額$200,000×收回價格 105%。

④＝②＋③－①。

【99 年初等特考試題】

1. 甲公司於 X1 年初取得 2 年期「長期借款」$1,486,840，並按市場利率 6% 計算利息，該筆貸款應於每年 6 月底與 12 月底本息平均攤還。請問甲公司各期償付金額為多少？ $1 年金現值表：

期數	2%	2.5%	3%	4%	5%	6%
1	0.98039	0.97561	0.97087	0.96154	0.95238	0.94340
2	1.94156	1.92742	1.91347	1.88609	1.85941	1.83339
3	2.88388	2.85602	2.82861	2.77509	2.72325	2.67301
4	3.80773	3.76197	3.71710	3.62990	3.54595	3.46511

(1)$300,000　　(2)$400,000　　(3)$500,000　　(4)$600,000

答案：(2)

　補充說明：

　　每半年應償還金額？ × $P_{4,3\%}$ ＝ $1,486,840

　　每半年應償還金額＝**$400,000**

2.下列有關轉換公司債之敘述，何者錯誤？
(1)轉換公司債實務上常簡稱可轉債
(2)其他條件相同下，轉換公司債之發行價格應高於無轉換權之公司債
(3)轉換公司債的轉換比率是指可轉債之持有人在要求轉換為普通股時，一張可轉債所能獲得的股票之張數
(4)轉換公司債的轉換價格是指可轉債之售價

答案：(4)

> **補充說明：**
> 選項(4)轉換公司債的轉換價格是指**轉換為普通股的價格**。

【99年五等地方特考試題】

1.以有效利息法攤銷公司債折(溢)價時：
(1)折價攤銷數逐期遞增、溢價攤銷數逐期遞減
(2)折價攤銷數逐期遞減、溢價攤銷數逐期遞增
(3)折價攤銷數逐期遞增、溢價攤銷數逐期遞增
(4)折價攤銷數逐期遞減、溢價攤銷數逐期遞減

答案：(3)

> **補充說明：**
> 折價攤銷數為攤銷表第四欄的金額，**不論是折價或溢價攤銷數均為逐期遞增**。詳細說明請參閱本章之重點內容。

【98年四等地方特考試題】

1.若公司債之付息日為1月1日及7月1日，而公司債於2月1日發行，則發行時發行公司所收到之現金將等於公司債之現值：
(1)減2月1日至7月1日之應計利息
(2)減1月1日至2月1日之應計利息
(3)加2月1日至7月1日之應計利息
(4)加1月1日至2月1日之應計利息

答案：(4)

> 📝 補充說明：
>
> 因為發行公司債並非於付息日，故2月1日實際發行日除可收到發行價格，另須 先收 前一次付息日(1月1日)至實際發行日(2月1日)一個月的利息。

【96年四等地方特考試題】

1. 甲公司在X1年1月2日折價發行面額$480,000的公司債，該筆公司債將於10年後到期，並且在每半年6月30日及12月31日支付利息。在X1年6月30日與12月31日甲公司將認列利息費用與債券折價攤銷，折價攤銷採有效利息法。

請回答下表(1)~(7)空格，每一空格請自A.~X.選出正確答案。

	現金	利息費用	攤銷	折價	帳面金額
X1年1月2日					(3)
X1年6月30日	(2)	18,000	3,600	(1)	363,600
X1年12月31日	14,400	(6)	(7)		

年利率：票面利率(4)

　　　　有效利率(5)

利率		金　　額	
A. 3.0%	G. $3,420	M. $18,000	S. $123,600
B. 4.5%	H. $3,600	N. $18,180	T. $360,000
C. 5.0%	I. $3,780	O. $18,360	U. $363,600
D. 6.0%	J. $3,960	P. $21,600	V. $367,200
E. 9.0%	K. $14,400	Q. $116,400	W. $467,400
F. 10.0%	L. $17,820	R. $120,000	X. $480,000

解題如下：

(1)＝面額$480,000－帳面金額 363,600＝$116,400，**答案為**「Q. $116,400」。

(2)＝利息費用$18,000－折價攤銷金額$3,600＝$14,400，**答案為**「K. $14,400」。

(3)＝X1 年 6 月 30 日公司債帳面金額$363,600－折價攤銷金額$3,600
＝$360,000，**答案為**「T. $360,000」。

(4)＝〔(2) $14,400÷面額$480,000〕× 2＝6%，**答案為**「D. 6.0%」。

(5)＝〔利息費用$18,000÷X1 年 1 月 2 日公司債帳面金額$360,000〕× 2
＝10%，**答案為**「F. 10.0%」。

(6)＝X1 年 6 月 30 日公司債帳面金額$363,600×每期(每半年)有效利率 5%＝$18,180，**答案為**「N. $18,180」。

(7)＝(6) $18,180－$14,400＝$3,780，**答案為**「I. $3,780」。

【95 年普考試題】

1.【**依 IAS 或 IFRS 改編**】假設大平公司 X2 年 12 月 31 日的部分財務資料包括 (1)7.5%應付公司債$8,000,000 及 (2)應付公司債折價$320,000。上述應付公司債之發行日為 X0 年 12 月 31 日，到期日為 X10 年 12 月 31 日，付息日為 6 月 30 日及 12 月 31 日。大平公司採直線攤銷法(straight-line amortization method)。大平公司於 X3 年 4 月 1 日以 101 價格另加應計利息，收回面額 $1,600,000 的應付公司債。請作應付公司債收回之相關分錄。

請簡述或有負債(contingent liabilities)之定義及會計處理。

解題：

(一)

1. 認列 X3 年 4 月 1 日應計利息費用及折價攤銷金額之分錄為：

X3/04/01	利息費用	32,000③	
	應付公司債折價		2,000②
	應付利息		30,000①

①＝$1,600,000×7.5%×3/12。

②＝應付公司債未攤銷折價金額$320,000×($1,600,000÷$8,000,000)÷未攤銷年數 8 年×3/12＝$2,000。

③＝①＋②。

2.贖回公司債之分錄為：

X3/04/01	應付公司債	1,600,000①	
	應付利息	30,000③	
	贖回公司債損失	78,000⑤	
	應付公司債折價		62,000②
	現金		1,646,000④

①除列(沖銷)收回部分之應付公司債帳列金額(等於收回部分公司債之票面金額)。

②除列(沖銷)贖回日尚未攤銷的應付公司債折價金額(＝$320,000×($1,600,000÷$8,000,000)－X3 年 1 月 1 日至 X3 年 4 月 1 日折價金額$2,000)。

③除列(沖銷)收回應付公司債部分之應付利息金額。

④為贖回價格(＝收回部分之公司債票面金額$1,600,000×101%＋應計利息$30,000)。

⑤＝②＋④－①－③。

(二)或有負債(contingent liabilities)之定義及會計處理

有關或有負債之定義及會計處理，本書列為第九章「流動負債、負債準備、或有負債及資產」之主題。本題本項亦列於第九章之試題內，相關答案請參閱該部分之說明。

【95年四等地方特考試題】

1.尚雅公司於X1年初發行公司債,面額$100,000,每年底付息一次,有關資料如下:

年 度	現金支付	利息費用	公司債帳面金額
X1年初			$104,266
X1年底	$3,500	?	103,894
X2年底	?	?	103,511

試作:

(一)尚雅公司對應付公司債溢價採用何種方法攤銷?並說明你判斷的理由。

(二)該公司債的票面利率為何?市場利率為何?請列計算式,否則不予計分。

(三)假設尚雅公司於X3年12月31日以$105,000將公司債全部贖回,則贖回損益為何?請列計算式,否則不予計分。

解題:

(一)尚雅公司對應付公司債溢價是**採用有效利息法攤銷,因為公司債帳面金額由X1年初至X2年底,每年減少金額分別為**$372、383,**其並不相等**;若採用直線法攤銷,則公司債帳面金額每年減少數會相等。

(二)公司債的票面利率及市場利率分別為:

1. 票面利率

=X1年底現金支付利息數$3,500÷票面金額$100,000=**3.5%**

2.市場利率之計算如下:

(1) X1年度公司債帳面金額減少數=$104,266−$103,894=$372

(2)利息費用=X1年底利息現金支付數$3,500−$372=$3,128

(3)**市場利率**=X1年度利息費用$3,128

÷X1年初公司債帳面金額$104,266=**3%**

第36頁 (第十章 非流動負債)

(三)尚雅公司贖回公司債損益計算如下：

1.攤銷表須編製至 X3 年 12 月 31 日，列示如下：

日期	貸:現金	借:利息費用 3%	攤銷數	帳面金額
X1/01/01				$104,266
X1/12/31	$3,500	$3,128	$372	103,894
X2/12/31	3,500	3,117	383	103,511
X3/12/31	3,500	3,105	395	103,116
……	……	……	……	……

2.編製贖回公司債之分錄，即求得贖回公司債損益，列示如下：

X3/12/31	應付公司債	100,000①	
	應付公司債溢價	3,116②	
	贖回公司債損失	**1,884**④	
	現金		105,000③

①除列(沖銷)應付公司債之帳列金額(等於公司債票面金額)。

②除列(沖銷)贖回日尚未攤銷的應付公司債溢價金額(＝X3 年 12 月 31 日帳面金額$103,116－票面金額$100,000)。

③為贖回價格。

④＝③－①－②。

第十一章　股東權益

重點內容：

- 本章主題
    1. 發行普通股及特別股。
    2. 現金股利及股票股利。
    3. 前期損益調整。
    4. 庫藏股票。
    5. 保留盈餘表。
    6. 每股帳面金額。
    7. 每股盈餘。
    8. 積欠股利。

- 股票面額之相關議題
    1. 我國依公司法之規定，可發行有面額之股票且**採彈性面額制度**，各公司可以自訂股票每股面額；另依規定**可發行無面額之股票。本章以下內容，除另有說明，主要以有面額之股票為說明依據**。
    2. 普通股股本及特別股股本應以「每股面額×發行股數」之金額列帳。**股票之面額總額為公司的法定資本**。
    3. 發行價格超過面額部分應認列為資本公積。
    4. **股本及資本公積合計金額稱為投入資本**。

- 股本之種類
    1. 核定股本：若為有面額之股票，為主管機關核定之股數乘以每股面額。
    2. 已發行股本：為已發行股數乘以每股面額。
    3. 流通在外股本：為流通在外股數乘以每股面額，**流通在外股數為已發行股數扣減庫藏股票股數**。

● 特別股之種類

累積特別股、非累積特別股、參加特別股(又可分為全部參加特別股及部分參加特別股)、非參加特別股、可轉換特別股及可贖回特別股。

● 股票股利

1. 我國對於宣告及發放股票股利應以面額入帳。

2. 美國財務會計準則對於宣告及發放股票股利應區分小額股票股利與大額股票股利，方可決定其入帳金額。宣告股票股利小於流通在外股數之 20%~25%時，則為小額股票股利；宣告股票股利大於於流通在外股數之 20%~25%時，則為大額股票股利。小額股票股利應以公允價值入帳，大額股票股利則應以面額入帳。

3. 國際財務報導準則未明文規定宣告及發放股票股利之會計處理。

● 股票分割

股票分割會使股數等比例增加，每股面額等比例減少，但股本的總面額不變。股票分割僅須附註揭露增加的股數及分割後的每股面額。

● 股票股利與股票分割之比較

影響項目	股票股利	股票分割
投入資本	增加	不變
普通股股本	增加	不變
每股面值	不變	減少
流通在外股數	增加	增加
保留盈餘	減少	不變
股東權益總額	不變	不變

- 庫藏股票
  1. 庫藏股票係指公司已發行之股票，予以收回但尚未註銷者。

  2. 庫藏股票**買回時以成本列帳**。

  3. 再發行(再出售)庫藏股票時，若再發行價格 大於 原買回之成本時，應貸記「資本公積－庫藏股票交易」。

  4. 再發行(再出售)庫藏股票時，若再發行價格 小於 原買回之成本時，若「資本公積－庫藏股票交易」會計科目有餘額時，**應先借記**「資本公積－庫藏股票交易」，若有不足時，應再借記「保留盈餘」。

- 保留盈餘表

  保留盈餘表包括期初保留盈餘、前期損益調整、會計政策變動累積影響數、本期淨利及股利。

- 保留盈餘之指撥

  保留盈餘之指撥之實例如：依公司法規定提列之法定盈餘公積、公司章程規定提列的擴充廠房準備。**保留盈餘指撥僅係限制保留盈餘用以發放股利，不會影響保留盈餘的總金額，只會影響保留盈餘的組成項目**(指撥部分及未指撥部分)。

- 普通股每股帳面金額

  每股帳面金額(每股淨值)＝普通股之股東權益金額÷流通在外普通股股數。

- 每股盈餘

  每股盈餘＝(本期淨利－特別股股利)÷流通在外普通股加權平均股數。

【108年普考試題】

1. 甲公司僅發行普通股股票，X8年期初流通在外股數為250,000股，4月1日以公允價值現金增資發行50,000股，7月1日發放10%股票股利，9月1日買回庫藏股3,000股。甲公司在X7年以每股面額$100發行7%累積非參加特別股5,000股。若X8年度之稅後淨利為$2,872,250，積欠一年特別股股利，請問甲公司X8年度每股盈餘為何？

(1)$8.68　　　　(2)$8.89　　　　(3)$9.00　　　　(4)$9.67

答案：(3)

✎補充說明：

流通在外股數		加權期間		追溯調整10%股票股利		加權平均股數
250,000	×	12/12	×	1.1	=	275,000
50,000	×	09/12	×	1.1	=	41,250
(3,000)	×	04/12	×	—	=	(1,000)
合　計						315,250 (股)

每股盈餘＝($2,872,250－$100×5,000股×7%)÷315,250股＝**$9**

2. 甲公司X1年1月1日權益項下包含：

特別股(面額$10，累積特別股，股利率5%)	$1,200,000
普通股(面額$10)	$2,400,000
資本公積－特別股溢價	$360,000
資本公積－普通股溢價	$2,000,000
其他權益	$480,000
保留盈餘	$1,800,000

甲公司X1年度之淨利為$980,000，宣告發放現金股利$180,000，截至X1年底特別股積欠3年股利。X1年3月1日以每股$24購入庫藏股2,000股，X1年8月31日與X1年12月1日分別以每股$27與$20出售庫藏股600股與980股。X1年度之每股盈餘為何？(答案四捨五入至小數點第二位)

(1)$2.72　　　　(2)$3.10　　　　(3)$3.35　　　　(4)$3.86

答案：(4)

🖎補充說明：

流通在外股數		加權期間		加權平均股數
240,000	×	12/12	=	240,000
(2,000)	×	09/12	=	(1,500)
600		04/12		200
980	×	01/12	=	82
合　計				238,782 (股)

每股盈餘
＝($980,000－$10×120,000股×5%)÷238,782股＝**$3.85**

(與答案尾差$0.01)

【108年初等特考試題】

1. 甲公司在X1年期末調整時，因會計人員疏忽，致使廣告費少計及預付廣告費多計，金額均為$1,200。至X2年5月，會計人員才發現此一錯誤，並進行更正，則此一更正應：
(1)借記：廣告費$1,200
(2)借記：保留盈餘$1,200
(3)借記：預付廣告費$1,200
(4)貸記：廣告費$1,200

答案：(2)

🖎補充說明：

更正分錄如下：

X5/05/xx	保留盈餘	1,200	
	預付廣告費		1,200

2.甲公司權益項目在X1年1月1日僅有普通股股本$1,000,000及保留盈餘$800,000，普通股每股面額$10。X1年4月1日以每股$15買回庫藏股8,000股，並於同年8月1日以每股$17出售庫藏股2,500股。同年10月1日再出售庫藏股3,300股，並於當日借記保留盈餘$9,850，則10月1日每股出售價款為何？
(1)$10.5　　　　(2)$12　　　　(3)$13.5　　　　(4)$15

答案：(1)

▲補充說明：

X1/10/01	現金	？④	
	資本公積－庫藏股票交易	5,000③	
	保留盈餘	9,850②	
	庫藏股票		49,500①

① ＝ $15×3,300股 ＝ $49,500。

②題目告知。

③為「資本公積－庫藏股票交易」科目餘額＝($17－$15)×2,500股。

④＝①－②－③＝$34,650。

10月1日每股出售價款＝$34,650÷3,300股＝**$10.5**

3.企業以低於取得成本之價格出售庫藏股票時，下列有關出售交易之影響，何者正確？
(1)資產增加，權益增加　　　　(2)資產增加，收入增加
(3)資產減少，權益增加　　　　(4)資產減少，費用增加

答案：(1)

▲補充說明：

出售庫藏股票交易最完整分錄列示如下：

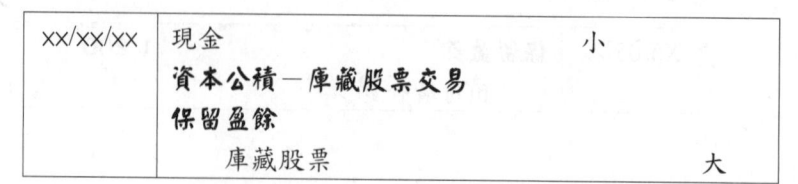

xx/xx/xx	現金	小	
	資本公積－庫藏股票交易		
	保留盈餘		
	庫藏股票		大

分析上列分錄之影響如下：

1.現金增加→**造成資產增加**。

2.資本公積－庫藏股票交易減少→造成權益減少。

3.保留盈餘減少→造成權益減少。

4.庫藏股票減少→造成權益增加。

5.前列第2、3及4項之淨影響→**造成權益增加**。

4.甲公司發行100,000股之面額$10普通股股票,共計募集$3,000,000資金,則:

(1)資本公積增加$2,000,000

(2)保留盈餘增加$1,000,000

(3)庫藏股增加$2,000,000

(4)普通股股本增加$2,000,000

答案:(1)

✎補充說明:

發行 100,000 股普通股股票之分錄如下:

xx/xx/xx	現金	3,000,000	
	普通股股本		1,000,000
	**　資本公積－普通股股票溢價**		**2,000,000**

【107年普考試題】

1.甲公司於X1年間以每股$20買回流通在外的普通股10,000股;X2年又以每股$23出售其中6,000股。試問出售6,000股之價差$18,000($3×6,000)應貸記:

(1)其他收入　　(2)保留盈餘　　(3)庫藏股　　(4)資本公積

答案:(4)

2.宣告並發放股票股利,對該公司資產負債表之影響為:

(1)資產減少　　(2)權益減少　　(3)股本減少　　(4)保留盈餘減少

答案:(4)

✎補充說明:

宣告並發放股票股利會造成**保留盈餘減少及普通股股本增加**。

3.甲公司於X1年初取得乙公司流通在外普通股30%作為長期投資，採權益法處理。X2年間收到乙公司發放股票股利應如何處理？
(1)貸記股利收入　　　　　　(2)貸記投資收益
(3)貸記投資　　　　　　　　(4)不作分錄，僅備忘記錄

答案：(4)

【107年四等地方特考試題】

1.甲公司自公開市場買回庫藏股，該交易對甲公司的影響為：
(1)長期投資增加、現金減少
(2)短期投資增加、現金減少
(3)負債比率增加、現金減少
(4)權益增加、現金減少

答案：(3)

補充說明：

買回庫藏股之分錄如下：

xx/xx/xx	庫藏股票	x,xxx	
	現金		x,xxx

分析上列分錄之影響如下：
1.現金減少。
2.庫藏股票增加→造成權益減少→造成負債不變→造成**負債比率增加**。

2.甲公司發行面額$10之普通股，流通在外250,000股，另發行面額$100，5%之累積特別股10,000股。過去三年及今年皆未發放股利，若公司本年度宣告發放$150,000之股利，則今年底分配給特別股之股利為何？
(1)$150,000　　(2)$200,000　　(3)$300,000　　(4)$400,00

答案：(1)

補充說明如下：

	特別股	普通股
積欠股利	$150,000	—
按股利率5%分配	—	—
剩餘數的分配	—	$0
合　計	$150,000	$0

X2年度特別股股東可分配之股利為**$150,000**

3.甲公司X1年普通股之相關資料如下：1月1日流通在外100,000股普通股，3月1日發放5%股票股利，4月1日購買庫藏股票500股，10月1日現金增資發行10,000股，11月1日普通股1股分割為2股。甲公司為計算X1年之每股盈餘，普通股加權平均流通在外股數為：

(1)107,125　　(2)114,500　　(3)214,242　　(4)214,250

答案：(4)

✎補充說明：

流通在外股數		加權期間		追溯調整 5% 股票股利		追溯調整 1：2 股票分割		加權平均股數
100,000	×	12/12	×	1.05	×	2	=	210,000
(500)	×	09/12	×	—	×	2	=	(750)
10,000	×	03/12	×	—	×	2	=	5,000
合　計								**214,250**(股)

【107年五等地方特考試題】

1.庫藏股股票再出售時，處分價格高於取得成本，則其差額應：

(1)先列入綜合損益表之營業外收入，再轉入保留盈餘

(2)先列為綜合損益表之非常損益，再轉入保留盈餘

(3)直接列為保留盈餘

(4)直接列為資本公積

答案：(4)

✎補充說明如下：

出售庫藏股票交易之分錄列示如下：

xx/xx/xx	現金	大
	庫藏股票	小
	資本公積－庫藏股票交易	差額

2.甲公司X1年底之部分股東權益資料為：特別股股本(8%，面值$20，發行4,000股，其中1,000股為庫藏股)$80,000，普通股股本(面值$10，發行4,500股)$45,000，資本公積－普通股溢價$5,000，資本公積－庫藏股特別股交易$2,000。特別股是部分參加且非累積，參加率為12%。X1年度宣告現金股利$11,550，則X1年普通股與特別股可分配的股利金額各為多少？

(1)普通股：$1,950，特別股：$9,600
(2)普通股：$4,158，特別股：$7,392
(3)普通股：$4,950，特別股：$6,600
(4)普通股：$5,150，特別股：$6,400

答案：(3)

✎補充說明：

	特別股	普通股
積欠股利	—	—
按股利率8%分配	$4,800	$3,600
剩餘數的分配	1,800	1,350
合　　計	**$6,600**	**$4,950**

3.股票股利相較於股票分割，有何差異？
(1)使股本增加　　　　　　(2)使保留盈餘增加
(3)使權益增加　　　　　　(4)使資產增加

答案：(1)

✎補充說明：

1.股票股利相較於股票分割，**差異為股票股利會造成股本增加、保留盈餘減少。**

2.股票股利與股票分割**均不會影響權益總額及資產。**

4.下列何項會影響權益總額？
(1)宣告股票股利　　　　　　　　(2)資本公積轉增資
(3)不動產、廠房及設備重估增值　　(4)指撥保留盈餘

答案：(3)

補充說明：

1. 選項(1)：借記：保留盈餘，貸記：待分配股票股利→造成權益總額一增一減→**權益總額不變**。

2. 選項(2)：借記：資本公積，貸記：普通股股本→造成權益總額一增一減→**權益總額不變**。

3. 選項(3)：借記：不動產、廠房及設備帳面金額，貸記：其他綜合損益(期末結轉其他權益)→**造成權益總額增加**。

4. 選項(3)：附註揭露指撥保留盈餘增加，自由的保留盈餘減少→造成保留盈餘不變→**造成權益總額不變**。

【106年普考試題】

1.以下二小題，請分別作答：

(一)甲公司於X1年初成立時，發行普通股和股利率為6%之累積特別股，面額均為$10，其中普通股與特別股流通在外之股數分別為60,000股與120,000股。甲公司在X1年並未宣告及發放股利，若X2年決定分派之股利為$200,000，則X2年度普通股股東可分配之股利為多少？

(二)乙公司X3年度之淨利為$46,000，期初有流通在外之普通股股數10,000股，公司於4月1日增資發行普通股3,000股。此外，公司亦有全年度流通在外之累積特別股8,000股，面額$10，股利率為8%。乙公司於X3年度並無宣告發放股利，則乙公司X3年度之每股盈餘為多少(四捨五入至小數點後二位)？

解題如下：

(一) $200,000股利分派如下：

	特別股	普通股
積欠股利	$72,000	—
按股利率6%分配	72,000	—
剩餘數的分配	—	$56,000
合　計	$144,000	$56,000

X2年度普通股股東可分配之股利為**$56,000**

(二)乙公司X3年度之每股盈餘為：

流通在外股數	加權期間	加權平均股數
10,000 ×	12/12 =	10,000
3,000 ×	09/12 =	2,250
合　計		12,250 (股)

每股盈餘＝($46,000－$10×8,000股×8%)÷12,250股＝**$3.23**

2.甲公司X7年底資產負債表資料如下：

普通股(面額$10，核定發行70,000股，已發行25,000股)	$250,000
資本公積－普通股發行溢價	200,000
保留盈餘	207,000
股東權益合計	$657,000

X8年5月公司以每股$11買回自己公司股票4,000股，6月又以每股$9賣出2,000股，7月發放10%股票股利，年底時以每股$12發行20,000股新股，則甲公司X8年底股東權益總額為多少？

(1)$817,000　　(2)$819,000　　(3)$871,000　　(4)$873,000

答案：(3)

✐補充說明如下：

X8年底股東權益總額計算如下：

普通股＝$250,000＋$10×(25,000 股－2,000 股)×10% 　　　　＋$10×20,000 股	$473,000
資本公積－普通股發行溢價 　　　＝$200,000＋($12－$10)×20,000 股	240,000
保留盈餘＝$207,000－($11－$9)×2,000 股 　　　　－$10×(25,000 股－2,000 股)×10%	180,000
庫藏股票＝$11×4,000 股－$11×2,000 股	(22,000)
股東權益合計	**$871,000**

【105年普考試題】

1. 乙公司發行6%、面額$10之累積且可以部分參加至9%的特別股100,000股，以及面額$10之普通股550,000股。該公司X5年初宣告發放股利總計$607,500，在此之前特別股已積欠二年股利。(假設特別股符合權益定義)
試作：特別股股東可以分配之股利總額為何？

解題：

股利分派如下：

	特別股	普通股
積欠股利	$120,000	—
按股利率 6%分配	60,000	$330,000
剩餘數的分配	15,000	82,500
合　　計	$195,000	$412,500

X2年度特別股股東可分配之股利為**$195,000**

2. 下列何者會影響權益之帳面金額？①宣告現金股利　②宣告股票股利　③買入庫藏股　④出售庫藏股　⑤受限之保留盈餘
(1)僅①③⑤　　(2)僅①③④　　(3)僅①②⑤　　(4)僅③④⑤

答案：(2)

☞**補充說明：**

會影響權益之帳面金額之項目有①、③及④三項。

3. 甲公司成立於X1年1月1日,核准發行面額$10之普通股30,000 股。X1年度之部分交易如下:

1月17日	以每股$16 發行6,000 股
3月25日	以每股$17 發行1,000 股
6月11日	以每股$20 買回1,300 股
7月2日	以每股$18 發行2,500 股
12月3日	以每股$14 出售800 股庫藏股票

甲公司 X1年12月31日資本公積餘額為:
(1)$45,200　　(2)$53,200　　(3)$58,200　　(4)$63,000

答案:(4)

補充說明:

列示本題之相關分錄並說明答案以下:

X1/01/17	現金	96,000	
	普通股股本		60,000
	資本公積－普通股股票溢價		36,000
X1/03/25	現金	17,000	
	普通股股本		10,000
	資本公積－普通股股票溢價		7,000
X1/06/11	庫藏股票	26,000	
	現金		26,000
X1/07/02	現金	45,000	
	普通股股本		25,000
	資本公積－普通股股票溢價		20,000
X1/12/03	現金	11,200	
	保留盈餘	4,800	
	庫藏股票		16,000

X1/12/31 資本公積餘額為$63,000,以T字帳列示相關金額如下:

資本公積－普通股股票溢價

	36,000
	7,000
	20,000
	63,000

4.下列何者無須認列相關負債？①累積特別股之積欠現金股利 ②待分配之股票股利 ③預期之出售庫藏股損失 ④受限之保留盈餘
(1)僅① (2)僅①④ (3)僅②③④ (4)僅①②③④

答案：(4)

✎補充說明：①、②、③及④均無須認列相關負債之項目。

5.甲公司X6年稅後淨利為$600,000，X6年1月1日普通股流通在外120,000股，3月1日買回庫藏股12,000股，10月1日按市價現金增資30,000股。該公司尚有累積非參加特別股流通在外，每年股利為$50,000，X4年及X5年均未發放股利，若X6年宣告發放股利$500,000，則X6年度之每股盈餘為何？
(1)$3.80 (2)$3.83 (3)$4.64 (4)$4.68

答案：(4)

✎補充說明：

流通在外股數	加權期間	加權平均股數
120,000 ×	12/12 =	120,000
(12,000) ×	10/12 =	(10,000)
30,000 ×	03/12 =	7,500
合　　計		117,500(股)

X6年度之每股盈餘＝($600,000－$50,000)÷117,500股＝**$4.68**

【105年初等特考試題】

1.甲公司於X1年1月1日以發行價格$55,000發行面額$100之可轉換特別股500股，已知發行當日市場上相同條件之純特別股公允價值為$52,000，則該可轉換特別股之發行分錄應貸記：
(1)特別股股本$55,000
(2)特別股股本$50,000、資本公積－特別股溢價$2,000、資本公積－認股權$3,000
(3)特別股股本$50,000、資本公積－特別股溢價$5,000
(4)資本公積－特別股溢價及認股權$55,000

答案：(3)

📝補充說明：

甲公司發行價格可轉換特別股並非複合金融工具，因為其未含負債組成部分，對此國際財務報導準則並未說明其帳務處理。考選部公布之答案為選項(3)，是可接受之帳務處理。

【104年普考試題】

1.【依IAS或IFRS改編】甲公司X1年1月1日流通在外的普通股有12,000股，5月1日現金增資3,000股，9月1日發放20%股票股利，X1年度淨利為$48,144，X1年底資產負債表上的權益為：①8%，非累積，清算價值$30之特別股6,000股，總面值$60,000，②普通股18,000股，總面值$180,000，③資本公積－普通股溢價$36,000，④透過其他綜合損益按公允價值衡量之金融資產未實現評價利益$15,000，⑤保留盈餘$120,000。下列敘述何者正確？

(1)每股普通股的帳面金額$12.83　　(2)每股普通股的帳面金額$19.5
(3)每股普通股的帳面金額$20.89　　(4)每股普通股的帳面金額$23.4

答案：(1)

📝補充說明：

1. X1年12月31日股東權益總額
   ＝$60,000＋$180,000＋$36,000＋$15,000＋$120,000＝$411,000

2. 特別股之權益：清算價值$30×特別股6,000股＝$180,000

3. 普通股之權益：X1年12月31日股東權益總額$411,000
   －特別股之權益$180,000＝$231,000

4. X1年12月31日普通股流通在外股數
   ＝(12,000股＋3,000股)×1.2＝18,000股

5. X1年12月31日普通股的每股帳面金額：
   X1年12月31日普通股之權益$231,000
   ÷普通股流通在外股數18,000股＝**$12.83**

2. 新竹公司X1年1月1日普通股流通在外股數為600,000股，相關資料如下：

　　X1年3月1日　　發行新股200,000股。

　　X1年4月1日　　發放15%股票股利。

　　X1年6月1日　　買入庫藏股票170,000股。

　　X1年8月1日　　進行1股分為2股之股份分割。

　　X1年11月1日　出售庫藏股票60,000股。

試作：

假設新竹公司X1年度淨利為$2,500,000，另外新竹公司X1年度全年有10,000股，每股面額$100，6%之累積不可轉換特別股流通在外。X1年度新竹公司並未宣告及發放任何特別股股利，計算新竹公司X1年度每股盈餘。

(四捨五入至小數第二位)

解題：

1. 計算流通在外普通股加權平均股數

流通在外股數		加權期間		追溯調整 15% 股票股利		追溯調整 1:2 股票分割		加權平均股數
600,000	×	12/12	×	1.15	×	2	=	1,380,000
200,000	×	10/12	×	1.15	×	2	=	383,333
(170,000)	×	07/12	×	—	×	2	=	(198,333)
60,000	×	02/12	×	—	×	—	=	10,000
合計								**1,575,000**(股)

2. 每股盈餘＝($2,500,000－$100×10,000股×6%)÷1,575,000股＝**$1.55**

【104年初等特考試題】

1. 甲公司已發行之普通股有25,000股，其中5,000股為庫藏股，另有發行流通在外特別股10,000股，股票每股面額皆為$10。特別股屬累積且部分參加，股利率為8%，可參加至15%。甲公司過去已有兩年未分配股利，本年度擬分配$100,000之盈餘，則普通股股東及特別股股東各可分得若干元？

(1)$55,000，$45,000　　　　　　(2)$56,000，$44,000

(3)$69,000，$31,000　　　　　　(4)$85,000，$15,000

答案：(3)

✎補充說明：

股利分派如下：

	特別股	普通股
積欠股利	$16,000	—
按股利率 8%分配	8,000	$16,000
剩餘數的分配	7,000	53,000
合　　計	$31,000	$69,000

普通股股東可分配之股利為**$69,000**

特別股股東可分配之股利為**$31,000**

【104年五等地方特考試題】

*1.*甲公司X1年度發生下列事項：(1)指撥$30,000之保留盈餘。(2)轉回先前已指撥之償債基金準備$40,000。(3)宣告$30,000股票股利及$20,000現金股利。(4)認列存貨成本公式變動，借記追溯適用或追溯重編之影響數$10,000。(5)本期淨利為$60,000。試問，上列變動對X1年底資產負債表上保留盈餘項目影響為何？

(1)無影響　　(2)增加$10,000　　(3)增加$50,000　　(4)增加$60,000

答案：(1)

✎補充說明：$-\$30,000-\$20,000-\$10,000+\$60,000=$**$0**

【103年普考試題】

*1.*乙公司於X1年1月1日發行普通股100,000股，每股發行價格$15。X3年5月1日以每股$36，買回1,000股庫藏股；X3年9月30日，以每股$42，出售庫藏股500股。則乙公司X3年9月30日出售庫藏股之會計分錄應包括：

(1)借記：庫藏股票$18,000　　　　(2)貸記：庫藏股票$21,000

(3)貸記：資本公積－庫藏股票交易$3,000　　(4)貸記：現金 $21,000

答案：(3)

✎ **補充說明：**

出售庫藏股之分錄如下：

X3/09/30	現金	21,000	
	庫藏股票		18,000
	資本公積－庫藏股票交易		3,000

【103年初等特考試題】

1. 下列敘述何者正確？
(1)應付現金股利是屬於流動負債的加項；待分配股票股利是屬於長期負債的加項
(2)應付現金股利是屬於流動負債的加項；待分配股票股利是屬於權益的加項
(3)應付現金股利是屬於流動負債的加項；待分配股票股利是屬於權益的減項
(4)應付現金股利是屬於流動負債的加項；待分配股票股利是屬於流動負債的減項

答案：(2)

【102年普考試題】

1. 【依IAS或IFRS改編】下列項目在財務報表之表達，何者錯誤？
(1)透過其他綜合損益按公允價值衡量之債務工具或權益工具投資公允價值增加屬於其他綜合損益項目
(2)出售營業用資產產生$30,000處分損失，應列於損益表中之其他費用與損失
(3)前期損益調整應在保留盈餘表中與本期損益並列
(4)進貨條件為起運點交貨，貨品已運出，但買方尚未收到在途存貨，存貨可列為買方之資產

答案：(3)

2. 甲公司20x1年底帳上資料顯示：已發行普通股400,000股(每股面值$10，發行價格$12)，保留盈餘$850,000，庫藏股10,000股(每股買回價格$11)。甲公司20x1年底之每股帳面金額為多少？(四捨五入至小數第二位)
(1)$11.85　　　(2)$13.85　　　(3)$14.13　　　(4)$14.21

答案：(4)

✎補充說明：

$12×400,000股 ＋$850,000 － $11×10,000股 ＝ $5,540,000

$5,540,000 ÷ (400,000股 － 10,000股) ＝ **$14.21**

3.寶佑公司X1年1月1日股東權益相關資料如下：

特別股股本(5%累積非參加，面值$10，贖回價格$15，未積欠股利)	$ 1,000,000
普通股股本，面值$10	6,000,000
資本公積－特別股溢價	200,000
資本公積－普通股溢價	3,000,000
保留盈餘	5,342,700
減：庫藏股票(X0年12月1日以每股13元買入)	(650,000)
權益合計	$ 14,892,700

X1年與權益有關之交易如下：

2月1日　以每股$15再發行庫藏股12,000股。

4月1日　以每股$12再發行庫藏股5,000股。

5月1日　註銷公司剩餘之庫藏股票。

6月16日　宣告將於9月21日發放普通股股票股利每股$1、普通股現金股利每股$1以及特別股股利，除權息日為8月15日。

9月21日　發放上述普通股以及特別股股利。

寶佑公司X1年度稅後淨利為$1,540,940，試作：(計算至小數第二位，以下四捨五入)

(一) X1年2月1日再發行庫藏股票之交易分錄。

(二) X1年4月1日再發行庫藏股票之交易分錄。

(三) X1年5月1日註銷剩餘之庫藏股票分錄。

(四) 計算X1年普通股加權平均流通在外股數。

(五) 計算X1年1月1日普通股每股帳面金額。

(六) 計算X1年度每股盈餘。

(七) 計算X1年12月31日普通股每股帳面金額。

解題：

(一) X1年2月1日再發行庫藏股票之交易分錄：

X1/02/01	現金	180,000	
	庫藏股票		156,000
	資本公積－庫藏股票交易		24,000

(二) X1年4月1日再發行庫藏股票之交易分錄：

X1/04/01	現金	60,000	
	資本公積－庫藏股票交易	5,000	
	庫藏股票		65,000

(三) X1年5月1日註銷剩餘之庫藏股票分錄：

X1/05/01	普通股股本	330,000	
	資本公積－普通股股票溢價	165,000	
	庫藏股票		429,000
	資本公積－庫藏股票交易		66,000

(四) 計算X1年普通股加權平均流通在外股數：

流通在外股數		加權期間		追溯調整 10% 股票股利		加權平均股數
550,000	×	12/12	×	1.1	=	605,000
12,000	×	11/12	×	1.1	=	12,100
5,000	×	09/12	×	1.1	=	4,125
合　計						**621,225(股)**

(五) 計算X1年1月1日普通股每股帳面金額：

$15×100,000股＝$1,500,000

($14,892,700－$1,500,000) ÷ 550,000股＝**$24.35**

(六) 計算X1年度每股盈餘：

($1,540,940－$10×100,000股×5%)÷621,225股＝**$2.4**

(七)計算X1年12月31日普通股每股帳面金額：

X1年12月31日股東權益總額計算如下：

特別股股本＝$1,000,000	$1,000,000
普通股股本＝$6,000,000－$330,000＋$567,000	6,237,000
資本公積－特別股溢價＝$200,000	200,000
資本公積－普通股溢價＝$3,000,000－$165,000	2,835,000
資本公積－庫藏股票交易＝$24,000－$5,000＋$66,000	85,000
保留盈餘＝$5,342,700－$567,000－$567,000 －$50,000＋$1,540,940	5,699,640
庫藏股票＝$650,000－$156,000－$65,000－$429,000	0
權益合計	$16,056,640

$15×100,000股＝$1,500,000

($16,056,640－$1,500,000) ÷ 623,700股＝**$23.34**

4.甲公司在20x1年以面值發行5%累積特別股10,000股，每股面值$100。20x3年甲公司普通股之相關資料有：期初流通在外股數為50,000股，4月1日現金增資發行10,000股，8月1日發放15%股票股利，10月1日買回庫藏股4,000 股。若20x3年度之稅後淨利為$258,400，無積欠特別股股利，則甲公司20x3年度每股盈餘為多少？

(1)$3.20　　　(2)$3.46　　　(3)$3.97　　　(4)$4.29

答案：(1)

補充說明：

流通在外股數		加權期間		追溯調整 10% 股票股利		加權平均股數
50,000	×	12/12	×	1.15	＝	57,500
10,000	×	09/12	×	1.15	＝	8,625
(4,000)	×	03/12	×		＝	(1,000)
合　　計						**65,125(股)**

每股盈餘：($258,400－$100×10,000股×5%)÷65,125股＝**$3.2**

5.甲公司X8年期初流通在外面值$10之普通股股數150,000 股;及面值$10、股利率8%之累積特別股10,000股,共積欠2年特別股股利,X8年公司宣告並發放該特別股$12,000之現金股利。假設公司X8年淨利為$400,000,且當年度普通股與特別股均無發行或購回,則甲公司X8年之基本每股盈餘為何?
(1)$2.61　　　(2)$2.67　　　(3)$2.59　　　(4)$2.51

答案:(1)

✎補充說明:

每股盈餘＝($400,000－$10×10,000股×8%)÷150,000股＝**$2.61**

【102年五等地方特考試題】

1.公司發行符合權益工具條件之可轉換特別股,當該可轉換特別股轉換成普通股時,下列關於轉換時之會計處理何者正確?
(1)保留盈餘可能增加　　(2)資本公積可能增加
(3)可能認列轉換損益　　(4)保留盈餘與資本公積可能同時增加

答案:(2)

✎補充說明:

可轉換特別股轉換成普通股時,僅可能增加或減少資本公積、減少保留盈餘;故最適答案為選項(2)。

【101年普考試題】

1.甲公司 X1 年初計有流通在外每股面額$10 之普通股 20,000 股,其發行溢價為$100,000。當年度甲公司以每股$19 購買 6,000 股庫藏股,隨即將買入之庫藏股全數註銷。試問上述庫藏股註銷將減少甲公司保留盈餘的金額為多少?
(1)$14,000　　　(2)$24,000　　　(3)$30,000　　　(4)$84,000

答案:(2)

✎補充說明如下:

1. 買回庫藏股票時之分錄為：

X1/xx/xx	庫藏股票	114,000	
	現金		114,000①

①＝$19×6,000 股。

2.註銷庫藏股票時之分錄為：

X1/xx/xx	普通股股本	60,000①	
	資本公積—普通股股票溢價	30,000②	
	保留盈餘	**24,000**④	
	庫藏股票		114,000③

①＝$10×6,000 股。

②＝$100,000÷20,000 股×6,000 股。

③除列(沖銷)買回庫藏股票之帳列金額。

④為①、②及③之差額。

2.甲公司投資乙公司累積特別股，乙公司在 X2 年宣告並支付 X2 年股利及 X1 年積欠股利。試問甲公司應如何認列收到 X1 年之積欠股利？

(1)貸記應收累計特別股股利

(2)追溯作為前期損益調整

(3)作為保留盈餘的減少

(4)認列於綜合損益表，作為當期損益

答案：(4)

✎補充說明：

甲公司收到乙公司**宣告及發放的現金股利，不論是否為積欠股利部分，均應認列為股利收入**，其為損益項目。

【101 年初等特考試題】

1.下列何者不屬於權益工具之標的：

(1)普通股股份　　　　　　　(2)參加特別股

(3)可賣回公司債　　　　　　(4)累積特別股

答案：(3)

☞ **補充說明：**

權益工具於發行該工具之企業係列為權益項目，例如普通股、特別股及認股權等。**選項(1)、選項(2)及選項(4)均屬權益工具，選項(3)可賣回公司債為債務工具。**

2. 甲公司成立時財務狀況表權益部分包括：累積特別股股本$1,500,000，股利率為10%。甲公司前3年虧損合計達$2,000,000，第4年研發成功開始獲利，第4年獲利$1,500,000、第5年獲利$2,500,000。若甲公司於第6年初將保留盈餘全數發放作為現金股利，則普通股股東可分得之現金股利為：

(1)$150,000　　　(2)$750,000　　　(3)$1,250,000　　　(4)$1,850,000

答案：(3)

☞ **補充說明：**

1. 截至第6年初保留盈餘之餘額＝**可分配的現金股利金額**
   ＝－$2,000,000＋$1,500,000＋$2,500,000＝$2,000,000

2. 現金股利分配金額之計算：

	特別股	普通股
積欠股利	$750,000①	－②
按股利率10%分配	0③	$0④
剩餘數的分配	0⑤	$1,250,000⑥
	$750,000⑦	$1,250,000⑧

①為第1年至第5年累積特別股之積欠股利＝累積特別股股本 $1,500,000× 股利率10%×5年。

②普通股沒有積欠股利。

③分配股利時為第6年「初」，**故第6年無分配股利之金額。**

④、⑤因為特別股為不參加特別股(題目未說明其為參加特別股)，此二項金額為$0。

⑥＝可分配的現金股利金額$2,000,000－①－②－③－④－⑤。

⑦＝①＋③＋⑤。

⑧＝②＋④＋⑥

3.甲公司考慮發放現金股利與買回庫藏股二方案,若其他條件完全相同,則下列有關二方案之敘述,何者錯誤?
(1)發放現金股利與買回庫藏股將使權益總額皆減少
(2)發放現金股利與買回庫藏股將使資產總額皆減少
(3)買回庫藏股不影響每股帳面金額
(4)發放現金股利不影響流通在外股數
答案:(3)

☞補充說明:

本題所稱之「發放現金股利」包括宣告及發放現金股利。
1.發放現金股利→造成資產總額(現金)減少→造成保留盈餘減少→造成權益總額減少→不影響流通在外股數→造成每股帳面金額減少。
2.買回庫藏股→造成資產總額(現金)減少→造成權益總額減少→造成流通在外股數減少→**造成每股帳面金額減少**。

4.下列有關投入資本之敘述何者錯誤?
(1)投入資本包括股本及資本公積
(2)股票之面額部分為公司之法定資本
(3)公司債轉換普通股時,其帳面值超過股本面額之差額應列入資本公積
(4)受領股東贈與應直接列入保留盈餘,不得列為資本公積
答案:(4)

☞補充說明:

1.選項(1)、選項(2)及選項(3)之敘述均為正確的。
2.選項(4)之敘述是為錯誤的,**受領股東贈與應列為資本公積**。

5.公司發行2,000股每股面值$5的普通股,發行價格為$7,將使投入資本:
(1)增加$10,000　　　　　　　　(2)增加$14,000
(3)增加$24,000　　　　　　　　(4)沒有影響
答案:(2)

☞補充說明如下:

1.發行普通股之分錄為：

xx/xx/xx	現金	14,000①	
	普通股股本		10,000②
	資本公積		
	－普通股股票溢價		4,000③

①為發行股票可以收取的現金(＝發行價格$7×發行股數2,000股)。

②為發行股票的總面額＝每股面額$5×發行股數2,000股。

③＝①－②，為股票發行價格超過總面額的部分。

2.**投入資本即為「普通股股本」會計科目金額**$10,000＋**「資本公積－普通股股票溢價」會計科目金額**$4,000＝$14,000，即為發行總價款；**故發行普通股將使投入資本增加$14,000。**

6.公司採取認購股票方式發行股票，即投資人先行承諾以一定價格向公司認購普通股股票，下列相關會計處理何者錯誤？
(1)以認購股票面額總和貸記「已認購普通股股本」
(2)總認購價款超出認購股票面額部分貸記為「資本公積－已認購普通股」
(3)在財務狀況表上將已認購股本列為股本的加項
(4)於繳足股款並向主管機關辦理登記核准後，交付股票予認股人，將「已認購普通股股本」轉列「股本」

答案：(2)

✎補充說明：

1.投資人承諾認購股票時之分錄為：

xx/xx/xx	應收股款	xx,xxx	
	已認購普通股股本		xx,xxx
	**　資本公積－普通股股票溢價**		**x,xxx**

2.由第1項所列示的分錄可知選項(2)的答案是錯誤的，**正確的資本公積會計科目應為「資本公積－普通股股票溢價」。**

【100年普考試題】

1.甲公司目前共發行普通股 50,000 股，面值為$10，但有庫藏股 10,000 股，其購買成本為$11。股東權益總額為$475,000，則普通股每股帳面金額為：

(1)$7.3　　　　　(2)$9.125　　　　　(3)$10　　　　　(4)$11.875

答案：(4)

> ✎ 補充說明：
>
> 流通在外普通股股數＝50,000 股－庫藏股 10,000 股＝40,000 股
>
> **每股帳面金額**＝股東權益總額$475,000÷40,000 股＝**$11.875**

【100年初等特考試題】

1.公司宣告現金股利，請問不會影響下列何者？

(1)保留盈餘　　　　　　　　　(2)資本公積

(3)股東權益　　　　　　　　　(4)負債

答案：(2)

> ✎ 補充說明：
>
> 宣告現金股利時之分錄為：
>
> | xx/xx/xx | 保留盈餘 | xx,xxx | |
> |---|---|---|---|
> | | 應付股利 | | xx,xxx |
>
> 由分錄可知宣告現金股利將使**保留盈餘減少→股東權益減少→負債增加**。

【100年四等地方特考試題】

1.甲公司本年度有下列股票交易：

(一)以每股$25 發行每股面值$10 的普通股 10,000 股，股票發行成本$5,000。

(二)發行每股面值 $10 的普通股 10,000 股交換土地，土地經評估的評定價值為$700,000，股票在交易當時未知公允價值。

試作上述交易之分錄。

解題如下：

(一)股票發行之分錄：

xx/xx/xx	現金　　　　　　　　　　　245,000①	
	普通股股本	100,000②
	資本公積	
	－普通股股票溢價	145,000③

①＝每股發行價格$25×10,000 股－發行成本$5,000＝$245,000。

②＝每股面值$10×10,000 股＝$100,000。

③＝①－②。

(二)以發行普通股交換土地之分錄：

xx/xx/xx	土地　　　　　　　　　　　700,000①	
	普通股股本	100,000②
	資本公積	
	－普通股股票溢價	600,000③

①為土地的評定價值(或稱為：鑑定價值)。

②＝每股面值$10×10,000 股＝$100,000。

③＝①－②。

2.甲公司 X1 年底流通在外的股票資料如下：

　　普通股－面額$10，70,000 股

　　特別股－8%，面額$50，4,000 股

若特別股為累積、參加至10%,且已積欠二年股利。X1 年 12 月 31 日股東會決議發放現金股利，普通股每股可得現金股利$1.15，試問需宣告之現金股利總額為何？

(1)$128,500　　　(2)$132,500　　　(3)$135,500　　　(4)$148,500

答案：(2)

✎補充說明：

	特別股	普通股
積欠股利	$32,000②	
按股利率 8% 分配	16,000③	
剩餘數的分配	4,000④	$80,500①
	$52,000⑤	$80,500① $ ？⑥

第 29 頁 (第十一章 股東權益)

①＝普通股每股可得現金股利$1.15×70,000 股。

②＝特別股每股面額$50×4,000 股×8%×2 年。

③＝特別股每股面額$50×4,000 股×8%。

④＝特別股每股面額$50×4,000 股×參加最上限 10%－③。

⑤＝②＋③＋④。

⑥＝$80,500①＋$52,000⑤＝**$132,500**，此為本題答案。

【100 年五等地方特考試題】

1. 甲公司於 X9 年初開始營業，X9 年相關資料如下：

淨利	$500,000
現金股利	145,000
股票股利	50,000
庫藏股再發行價格超過成本	105,500
保留盈餘指撥或有損失準備	75,000

試問甲公司 X9 年 12 月 31 日保留盈餘應有之餘額為：

(1)$446,500　　(2)$341,000　　(3)$305,000　　(4)$230,000

答案：(3)

> **補充說明：**
>
> X9 年 12 月 31 日保留盈餘應有之餘額為：
>
> | | |
> |---|---:|
> | 淨利 | $500,000 |
> | 現金股利 | －145,000 |
> | 股票股利 | －50,000 |
> | 合　　計 | **$305,000** |
>
> 「庫藏股再發行價格超過成本」不會影響保留盈餘，「保留盈餘指撥或有損失準備」只會影響保留盈餘的組成項目，但不會影響保留盈餘總金額。

2.甲公司 20x1 年 6 月初，宣布分配 30% 之股票股利，當日已發行普通股 500,000 股，庫藏股票有 10,000 股，每股面額$10，市價$21，則該公司宣告日應貸記：
(1)普通股股本$1,470,000
(2)待分配股票股利$1,470,000
(3)待分配股票股利$1,500,000
(4)普通股股本$1,470,000 及資本公積－普通股股票溢價$1,617,000

答案：(2)

☞補充說明：

宣告股票股利時之分錄為：

20x1/06/xx	保留盈餘	1,470,000	
	待分配股票股利		1,470,000☆

☆＝$10×(已發行普通股 500,000 股－庫藏股票 10,000 股)×30%。

【99 年普考試題】

1.股票股利與股票分割對於投入資本、每股面值、保留盈餘及股東權益總額依序的影響，下列何者正確？
(1)股票股利：增加、不變、減少、不變；股票分割：不變、減少、不變、不變
(2)股票股利：不變、減少、不變、不變；股票分割：增加、不變、減少、不變
(3)股票股利：增加、不變、減少、不變；股票分割：不變、不變、減少、不變
(4)股票股利：增加、減少、不變、不變；股票分割：不變、減少、不變、不變

答案：(1)

☞補充說明：

分析股票股利與股票分割之影響如下：

影響項目	股票股利	股票分割
投入資本	增加	不變
每股面值	不變	減少
保留盈餘	減少	不變
股東權益總額	不變	不變

【99年四等地方特考試題】

1. 甲公司 X1 年 1 月 1 日的股東權益包括股本$2,300,000 及累積虧損$1,500,000 二項。當期甲公司資產淨增加$500,000，負債淨減少$350,000，試問甲公司 X1 年 12 月 31 日的股東權益總額為多少？

(1)$4,650,000　　　(2)$1,650,000　　　(3)$950,000　　　(4)$650,000

答案：(2)

　✎補充說明：

　　1.X1 年 1 月 1 日股東權益總額＝$2,300,000－$1,500,000＝$800,000。

　　2.X1 年度股東權益增加金額＝資產淨增加$500,000＋負債淨減少$350,000＝$850,000。

　　3.X1 年 12 月 31 日股東權益總額＝X1 年 1 月 1 日股東權益總額$800,000＋X1 年度股東權益增加金額$850,000＝**$1,650,000**。

【99年五等地方特考試題】

1. 甲公司成立於 X9 年初，核准發行面額$10 之普通股 30,000 股。X9 年 5 月 1 日以面額發行 1,500 股，7 月 1 日為支付律師費用$90,000 而發行 6,000 股，則前述各交易對資本公積之影響為：

(1)5 月 1 日：無影響；7 月 1 日：減少$30,000

(2)5 月 1 日：無影響；7 月 1 日：增加$30,000

(3)5 月 1 日：增加$15,000；7 月 1 日：無影響

(4)5 月 1 日：增加$15,000；7 月 1 日：增加$30,000

答案：(2)

　✎補充說明：

　　1.X9 年 5 月 1 日以面額發行 1,500 股之分錄：

| X9/05/01 | 現金 | 15,000 | |
| | 　　普通股股本 | | 15,000 |

2. X9 年 7 月 1 日支付律師費用之分錄：

X9/07/01	現金	90,000①
	普通股股本	60,000②
	資本公積	
	－普通股股票溢價	30,000③

①為律師費用之金額。

②＝6,000 股×面額$10。

③＝①－②。

2. X3 年 1 月 1 日甲公司之股東權益內容如下：

股東權益：

8%特別股股本，累積，面額$100	$ 200,000
普通股股本，面額$10	600,000
資本公積－普通股股票溢價	90,000
保留盈餘	240,000
股東權益合計	$1,130,000

已知甲公司於 X3 年 5 月 1 日以每股$14 購入庫藏股 8,000 股，並於 X3 年 9 月 1 日以每股$17 出售庫藏股 6,000 股。甲公司 X3 年度淨利為$110,000，未宣告股利，特別股的收回價格為$120，截至 X3 年 12 月 31 日已積欠 2 年的股利未發放。試計算 X3 年 12 月 31 日普通股的每股帳面金額。

(1)$16.21　　　　(2)$16.52　　　　(3)$17.07　　　　(4)$17.26

答案：(2)

📖 **補充說明：**

1. X3 年股東權益當年度變動金額：

項　　目	當年度變動金額
資本公積－庫藏股票交易	＋18,000
保留盈餘	＋$110,000
庫藏股票	－(＋$112,000－$84,000)
股東權益當年度變動金額	$100,000

第 33 頁 (第十一章 股東權益)

2. X3 年 12 月 31 日股東權益總額

   ＝X3 年 1 月 1 日股東權益總額$1,130,000

   ＋股東權益當年度變動金額$100,000＝$1,230,000

3. 特別股之權益：

   2 年積欠股利＝特別股總面額$200,000×8%×2 年＝$32,000

   收回價格$120×特別股 2,000 股＋積欠股利$32,000＝$272,000

4. 普通股之權益：

   X3 年 12 月 31 日股東權益總額$1,230,000

   －特別股之權益$272,000＝$958,000

5. X3 年 12 月 31 日普通股流通在外股數

   ＝普通股股本$600,000÷面額$10－庫藏股票 2,000 股＝58,000 股

6. X3 年 12 月 31 日普通股的每股帳面金額：

   X3 年 12 月 31 日普通股之權益$958,000

   ÷普通股流通在外股數 58,000 股＝**$16.52**

【98 年普考試題】

1. 下列有關保留盈餘提撥的敘述何者正確？

(1)保留盈餘一旦提撥，即永久不得再憑以發放現金股利或股票股利

(2)保留盈餘提撥時，並不代表限制資產用途

(3)當保留盈餘提撥的原因消滅，應與損益表中的損失項目對沖

(4)保留盈餘一旦提撥，即不為保留盈餘的一部分

答案：(2)

> 補充說明：

1. 選項(1)：敘述是錯誤的，因為保留盈餘提撥部分，若符合規定仍可轉回為未指撥部分，不一定會永久不得再憑以發放現金股利或股票股利。

2.選項(2)：敘述是正確的，因為保留盈餘提撥僅係限制保留盈餘用以發放股利，但並未限制「資產」用途，**答案為本選項**。

3.選項(3)：敘述是錯誤的，因為保留盈餘之提撥與不指撥與損益項目無關。

4.選項(4)：敘述是錯誤的，因為保留盈餘提撥僅係限制保留盈餘用以發放股利，其仍為保留盈餘的一部分。

【98年初等特考試題】

1.下列有關累積特別股股利之敘述何者正確？
(1)累積特別股股利若未發放，不視為違約，但仍為公司之義務，應認列為流動負債
(2)累積特別股股利若未發放，不視為違約，但仍為公司之義務，應認列為非流動負債
(3)發放累積特別股股利時，先視為支付當期特別股股利，若發放不足，繼續累積為積欠股利
(4)計算每股盈餘時，不論是否發放，當期累積特別股股利應自分子中扣除

答案：(4)

▶補充說明：

選項(1)、選項(2)及選項(3)之敘述均為錯誤的，**因為累積特別股股利於宣告時方可認列為負債，若當年度未宣告則為積欠股利，應以附註揭露**。選項(4)之敘述是為正確的，因為累積特別股股東對於當年度淨利已享有分配股利之權利，不論企業是否已宣告發放該股利。

2.【依IAS或IFRS改編】下列何者不會直接列示在保留盈餘表中？
(1)本期淨損　　　　　　　　　(2)前期損益調整
(3)停業單位損益　　　　　　　(4)現金股利

答案：(3)

3.以下關於每股帳面金額的說明,何者正確?
(1)代表每一股應承擔之負債
(2)若公司僅有一種股票,則每股帳面金額＝期末股東權益÷加權平均流通在外股數
(3)若公司有二種以上的股票,則應先將股東權益總額分配給各類股份,再計算每股帳面金額
(4)每股帳面金額與每股市價有必然的關係

答案:(3)

> 補充說明:
> 選項(1)、選項(2)及選項(4)之敘述均為錯誤的,**因為每股帳面金額為依帳列金額計算之該類股票每股的股東權益,與市價無關**;另每股帳面金額為特定日期之資料,故分母應為**該日流通在外股數**。

【98年四等地方特考試題】

1.下列何者一定不會減少保留盈餘?
(1)本期淨損　　　　　　　　　　(2)前期損失調整
(3)庫藏股票出售價格低於購入成本　(4)以資本公積彌補虧損

答案:(4)

> 補充說明:
> 1.選項(1)及選項(2)**一定會造成保留盈餘減少**。
>
> 2.選項(3)庫藏股票出售價格**低於**購入成本時之分錄為:
>
> | xx/xx/xx | 現金 | xx,xxx① |
> |---|---|---|
> | | 【仍有其他會計科目】 | x,xxx③ |
> | | 庫藏股票 | xx,xxx② |
>
> 分錄之①較小,②較大,為使分錄借貸平衡,借方要補科目(即③),其次序應先沖銷庫藏股票交易產生之資本公積,若仍有不足時,應再沖銷保留盈餘,**故有可能減少保留盈餘**。
>
> 3.選項(4)以資本公積彌補虧損會借記:資本公積,貸記:保留盈餘(累積虧損),**會增加保留盈餘,不會減少保留盈餘,答案為本選項**。

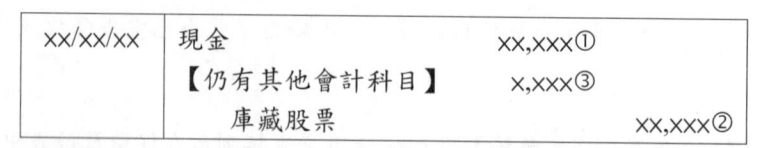

【98年五等地方特考試題】

1. 下列交易中，何者將會造成保留盈餘增加？
(1)提列特別盈餘公積
(2)資產重估價，認列未實現土地重估增值
(3)出售庫藏股時出售價格高於買回價格
(4)前期折舊費用多計之錯誤更正

答案：(4)

> 補充說明：
>
> 1. 選項(1)：提列特別盈餘公積僅會影響保留盈餘的組成項目，**但不會影響保留盈餘總金額**。
>
> 2. 選項(2)：未實現土地重估增值應列為權益項目，**但不會影響保留盈餘之金額**。
>
> 3. 選項(3)出售庫藏股時出售價格高於買回價格時之分錄為：
>
> | xx/xx/xx | 現金　　　　　　　　　xx,xxx① |
> | | 　庫藏股票　　　　　　　　　　xx,xxx② |
> | | 　【仍有其他會計科目】　　　　x,xxx③ |
>
> 分錄之①較大，②較小，為使分錄借貸平衡，貸方要補科目(即③)，應貸記庫藏股票交易產生之資本公積，**其不會影響保留盈餘**。
>
> 4. 選項(4)：前期折舊費用多計，造成以前年度淨利低估，因為以年度淨利已結轉至保留盈餘，**故此錯誤之更正應增列保留盈餘，故答案為本選項**。

2. 甲公司目前的股票價格為$30，且 X8 年保留盈餘變動僅來自於當期淨利及發放現金股利。若 X8 年期初及期末保留盈餘分別為 $20,000 及 $24,000，X8 年淨利為 $60,000，且有 50,000 股普通股流通在外，試問甲公司每股現金股利為？
(1)1.12　　　　　(2)1.2　　　　　(3)1.6　　　　　(4)1.5

答案：(1)

> 補充說明如下：

以 T 字帳分析保留盈餘會計科目之變動，即可求得答案，分析如下：

保留盈餘

X8 年現金股利	?	X8 年期初餘額	$20,000
		X8 年淨利	$60,000
		X8 年期末餘額	$24,000

X8 年現金股利？＝$20,000＋$60,000－$24,000＝**$56,000**

每股現金股利＝$56,000÷50,000 股＝**$1.12**

【97 年普考試題】

1.【依 IAS 或 IFRS 改編】 甲公司股東權益如下：

普通股股本，面值$10，流通在外 50,000 股	$500,000
特別股股本，面值$100，流通在外 2,000 股，非累積，贖回價格為$105	200,000
資本公積－普通股股票溢價	100,000
資本公積－特別股股票溢價	50,000
保留盈餘	400,000
	$1,250,000

則普通股每股帳面金額為：

(1) $19　　(2) $19.8　　(3) $20　　(4) $20.8

答案：(4)

📖 **補充說明：**

1. 股東權益總額＝$1,250,000

2. 特別股之權益＝贖回價格$105×特別股 2,000 股＝$210,000

3. 普通股之權益＝股東權益總額$1,250,000
   －特別股之權益$210,000＝$1,040,000

4. 普通股流通在外股數＝50,000 股

5. **普通股的每股帳面金額**＝普通股之權益$1,040,000
   ÷普通股流通在外股數 50,000 股＝**$20.80**

2.【依 IAS 或 IFRS 改編】甲公司於 X3 年年底發現下列錯誤。該公司 X1~X3 年未更正下列錯誤前的淨利分別為$81,000、$345,000 及$425,000。

(一) X1 年 10 月 1 日支付兩年保險費$120,000，該公司於支付時全數認列為費用，且 X1 及 X2 年底期末均未作調整。

(二) 產品維修費用估計為銷貨金額的 3%，X1 年及 X2 年度的銷貨金額分別為$1,200,000 及$1,500,000。X1 年及 X2 年度的實際維修支出分別為$30,000 及$50,000，因此分別認列$30,000 及$50,000 的維修費用。

(三) 甲公司於 X2 年以$500,000 購入乙公司公司債，甲公司分類為按攤銷後成本衡量之金融資產。X2 年底及 X3 年底公司債的市價為$510,000 及$505,000，甲公司分別認列公司債評價損失$10,000 及評價利益$5,000。

試求：

1. 計算甲公司 X1、X2 及 X3 年度正確的淨利。
2. 計算甲公司 X2 年度的淨利率。
3. 甲公司 X3 年初普通股流通在外股數為 100,000 股，7 月 1 日辦理現金增資 50,000 股，計算 X3 年度的每股盈餘。

解題：

1. 甲公司 X1、X2 及 X3 年度正確的淨利計算如下：

	X1 年	X2 年	X3 年
錯誤更正前之淨利	$81,000	$345,000	$425,000
1.保險費錯誤更正			
(1)先還原原認列金額	+120,000		
(2)再扣減應認列金額	−15,000①	−60,000②	−45,000③
2.產品維修費錯誤更正			
(1)先還原原認列金額	+30,000	+50,000	
(2)再扣減應認列金額	−36,000④	−45,000⑤	
3.評價損益錯誤更正			
(1)先還原原認列金額		+10,000	−5,000
(2)再扣減應認列金額		不須認列	不須認列
正確的淨利	$180,000	$300,000	$375,000

2. 甲公司 X2 年度的**淨利率**＝淨利$300,000÷銷貨收入$1,500,000＝**20%**

3.甲公司 X3 年度的每股盈餘：

(1)流通在外普通股加權平均股數

＝100,000 股×12/12＋50,000 股×6/12＝**125,000 股**

(2)**每股盈餘**＝淨利$375,000 ÷ 125,000 股＝**$3**

【97 年四等地方特考試題】

1.甲公司發行面額 $10 之普通股，流通在外 15,000 股，另外亦發行面額 $50 之累積、完全參加特別股 1,000 股。X1 年度甲公司支付現金股利，計普通股股東$19,500 及特別股股東$13,500，其中特別股股利分配包括額外 6%的參加股利，且 X1 年度前已有兩年未發放股利，試求特別股之設定股利率為多少？

(1) 6%　　　　(2)7%　　　　(3)8%　　　　(4)9%

答案：(2)

補充說明：

特別股可分配之股利為：

	特別股
積欠股利	$　？　④
按股利率？% 分配	？　③
剩餘數的分配	3,000②
	$13,500①

①為特別股股東獲配的現金股利金額。

②為特別股股東分配 6%參加部分之股利金額＝$50 ×1,000 股×6%。

③為 X1 年度應分配的股利金額。

④兩年的積欠股利＝③x2 倍。

由上列的計算，可推算③及④的金額如下：

④＋③＋②＝①

③x2 倍＋③＋$3,000＝$13,500→③＝**$3,500**

④＝③x2 倍＝$3,500x2 倍＝$7,000

特別股之設定股利率＝$3,500÷特別股總面額$50,000＝**7%**

【97年五等地方特考試題】

1.甲公司股東權益相關項目之餘額包括：投入資本$2,500,000、保留盈餘$3,200,000、庫藏股$800,000，特別盈餘公積$2,120,000、股本$1,500,000、未分配盈餘$1,080,000、資本公積$1,000,000，則甲公司股東權益合計為若干？
(1)$4,900,000　　(2)$6,500,000　　(3)$10,600,000　　(4)$12,200,000

答案：(1)

補充說明：

股東權益金額＝$2,500,000＋$3,200,000－$800,000＝**$4,900,000**

因為特別盈餘公積$2,120,000＋未分配盈餘$1,080,000＝保留盈餘，股本$1,500,000＋資本公積$1,000,000＝投入資本，**前列算式已包括保留盈餘及投入資本，不須再將特別盈餘公積、未分配盈餘、股本、資本公積納入計算，以免重覆計算。**

【96年初等特考試題】

1.某公司X1年中購置土地一筆，支付佣金$400,000，誤以佣金費用入帳。該公司於X3年初發現此項錯誤，則X3年須採之更正分錄為：
(1)借記：佣金費用$400,000，貸記：土地$400,000
(2)借記：土地$400,000，貸記：前期損益調整$400,000
(3)借記：前期損益調整$400,000，貸記：土地$400,000
(4)借記：非常損失$400,000，貸記：土地$400,000

答案：(2)

補充說明：

1.錯誤分錄為：

X1/xx/xx	佣金費用	400,000	
	現金		400,000

2.正確分錄為：

X1/xx/xx	土地	400,000	
	現金		400,000

3. 沖銷錯誤分錄(即將錯誤分錄會計科目借貸相反)，並補作正確分錄，再將借貸方相同會計科目求取淨額，即為若於發生錯誤年度(X1年)即發現所為之更正分錄。列示如下：

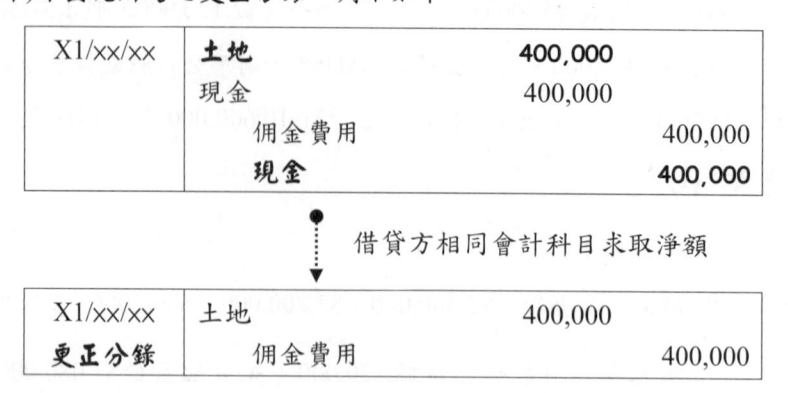

X1/xx/xx	土地	400,000	
	現金	400,000	
	佣金費用		400,000
	現金		400,000

↓ 借貸方相同會計科目求取淨額

| X1/xx/xx | 土地 | 400,000 | |
| 更正分錄 | 佣金費用 | | 400,000 |

4. 前列第3項所列示之更正分錄是為若於發生錯誤年度(X1年)即發現所為之更正分錄；但本題發生錯誤為 X1 年，發現錯誤為 X3 年，已跨年度，故須將損益科目改列為保留盈餘，方為於 X3 年發現錯誤時所為之更正分錄。列示如下：

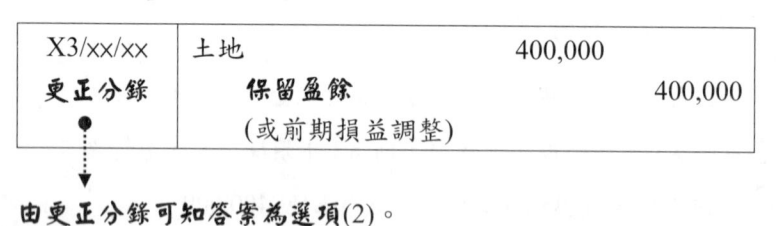

X3/xx/xx	土地	400,000	
更正分錄	保留盈餘		400,000
	(或前期損益調整)		

由更正分錄可知答案為選項(2)。

2. 應收帳款收現$750，誤記為借：現金$7,500，貸：銷貨收入$7,500，則發現錯誤時之更正分錄為：
(1)借：應收帳款$750 (2)貸：應收帳款$750
(3)借：銷貨收入$6,750 (4)貸：銷貨收入$6,750

答案：(2)

☞補充說明：

1.錯誤分錄為：

| xx/xx/xx | 現金 | 7,500 | |
| | 銷貨收入 | | 7,500 |

第42頁 (第十一章 股東權益)

2.正確分錄為：

xx/xx/xx	現金	750	
	應收帳款		750

3.沖銷錯誤分錄(即將錯誤分錄會計科目借貸相反)，並補作正確分錄，再將借貸方相同會計科目求取淨額，即為更正分錄。列示如下：

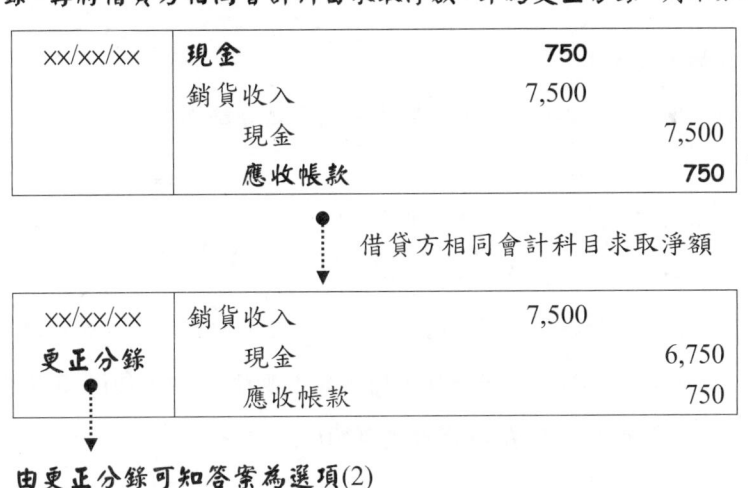

xx/xx/xx	現金	750	
	銷貨收入	7,500	
	現金		7,500
	應收帳款		750

↓ 借貸方相同會計科目求取淨額

xx/xx/xx 更正分錄	銷貨收入	7,500	
	現金		6,750
	應收帳款		750

由更正分錄可知答案為選項(2)

【96年五等地方特考試題】

1.假設公司無特別股，則「每股帳面金額」是指：
(1)普通股每股賺得之淨利
(2)股票之市價
(3)公司總資產除以流通在外普通股股數
(4)公司淨資產除以流通在外普通股股數

答案：(4)

☞補充說明：

每股帳面金額為公司權益總額(本題無特別股，故均為普通股之股東權益)除以流通在外普通股股數，**淨資產即為權益總額(＝資產總額－負債總額)**。

【95年普考試題】

1.庫藏股之再發行價格超過買回成本的部分,在財務狀況表上應列為:

(1)股本的一部分　　　　　　　　(2)庫藏股成本的一部分
(3)資本公積的一部分　　　　　　(4)股東權益之減項

答案:(3)

✎補充說明:

庫藏股之再發行(即出售)庫藏股票之分錄為:

xx/xx/xx	現金　　　　　　　　　　　xx,xxx①
	庫藏股票　　　　　　　　　xx,xxx②
	【仍有其他會計科目】　　　　x,xxx③

題目告知再發行價格(出售價格)超過買回成本,表示分錄之①較大,②較小。為使分錄借貸平衡,貸方要補科目(即③),**其為「資本公積－庫藏股票交易」**,答案為選項(3)。

【95年初等特考試題】

1.【依IAS或IFRS改編】下列那一項交易不影響權益?

(1)設備資產折舊之提列　　　　　(2)商品之銷售
(3)購置房屋　　　　　　　　　　(4)宣告並發放現金股利

答案:(3)

✎補充說明:

1.選項(1)及選項(2):提列折舊及銷售商品會影響本期淨利,本期淨利會結轉保留盈餘,**進而影響權益。**

2.選項(3):若以現金購置房屋,則會增加房屋及減少現金之資產會計科目金額,**不會影響權益金額**,答案為本選項。

3.選項(4):宣告並發放現金股利會造成保留盈餘減少,**進而影響權益。**

2. 5%的股票股利代表：

(1)流通在外股數增加5%，股東權益總金額也增加5%

(2)流通在外股數增加5%，股東權益總金額卻減少5%

(3)流通在外股數增加5%，但股東權益總金額不變

(4)流通在外股數增加5%，但股東權益總金額的變化則視股票市價高低而定

答案：(3)

補充說明：

宣告並發放股票股利之分錄為：

| xx/xx/xx | 保留盈餘 | xx,xxx | |
| | 普通股股本 | | xx,xxx |

由上列可知宣告並發放股票股利會**使流通在外股數增加，但不會造成股東權益總金額變動**，答案為選項(3)。

【95年四等地方特考試題】

1. 前期損益調整項目應列示於：

(1)當年度現金流量表中　　　(2)當年度財務狀況表中

(3)當年度損益表中　　　　　(4)當年度保留盈餘表中

答案：(4)

補充說明：

本題答案為保留盈餘表，國際財務報導準則並未規定須編製保留盈餘表，**若適用國際財務報導準則，前期損益調整項目應列示於權益變動表，並應以稅後金額列示**。

第十二章　投資

重點內容：

- **本章主題**
  1. **債務工具**投資(如：投資其他企業發行之公司債)。
  2. **權益工具**投資(如：投資其他企業發行之股票)。

- **金融資產的定義**

  金融資產包括**現金**、**另一企業之權益工具**(如股票)、**合約權利**及將以或可能**以企業本身權益工具交割之合約**。

- **投資工具及會計處理之架構**

  有關投資工具及會計處理之架構列示如下：

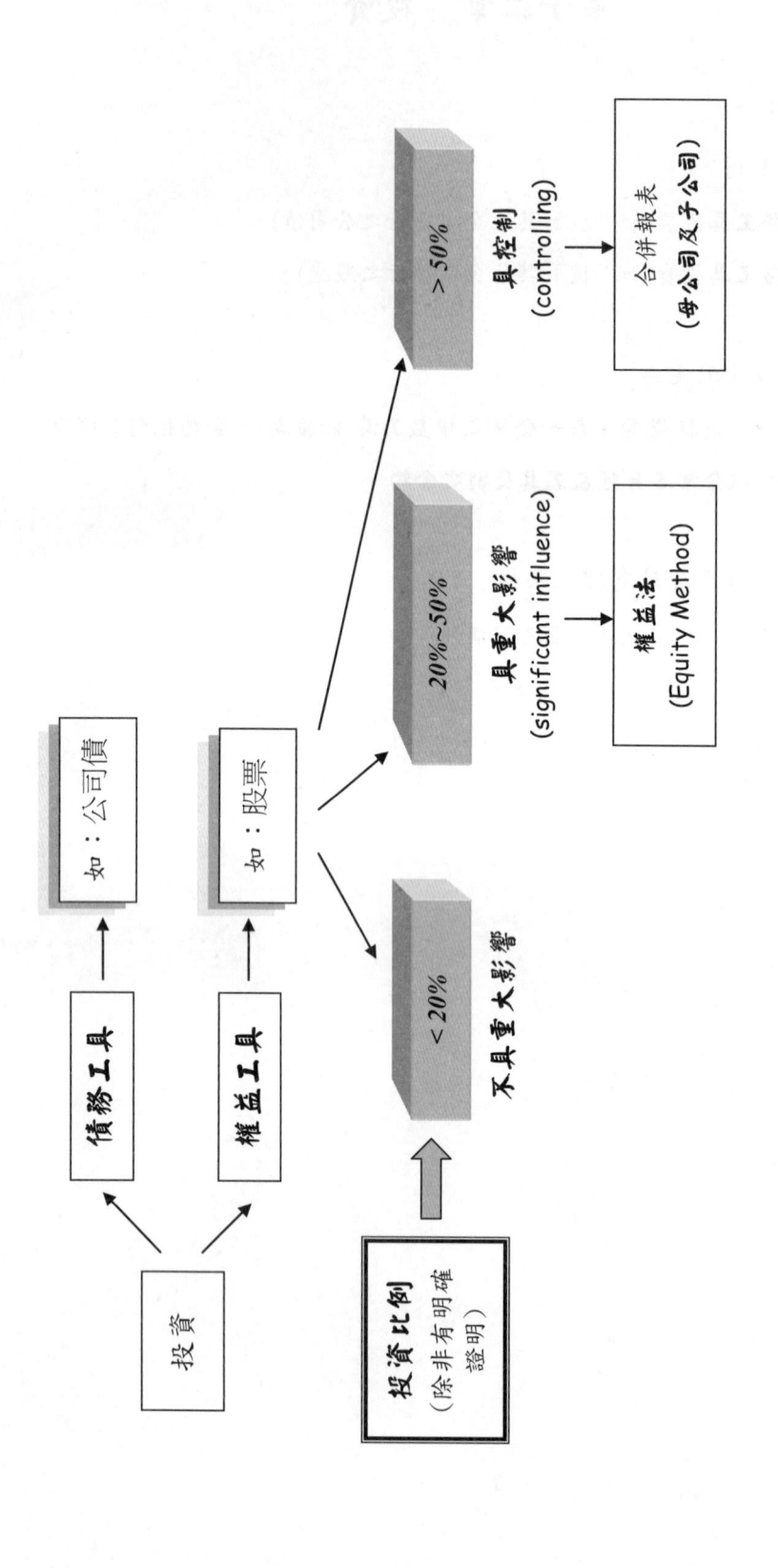

```
                                              具控制
                                            (controlling)  →  合併報表
                                              > 50%           (母公司及子公司)

          債務工具 → 如：公司債

                                            具重大影響
                                        (significant influence)  →  權益法
          權益工具 → 如：股票         20%~50%                    (Equity Method)

投資
                                            不具重大影響
                                              < 20%

                                    投資比例
                                  (除非明確
                                    有證明)
```

第 2 頁（第十二章 投資）

● 投資具重大影響

企業投資直接或間接持有被投資者 20% 以上之表決權時，則推定投資者具重大影響，除非能明確證明不具重大影響。當企業投資被投資企業具重大影響時，被投資企業稱為**關聯企業**。

> **定義：**關聯企業係指投資者對其有重大影響之企業，重大影響係指參與被投資者財務及營運政策決策之權力。

投資關聯企業之會計處理原則上應採用權益法。採權益法之會計處理重點如下：

1. 投資關聯企業**原始入帳金額依成本認列**。

2. 取得日後之帳面金額**將隨投資者認列所享有之被投資者損益份額**(即依被投資者損益按投資比例認列之金額)**而增減**。

3. 收取被投資者之利潤分配(如發放股利)，會減少該投資之帳面金額。

● 投資具控制

當企業投資另一個體而具控制時，投資企業為母公司，被投資企業為子公司。相關名詞定義為：

1. 所謂控制係指主導某一個體之財務及營運政策決策之權力，以從其活動中獲取利益。

2. 子公司係指由另一個體(母公司)所控制之個體。

3. 母公司係指擁有一個或多個子公司之個體。

母公司直接或透過子公司間接擁有一個體超過半數之表決權，除在極端情況下，有明確證據顯示該所有權未構成控制者外，即推定存在控制。母公司雖僅直接或間接擁有一個體半數或未達半數之表決權，但若有下列情況之一者，仍存在控制：

1. 經由與其他投資者之協議，**具超過半數表決權之權力**。

2. 依法令或協議，具**主導**該個體財務及營運政策之權力。

3. **具任免**董事會(或類似治理單位)大多數成員之權力，且由該董事會(或類似治理單位)**控制**該個體。

4. **具掌握**董事會(或類似治理單位)會議大多數表決權之權力，且由該董事會(或類似治理單位)**控制**該個體。

除特定情況下，**母公司應依規定提出合併財務報表**，將其對子公司之投資納入該合併財務報表中。

● 投資成本之決定

原始認列金融資產時，若金融資產**非屬透過損益按公允價值衡量者**，企業應按公允價值 加計 直接可歸屬於取得金融資產之交易成本衡量；此表示**若屬透過損益按公允價值衡量者，其交易成本應列為費用**。

● 投資之分類及定義

企業應以下述兩項為基礎將金融資產分類：
1. 企業管理金融資產之**經營模式**。
2. 金融資產之**合約現金流量特性**。

債務工具可分類為：

1. 按攤銷後成本 衡量之金融資產：經營模式之目的係持有金融資產以收取合約現金流量。

2. 透過其他綜合損益 按公允價值衡量之金融資產：經營模式之目的係藉由收取合約現金流量及出售金融資產達成。

3. 透過損益 按公允價值衡量之金融資產。

4. 不可撤銷的 指定為透過損益 按公允價值衡量之金融資產。

債務工具投資分類為**按攤銷後成本衡量之金融資產**及**透過其他綜合損益按公允價值衡量之金融資產**仍須做折、溢價攤銷，但一般慣例不另設折、溢價會計科目，而是直接調整相關投資會計科目之帳面金額。

權益工具可分類為：
1. 透過損益按公允價值衡量之金融資產。
2. 不可撤銷的選擇透過其他綜合損益按公允價值衡量之金融資產。

● 投資之重分類
1. **不得**將原始認列時係被企業不可撤銷的指定為透過損益按公允價值衡量之債務工具投資**重分類**。其他分類可以重分類至其他分類(不含不可撤銷的指定為透過損益按公允價值之金融資產)。

2. **權益工具投資不可以重分類。**

● 金融資產之減損
企業對於債務工具投資分類為**按攤銷後成本衡量之金融資產**及**透過其他綜合損益按公允價值衡量之金融資產**應適用國際財務報導準則第 9 號「金融工具」中有關減損之規定。有關「應收款項」之減損，請參閱第五章「應收款項」說明。

● 票面利率與市場利率(或稱有效利率)之關係
1. 投資公司債，若該公司債之票面利率**大於**市場利率，則會**溢價投資**(即投資成本會**大於**票面金額)。

2. 投資公司債，若該公司債之票面利率**小於**市場利率，則會**折價投資**(即投資成本會**小於**票面金額)。

3. 投資公司債，若該公司債之票面利率**等於**市場利率，則會**平價投資**(即投資成本會**等於**票面金額)。

- 股票股利之會計處理

    因投資而取得股票股利時，**應作備忘記錄，記載增加的股數**。

- 投資當年度獲配股利之會計處理

    我國實務係於次年度分配上年度之盈餘(宣告發放股利)，**故投資當年度獲配股利時應沖減相關投資會計科目之帳面金額**。

【108年普考試題】

1. X8年1月1日甲公司支付$234,000購買乙公司25%普通股股份,對乙公司具有重大影響力。若甲公司 X8 年淨利為$500,000,乙公司 X8 年淨利為$200,000(無其他綜合損益)。甲公司X8年12月31日對乙公司之該項投資項目帳面金額為$252,000。試問乙公司 X8 年宣告發放現金股利為何?

(1)$32,000　　　(2)$50,000　　　(3)$125,000　　　(4)$128,000

答案:(4)

✍補充說明:

乙公司 X8 年宣告發放現金股利之計算如下:

採用權益法之投資

原始投資　　　　　$234,000	按比例認列關聯企業 X8 年發放股利 $?×25%＝$?
按比例認列關聯企業 X8 年淨利 $200,000×25%＝$50,000	
X8 年底之餘額 $252,000	

$234,000＋$50,000－$?×25%＝$252,000

乙公司 X8 年宣告發放現金股利＝**$128,000**

2. 乙公司 X2 年12月31日以面額$1,000,000 買入五年期,每年底收息一次,票面利率5%之債券,該債券列入以攤銷後成本衡量之投資。若乙公司 X2 年12月31日認列$10,000 之減損損失,請問 X2 年底該債券攤銷後成本與乙公司 X3 年底應認列之利息各為何?

(1)攤銷後成本為$990,000;利息收入為$49,500

(2)攤銷後成本為$990,000;利息收入為$50,000

(3)攤銷後成本為$1,000,000;利息收入為$49,500

(4)攤銷後成本為$1,000,000;利息收入為$50,000

答案:(2)

✍補充說明如下:

1. 攤銷後成本＝投資成本$1,000,000－備抵減損$10,000＝**$990,000**
2. 利息收入＝投資成本$1,000,000×5%＝**$50,000**

【108年初等特考試題】

1.【依IAS或IFRS改編】 丁公司X1年相關資訊如下：銷售暨管理費用$105,000，預期信用減損損失$20,000，停業單位損失$30,000，銷貨收入$280,000，銷貨成本$200,000，透過其他綜合損益按公允價值衡量之權益工具投資未實現評價利益$35,000，試問丁公司X1年淨利(損)為何(不考慮所得稅影響)？

(1)$10,000　　(2)$(20,000)　　(3)$(40,000)　　(4)$(75,000)

答案：(4)

> 補充說明：
>
> $280,000－$200,000－$105,000－$20,000－$30,000＝**損失$75,000**
>
> 透過其他綜合損益按公允價值衡量之權益工具投資未實現評價利益$35,000應列為**其他綜合損益**。

2.【依IAS或IFRS改編】 己公司於X6年1月1日平價買入庚公司發行之面額$10,000，票面利率10%，每年12月31日付息之債券，並將其分類為透過其他綜合損益按公允價值衡量之金融資產，X6年12月31日庚公司債券之公允價值$12,000，己公司隨即於X7年1月1日將該投資全數以$12,000出售，則己公司X7年關於該投資應認列之處分投資(損)益為(不考慮所得稅)：

(1)$(2,000)　　(2)$0　　(3)$1,000　　(4)$2,000

答案：(4)

> 補充說明：
>
> $12,000－$10,000＝**重分類調整之利益$2,000**

3.【依IAS或IFRS改編】甲公司以$68,000購入乙公司股票，原欲將其歸類為「透過損益按公允價值衡量之金融資產」，但甲公司誤將其列為「透過其他綜合損益按公允價值衡量之金融資產」，年底該投資之公允價值為$59,500，則：
(1)本期淨利高估　　　　　　　　　(2)資產總額低估
(3)金融資產未實現評價損失低估　　(4)權益低估

答案：(1)

　　📝補充說明：

　　1.本題投資分類錯誤→**正確分類**低估評價損失→造成**本期淨利高估**→造成權益高估。

　　2.本題投資分類錯誤→**錯誤分類**高估未實現評價損失→造成其他綜合損益低估→造成權益低估。

　　3.本題投資分類錯誤→二項分類之投資均須按公允價值衡量→資產總額相同，未高估，亦未低估。

　　4.**結論**：本題投資分類錯誤造成(1)本期淨利**高估**、(2)資產總額**未高估及低估**、(3)金融資產未實現評價損失**高估**、(4)權益**未高估及低估**。本題答案為**選項**(1)。

【107年普考試題】

1.甲公司在X1年3月5日以每股$14購入乙公司股票2,000股，並將之歸類為透過其他綜合損益按公允價值衡量之股票投資。乙公司在X1年8月宣告並發放每股$1.5現金股利。另X1年底，乙公司股票價格為每股$16。試問該項投資對甲公司X1年之財務報表有何影響？
(1)本期淨利增加$3,000　　　　　(2)本期淨利增加$7,000
(3)股東權益增加$4,000　　　　　(4)其他綜合損益增加$7,000

答案：(1)

　　📝補充說明如下：

1. 股利收入＝$1.5×2,000股＝**$3,000**→造成本期淨利增加

2. 金融資產未實現評價利益計算如下：

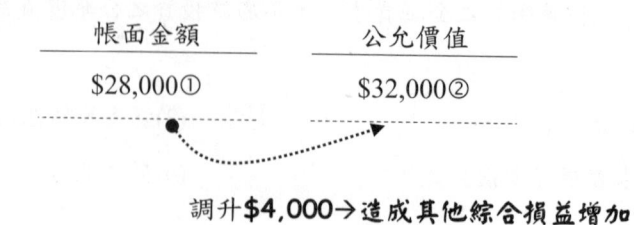

帳面金額	公允價值
$28,000①	$32,000②

調升**$4,000**→造成其他綜合損益增加

① ＝$14×2,000 股
② ＝$16×2,000 股

【107年初等特考試題】

1. 甲公司於X1年5月28日以每股$25之價格購入乙公司股票32,000股，並分類為透過損益按公允價值衡量之金融資產。X1年9月15日乙公司分配10%股票股利，當時市場價格為每股$26。另外，X1年12月31日乙公司股票之市價為每股$24。關於該股票投資，甲公司X1年之本期淨利影響數為：

(1)增加$19,200 (2)增加$44,800
(3)減少$32,000 (4)減少$64,000

答案：(2)

補充說明：

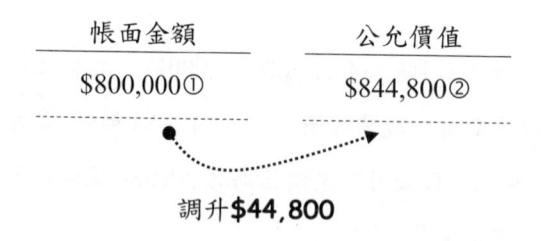

帳面金額	公允價值
$800,000①	$844,800②

調升**$44,800**

① ＝$25×32,000 股
② ＝$24×32,000 股×(1＋10%)

2.甲公司X1年12月12日以$23,000購入乙公司之普通股作為「透過損益按公允價值衡量之金融資產」，若該投資X1年底之公允價值為$25,000，而X2年1月23日甲公司出售時之公允價值為$28,000，請問X2年應認列之相關利益為？
(1)$0　　　　　(2)$2,000　　　　(3)$3,000　　　　(4)$5,000

答案：(3)

　　補充說明：

　　　X2年應認列之相關利益＝$28,000－$25,000＝**$3,000**

【107年五等地方特考試題】

1.甲公司X4年10月1日以總現金$510,000 買入乙公司發行面額$500,000，票面利率8%的債券，並列入「透過其他綜合損益按公允價值衡量之金融資產」。乙公司債券分別於6/30、12/31每半年付息一次，在X4年年底時，乙公司債券的公允價值為$505,000，試問甲公司X4年會認列(不考慮交易成本)：
(1)透過其他綜合損益按公允價值衡量之金融資產未實現評價損失$5,000於本期損益中
(2)透過其他綜合損益按公允價值衡量之金融資產未實現評價利益$5,000於本期損益中
(3)透過其他綜合損益按公允價值衡量之金融資產未實現評價損失$5,000於本期其他綜合損益中
(4)透過其他綜合損益按公允價值衡量之金融資產未實現評價利益$5,000於本期其他綜合損益中

答案：(4)

　　補充說明：

　　　1. X4/07/01～X4/10/01之利息：$500,000×8%×3/12＝$10,000

　　　2.甲公司投資公司債之成本＝$510,000－$10,000＝$500,000，此表示甲公司是按票面金額投資公司債。

　　　3.債券之公允價值$505,000－投資公司債之帳面金額$500,000＝**未實現評價利益$5,000**。

2.甲公司於X5年1月1日取得乙公司25%之股權並採權益法處理，取得時投資成本與被投資公司股權淨值並無差異。X5年12月31日甲公司關於該投資帳面金額為$500,000。乙公司X5年之淨利為$300,000(無本期其他綜合損益項目)，宣告並支付股利$120,000。則甲公司X5年初取得此投資之成本為何？
(1)$425,000　　　(2)$455,000　　　(3)$530,000　　　(4)$545,000

答案：(2)

📖補充說明：

投資成本$？＋$300,000×25%－$120,000×25%＝$500,000

投資成本$？＝**$455,000**

3.甲公司於X1年中以$10,000購入股票一筆分類為透過其他綜合損益按公允價值衡量之金融資產，該筆股票X1年底之公允價值為$12,000。X2年3月31日該筆股票以$13,000出售。關於該筆股票對該公司X2年綜合損益表之影響，下列敘述何者正確(不考慮所得稅影響)？
(1)本期淨利增加$1,000　　　　　(2)本期淨利增加$3,000
(3)綜合損益總額增加$1,000　　　(4)綜合損益總額增加$3,000

答案：(3)

📖補充說明：

$13,000－$12,000＝其他綜合損益增加$1,000→**造成綜合損益增加$1,000**。

【106年普考試題】

1.X5年1月2日甲公司支付$105,600，購買丙公司8,000股普通股股票，因而對丙公司具重大影響力。丙公司共有40,000股普通股流通在外。丙公司X5年及X6年分別認列$92,000及$136,000的淨利，亦分別宣告發放每股$0.90現金股利。X7年1月3日甲公司賣掉其中3,000股，總共收現$46,500，試問甲公司須認列處分損益之金額為多少？
(1)損失$4,800　　(2)利得$6,900　　(3)利得$7,290　　(4)損失$7,500

答案：(1)

> 補充說明：
> 1. 採權益法投資之帳面金額＝$105,600＋$92,000×20%
>   ＋$136,000×20%－$0.90×8,000股×2年＝$136,800
> 2. 處分損失＝$136,800÷8,000股×3,000－$46,500＝**$4,800**

2. 甲公司X7年1月1日以$300,000投資乙公司40%之普通股，並按權益法記錄該投資。若X7年乙公司之淨利為$150,000(乙公司並未發行特別股)，甲公司收到$45,000之現金股利，且甲公司該投資在X7年底之公允價值為$330,000，則甲公司此項採權益法之投資在X7年之期末帳面金額應為多少？
(1)$300,000　　(2)$315,000　　(3)$330,000　　(4)$342,000

答案：(2)

> 補充說明：
> 採權益法之投資在X7年之期末帳面金額
> ＝$300,000＋$150,000×40%－$45,000＝**$315,000**

3. 【依IAS或IFRS改編】甲公司投資乙公司股票$580,000，應分類為「透過損益按公允價值衡量之金融資產」，年底該投資之公允價值為$565,000，但甲公司誤將該股票投資列入「透過其他綜合損益按公允價值衡量之權益工具投資」，請問有何影響？
(1)不影響損益　　　　　　　(2)資產低估$15,000
(3)損失低估$15,000　　　　(4)權益總額高估$15,000

答案：(3)

> 補充說明：
> 1. 若分類為「**透過損益按公允價值衡量之金融資產**」，發生之評價損失$15,000(＝$580,000－$565,000)，應認列為**損益項目**。
> 2. 若分類為「**透過其他綜合損益按公允價值衡量之權益工具投資**」，發生之評價損失$15,000(＝$580,000－$565,000)，應認列為**其他綜合損益**。

3.綜合以上分析，甲公司投資分類錯誤會造成：

(1) **損失低估**$15,000→本期淨利高估$15,000→權益總額高估$15,000。

(2)其他綜合損失低估$15,000→權益總額低估$15,000。

(3) **資產未受不影響**。

(4)由第(1)項及第(2)項可知**權益總額未受不影響**。

【106年五等地方特考試題】

1.【依IAS或IFRS改編】甲公司列為透過其他綜合損益按公允價值衡量之權益工具投資相關資料如下：

	成本總額	公允價值總額
X8年12月31日	$900,000	$840,000
X9年12月31日	900,000	960,000

則甲公司X9年度有關前項投資之其他綜合損益為：

(1)損失$60,000　　　　　　　　(2)$0

(3)利益$60,000　　　　　　　　(4)利益$120,000

答案：(4)

補充說明：

X9年度有關投資之其他綜合損益
＝$960,000－$840,000＝**$120,000**

2.甲公司X5年8月1日以每股$18購買乙公司股票40,000股，另付手續費$3,500，並列入「透過損益按公允價值衡量之金融資產」，乙公司X5年10月2日宣告分配每股現金股利$1.5，X5年11月2日為除息日。X5年12月31日的市場價格為每股$20，試問甲公司在X5年因持有乙公司股票對當期損益之影響為何？

(1)增加淨利$60,000　　　　　　(2)增加淨利$80,000

(3)增加淨利$136,500　　　　　(4)增加淨利$140,000

答案：(3)

✎ **補充說明：**

甲公司 X5 年因持有乙公司股票對當期損益之影響：

1. 手續費＝$3,500

2. 評價利益＝$20×40,000 股－$18×40,000 股＝$80,000

3. 股利收入＝$1.5×40,000 股＝$60,000

4. 綜合以上計算可知因投資造成當期損益**增加$136,500**(＝$80,000＋$60,000－$3,500)

【105 年普考試題】

1. 【依IAS或IFRS改編】甲公司於X6年初以每股$30買入乙公司股票10,000股，並列為透過其他綜合損益按公允價值衡量之權益工具投資。X6年7月10日收到乙公司配發之股票股利(盈餘配股：1股配0.1股，公積配股：1 股配0.2股)，當日乙公司股價為$31。若甲公司未處分乙公司股票，X6年底乙公司股票每股公允價值為$28，則持有乙公司股票對甲公司X6 年其他綜合損益影響為何？

(1)減少$20,000　　(2)增加$8,000　　(3)增加$29,000　　(4)增加$64,000

答案：(4)

✎ **補充說明：**

帳面金額	公允價值
$30×10,000 股	$28×10,000 股×(1 股＋0.3 股)
＝$300,000	＝$364,000②

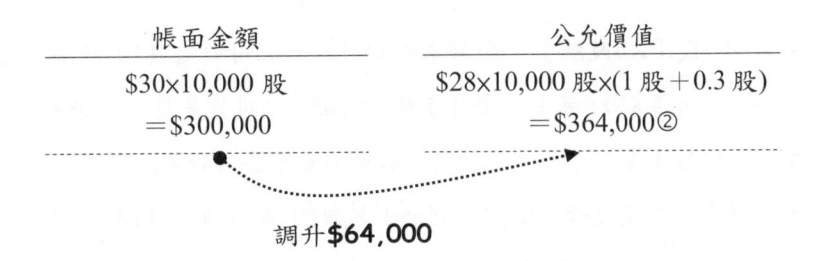

調升**$64,000**

2. 【依IAS或IFRS改編】甲公司X0年1月1日以$217,000購入5年期公司債，面額$200,000，票面利率7%，每年12月31日付息，甲公司另支付手續費$320，有效利率為5%。甲公司該投資分類為按攤銷後成本衡量之金融資產。試問該公司債投資X0年12月31日之帳面金額為：

(1)$200,000　　(2)$204,000　　(3)$213,850　　(4)$214,186

答案：(4)

☞補充說明：

公司債投資X0年12月31日之帳面金額

$= (\$217,000+\$320) - [\$200,000 \times 7\% - (\$217,000+\$320) \times 5\%]$

$= \$214,186$

3.【依IAS或IFRS改編】甲公司X6年度財務資料如下：流動資產增加$66,000，非流動資產增加$250,000，流動負債減少$50,000，非流動負債增加$165,000，股本無增減，資本公積增加$35,000，若甲公司X6年度其他綜合損益僅含透過其他綜合損益按公允價值衡量之權益工具投資未實現評價利益$14,000，宣告現金股利$50,000，則本期淨利為何？

(1)$116,000　　　(2)$202,000　　　(3)$216,000　　　(4)$230,000

答案：(2)

☞補充說明：

$\$66,000+\$250,000 = (-\$50,000+\$165,000)$
$+\$35,000+\$14,000-\$50,000+$本期淨利？

本期淨利＝$202,000

【104年普考試題】

1.【依IAS或IFRS改編】甲公司本年初購入乙公司普通股10,000股，當時乙公司每股市價為$20，另支付交易手續費$285。該投資是屬於透過其他綜合損益按公允價值衡量之權益工具投資。本年期末乙公司股票之市價為$23，請問當年度甲公司該項投資對本期淨利的影響數(不考慮所得稅)為：

(1)$29,715　　　(2)$30,000　　　(3)$0　　　(4)$10,000

答案：(3)

☞補充說明：

透過其他綜合損益按公允價值衡量之權益工具投資於報導期間結束日應做評價，**其未實現之評價損益應認列為其他綜合損益項目，而非認列為損益項目**，故對本期淨利的影響數為$0。

【104年初等特考試題】

1.【依IAS或IFRS改編】 甲公司於X1年1月1日以$95,509買入乙公司發行5年期，面額$100,000、票面利率3%之公司債，其有效利率4%，每年付息日為6月30日及12月31日。甲公司將此公司債分類為透過其他綜合損益按公允價值衡量之債務工具投資，X1年底此批公司債公允價值$97,500，則X1年底的透過其他綜合損益按公允價值衡量之債務工具投資未實現評價(損)益為(小數點以下四捨五入至整數位)：

(1)$1,163　　　(2)$1,171　　　(3)$1,991　　　(4)$(2,500)

答案：(1)

　　📖 補充說明：

　　　1.編製攤銷表如下：

日期	貸:現金	借:利息費用 2%	攤銷數	帳面金額
X1/01/01				$95,509
X1/06/30	$1,500	$1,910	−$410	95,919
X1/12/31	1,500	1,918	−418	96,337
……	……	……	……	……

　　　2.未實現評價**利益** = $97,500 − $96,337 = **$1,163**

2.【依IAS或IFRS改編】 承上題，假設X2年底該批債券的公允價值為$98,000，假設期初未作迴轉分錄，則X2年底評價分錄得(小數點以下四捨五入至整數位)：

(1)借記透過其他綜合損益按公允價值衡量之債務工具投資評價調整$363
(2)貸記透過其他綜合損益按公允價值衡量之債務工具投資評價調整$363
(3)借記透過其他綜合損益按公允價值衡量之債務工具投資評價調整$800
(4)貸記透過其他綜合損益按公允價值衡量之債務工具投資評價調整$800

答案：(2)

　　📖 補充說明如下：

1. 編製攤銷表如下：

日期	貸：現金	借：利息費用 2%	攤銷數	帳面金額
X1/01/01				$95,509
X1/06/30	$1,500	$1,910	−$410	95,919
X1/12/31	1,500	1,918	−418	96,337
X2/06/30	1,500	1,927	−427	96,764
X2/12/31	1,500	1,935	−435	97,199
……	……	……	……	……

2. 未實現評價**損失**＝$1,163－($98,000－$97,199)＝**$362**(和答案尾差$1)→借記：其他綜合損失→貸記：透過其他綜合損益按公允價值衡量之債務工具投資評價調整。

3.【依IAS或IFRS改編】甲公司以每股$25之價格購入每股面額$10之普通股20,000股作為投資，並另支付手續費$3,000。甲公司擬將該股票歸類為透過其他綜合損益按公允價值衡量之權益工具投資，則於購入該股票時，甲公司之原始認列金額為：

(1)$200,000　　(2)$500,000　　(3)$497,000　　(4)$503,000

答案：(4)

✎補充說明：

投資股票原始認列金額＝$25×20,000股＋$3,000＝**$503,000**

【103年初等特考試題】

1.【依IAS或IFRS改編】下列那一類型之金融資產的原始認列金額可以不包括交易成本？
(1)透過損益按公允價值衡量之金融資產
(2)透過其他綜合損益按公允價值衡量之金融資產
(3)按攤銷後成本衡量之投資金融資產
(4)採權益法之投資

答案：(1)

2.甲公司於20x1年1月1日以$112,000購入乙公司債券,面額$100,000,票面利率7%,每年年底付息一次。甲公司購買債券當時之市場利率為5%,並將此債券投資分類為透過損益按公允價值衡量之金融資產。若20x1年12月31日該債券之市價為$110,000,關於此債券投資,甲公司20x1年之本期淨利:
(1)減少$2,000　　(2)增加$5,000　　(3)增加$5,600　　(4)增加$7,000

答案:(2)

> 補充說明:
> 1.利息收入＝$100,000×7%＝$7,000
> 2.評價損失＝$112,000－$110,000＝$2,000
> 3.綜合以上計算可知債券投資造成甲公司20x1年之本期淨利
> 　＝$7,000－$2,000＝**增加$5,000**

【103年四等地方特考試題】

1.甲公司在X2年1月1日以$78,000買入乙公司普通股股份30%,分類為採用權益法之投資,X2年12月31日此筆投資餘額為$84,000。若X2年甲公司本期淨利為$200,000,乙公司本期淨利為$150,000,試問乙公司X2年總共發放多少現金股利？
(1)$39,000　　(2)$54,000　　(3)$130,000　　(4)$180,000

答案:(3)

> 補充說明:
> 　$78,000＋$150,000×30%－乙公司發放現金股利×30%＝$84,000
> 　乙公司發放現金股利＝**$130,000**

2.下列有關金融資產股票投資敘述何者錯誤？
(1)金融資產之評價調整為資產評價科目
(2)金融資產未實現損益屬於權益類帳戶
(3)投資次年獲得現金股利均貸記投資帳戶
(4)獲得股票股利不作分錄

答案:(3)

☞補充說明：

我國實務係於次年度分配上年度之盈餘(宣告發放股利)，故投資當年度獲配股利時應沖減相關投資會計科目之帳面金額。選項(3)是指投資次年，除採權益法之外均列不貸記投資帳戶。

【103年五等地方特考試題】

1.甲公司以$116,000購入面額$100,000、票面利率10%之債券，其有效利率為7%，分類為「透過損益按公允價值衡量之金融資產」，並決定不攤銷折溢價。若該債券年底公允價值為$113,500，請問下列何者正確？
(1)應以攤銷後成本評價該投資
(2)應認列透過損益按公允價值衡量金融資產之損失$2,500
(3)應認列其他綜合損益－金融資產未實現評價損益$2,500
(4)現金利息小於認列之利息收入

答案：(2)

☞補充說明：

1. 按公允價值衡量金融資產之損失＝$116,000－$113,500＝**$2,500**。
2. 前項金額認列為**損益項目**，而非認列為其他綜合損益，故答案為選項(2)，而非選項(3)。
3. 甲公司決定不攤銷折溢價，故現金利息會**等於**認列之利息收入。

【102年普考試題】

1.甲公司先前以溢價購買面值$500,000之債券作為投資標的，並將之歸類為按攤銷後成本衡量之債券投資。已知該債券之有效利率為5.0%，每年年底付息一次；本年度該債券投資之期初與期末帳面價值分別為 $540,000與$527,000。該債券之票面利率為多少？
(1)2.8%   (2)5.4%   (3)7.4%   (4)8.0%

答案：(4)

☞補充說明如下：

1. 依(1)~(5)填入資料，再推算市場有效利率

日期	貸:現金	借:利息費用 5%	攤銷數	帳面金額
……	……	……	……	……
xx/01/01				(1) $540,000
xx/12/31	(5) $40,000	(4) $27,000	(3) $13,000	(2) 527,000
……	……	……	……	……

2. 票面利率＝$40,000÷$500,000＝**8%**

2. X9年1月1日甲公司購買乙公司流通在外30%股權1,000,000股。甲公司依權益法處理此投資，X9年12月31日資產負債表中，甲公司報導對乙公司投資餘額為$35,400,000，乙公司X9年度淨利為$20,000,000，宣告並發放現金股利$2,000,000，則甲公司X9年1月1日對乙公司之投資成本為何？

(1)$29,400,000　　　(2)$30,000,000　　　(3)$34,800,000　　　(4)$35,400,000

答案：(2)

補充說明：

甲公司 X9 年 1 月 1 日對乙公司之投資成本計算如下：

採用權益法之投資

原始投資　　　　　？	按比例認列關聯企業 X9 年發放股利 $2,000,000×30%＝$600,000
按比例認列關聯企業 X9 年淨利 $20,000,000×30%＝$6,000,000	
X9 年底之餘額$35,400,000	

原始投資？＋$6,000,000－$600,000＝$35,400,000

原始投資＝$30,000,000

3.【依IAS或IFRS改編】假設甲公司X7年初以$600,000的價格購入乙公司股票25,000股，並分類為透過其他綜合損益按公允價值衡量之權益工具投資，假設乙公司X7年12月31日股票市價為每股$27，X8年12月31日股票市價為每股$22，X8年間甲公司並未處分乙公司股票，則甲公司X8年度綜合損益表所列示相關之其他綜合損益應為：

(1)$0　　　　　　　　　　　　(2)利益$75,000

(3)損失$125,000　　　　　　　(4)損失$50,000

答案：(3)

✎補充說明：

X8年度之其他綜合損益＝($27－$22) × 25,000股＝**損失$125,000**

【102年初等特考試題】

1.下列對權益法適用條件之敘述何者錯誤？

(1)投資公司持有被投資公司有表決權之股份介於20%至50%之間者

(2)投資公司對被投資公司具有控制能力者

(3)投資公司持有被投資公司有表決權股份20%以下者，一定不能適用權益法

(4)投資公司持有被投資公司有表決權股份未達20%，但對被投資公司具有重大影響

答案：(3)

2.【依IAS或IFRS改編】YOYO企業取得金融資產的目的為短期獲利的經營模式持有，則應將此金融資產分類為：

(1)按攤銷後成本衡量之金融資產

(2)透過其他綜合損益按公允價值衡量之金融資產

(3)透過損益按公允價值衡量之金融資產

(4)放款及應收款項

答案：(3)

【101 年普考試題】

1.【**依 IAS 或 IFRS 改編**】甲公司於 X1 年 1 月 1 日以每股$15 投資乙公司股票 90,000 股,並支付手續費$10,000,此投資佔乙公司股權 25%,甲公司對乙公司具有重大影響,乙公司 X1 年度淨利$1,000,000,乙公司股票 X1 年底之市價為每股$20,試問甲公司 X1 年底之關聯企業投資帳面金額為多少?

(1)$1,360,000　　(2)$1,610,000　　(3)$1,790,000　　(4)$1,800,000

答案:(2)

　　✎ **補充說明:**

　　　建議以 T 字帳分析「採用權益法之投資」會計科目金額之變動,即可求得甲公司「採用權益法之投資」會計科目之餘額,計算如下:

採用權益法之投資

原始投資	
$15×90,000 股+$10,000	
=$1,360,000	
按比例認列關聯企業 X1 年淨利	
$1,000,0000×25%=$250,000	
X1 年底之餘額?	

　　　X1 年底之關聯企業投資帳面金額
　　　　=$1,360,000+$250,000=$1,610,000

【101 年初等特考試題】

1.【**依 IAS 或 IFRS 改編**】企業採權益法處理之投資在投資股票當年度收到現金股利時,應視為:

(1)投資收益　　　　　　　　(2)投資成本之增加

(3)投資成本之減少　　　　　(4)股利收入

答案:(3)

　　✎ **補充說明:**

　　　於權益法之下,不論是否於投資股票當年度或以後年度,**收到現金股利均應列為投資帳列金額**(會計科目為:採用權益法之投資)的減少。

2.【依IAS或IFRS改編】A公司持有B公司40%股權，對B公司具重大影響，當B公司有淨利時，A公司應如何認列？
(1)借記：透過其他綜合損益按公允價值衡量之金融資產
(2)借記：採用權益法之投資
(3)借記：投資收入
(4)借記：股利收入

答案：(2)

✎補充說明：

採權益法依投資比例認列關聯企業之淨利時，**應借記：採用權益法之投資，貸記：採用權益法認列之關聯企業利益之份額**(過去會計科目為：投資收入)。

【100年普考試題】

1.【依IAS或IFRS改編】甲公司X2年12月31日採用權益法之投資餘額為$800,000。X1及X2年與前述投資相關之所有資料如下：

(一)X1年1月1日甲公司依市價購入乙公司普通股20,000股，並支付$6,000手續費，乙公司流通在外總股數為80,000股。

(二)X1年6月15日及7月20日為乙公司的除息日及股利發放日，每股除息$2，X1年的淨利為$300,000。

(三)X2年6月1日及7月1日為乙公司X2年的除息日及股利發放日，每股除息$2.5，X2年的淨利為$400,000。

此外，甲公司於X3年1月20日以每股$42出售12,000股，並支付$3,000手續費。

試作：

(一)記錄甲公司X1年1月1日的分錄。

(二)計算乙公司X1年1月1日每股市價。

(三)計算甲公司X1年12月31日採用權益法之投資會計科目餘額。

(四)記錄甲公司X3年1月20日的分錄。

(五)針對X3年出售投資的交易，說明甲公司在X3年度之現金流量表(間接法)應如何表達？

解題：

投資比例＝20,000 股÷乙公司流通在外總股數 80,000 股＝25%

先推算原始投資成本，計算如下：

採用權益法之投資

原始投資　　　　　　？	按比例認列關聯企業 X1 年發放股利 $2×20,000 股＝$40,000
按比例認列關聯企業 X1 年淨利 $300,000×25%＝$75,000	按比例認列關聯企業 X2 年發放股利 $2.5×20,000 股＝$50,000
按比例認列關聯企業 X2 年淨利 $400,000×25%＝$100,000	
X2 年底之餘額$800,000	

原始投資？＋$75,000＋$100,000－$40,000－$50,000＝$800,000

原始投資＝$715,000

(一) 甲公司 X1 年 1 月 1 日的分錄為：

X1/01/01	採用權益法之投資	715,000	
	現金		715,000

(二) 乙公司 X1 年 1 月 1 日每股市價

＝$(715,000－6,000)÷20,000 股＝**$35.45**

(三) 甲公司 X1 年 12 月 31 日採用權益法之投資科目餘額：

＝$715,000＋$75,000－$40,000＝**$750,000**

(各項金額之計算，請參閱前列 T 字帳之內容)

(四) 甲公司 X3 年 1 月 20 日出售投資時之分錄為：

X3/01/20	現金	501,000①	
	採用權益法之投資		480,000②
	處分投資利益		21,000③

補充說明如下：

①為出售價款(＝$42×12,000 股－$3,000)。

②除列(沖銷)出售部分之投資會計科目帳列金額(＝X1 年底採用權益法之投資會計科目餘額$800,000 ÷ 20,000 股×12,000 股)。

③＝①－②。

甲公司 X3 年 1 月 20 日出售投資乙公司 12,000 股後，**投資比例由 25% 降為 10%**〔＝(原始投資股數 20,000 股－出售股數 12,000 股)÷乙公司流通在外總股數 80,000 股〕，**甲公司對乙公司已不具重大影響，故應將「採用權益法之投資」會計科目餘額轉列透過損益按公允價值衡量之金融資產**。轉列分錄為：

X3/01/20	強制透過損益按公允價值		
	衡量之金融資產	336,000②	
	採用權益法之投資		320,000①
	投資重分類利益		16,000③

補充說明：

①除列(沖銷)「採用權益法之投資」會計科目餘額。

②為新分類，以當日投資乙公司之公允價值為入帳金額〔＝(原始投資股數 20,000 股－出售股數 12,000 股)×乙公司每股$42〕。

③＝②－①。我國臺灣證券交易所股份有限公司並未設訂相關會計科目，故以「投資重分類利益」表達。

(五)X3 年出售投資的交易在甲公司 X3 年度之現金流量表(間接法)之表達：

1.來自**營業活動之現金流量應扣減處分投資利益$21,000**。

2.來自**投資活動之現金流量流入增加$501,000**。

2.【依 IAS 或 IFRS 改編】「透過其他綜合損益按公允價值衡量之權益工具投資」因公允價值下降所造成的金融資產評價調整應列在：
(1)營業損失　　　　　　　　　　(2)營業外損失
(3)負債　　　　　　　　　　　　(4)其他綜合損益(權益)

答案：(4)

3.【依 IAS 或 IFRS 改編】臺北公司於 X1 年 9 月 1 日共支付現金$204,265，取得面額$200,000、票面利率 6%之公司債，該公司債於每年 4 月 1 日及 10 月 1 日各付息一次，X5 年 10 月 1 日到期，臺北公司分類為按攤銷後成本衡量之金融資產，以直線法攤銷溢折價。X1 年度該公司應認列之利息收入和攤銷額各為多少？

(1)利息收入$4,060 及折價攤銷$60
(2)利息收入$3,940 及折價攤銷$60
(3)利息收入$4,061.25 及折價攤銷$61.25
(4)利息收入$3,938.75 及折價攤銷$61.25

答案：(1)

☞補充說明：

　　國際財務報導準則規定須採**有效利息法攤銷折、溢價**，並未說明可以採用直線法攤銷折、溢價；我國非公開發行企業適用之「**企業會計準則公報**」規定可採直線法攤銷折、溢價。本題以直線法攤銷溢、折價，計算如下：

1. X1 年 9 月 1 日~X5 年 10 月 1 日共 49 個月。
2. X1 年 9 月 1 日~X1 年 12 月 3 日共 4 個月。
3. **支付現金 $204,265 須分割有多少是給付上次付息日至投資日應先給付的利息金額？有多少是投資公司債的價款？** 計算如下：

    (1)上一次付息日(X1/4/1)至投資日應先給付的利息金額
    ＝$200,000×6%×5/12＝$5,000

    (2)投資公司債的價款＝$204,265－$5,000＝$199,265

4. X1 年度應認列之折價攤銷金額
   ＝$(200,000－199,265)÷49 個月×4 個月＝**$60**

5. X1 年度應認列之利息收入＝$200,000×6%×4/12
   ＋X1 年度應認列之折價攤銷金額$60＝**$4,060**

【100年初等特考試題】

1.【依IAS或IFRS改編】甲公司於X1年5月1日以每股$47購入1,000股乙公司股票，手續費$1,000，作為透過其他綜合損益按公允價值衡量之權益工具投資，X1年8月1日收到現金股利每股$2，X1年12月31日乙公司股票每股市價$49，則甲公司X1年應認列之金融資產未實現評價利益為何？
(1)$1,000　　　　(2)$3,000　　　　(3)$4,000　　　　(4)$6,000

答案：(2)

　　✎補充說明：

　　　1.透過其他綜合損益按公允價值衡量之權益工具投資原始認列金額為$48,000(＝$47×1,000股＋手續費$1,000)。

　　　2.X1年8月1日收到現金股利係屬乙公司分配X0年之盈餘，**應沖減**「透過其他綜合損益按公允價值衡量之權益工具投資」會計科目之**帳面金額**$2,000(＝$2×1,000股)。

　　　3.X1年應認列之金融資產未實現利益＝$49×1,000股
　　　　－「透過其他綜合損益按公允價值衡量之權益工具投資」之帳列餘額$46,000＝**$3,000**

2.【依IAS或IFRS改編】X1年1月15日甲公司以成本$95,000購入乙公司面額$100,000之公司債，支付手續費$140，手續費列為當期費用，並將乙公司公司債分類透過損益按公允價值衡量之金融資產。X1年6月15日收到乙公司公司債利息$2,500，乙公司公司債X1年年底之市價$96,500，若其選擇該金融資產不攤銷，試問下列敘述何者正確？
(1)X1年年底將產生按公允價值衡量之金融資產利益$1,500
(2)X1年年底將產生按公允價值衡量之金融資產利益$1,360
(3)X1年年底將產生按公允價值衡量之金融資產利益$4,000
(4)X1年年底將產生按公允價值衡量之金融資產利益$4,000

答案：(1)

　　✎補充說明：

　　　按公允價值衡量之利益＝$96,500－$95,000＝**$1,500**

3.【依 IAS 或 IFRS 改編】甲公司於 X1 年年初以每股$60 購買乙公司股票 10,000 股，並支付手續費$860，甲公司將這些股票分類為透過其他綜合損益按公允價值衡量之權益工具投資。假設乙公司股票於 X1 年年底之市價為每股$56，甲公司如於此時出售將需支付手續費及稅捐$2,480，甲公司於 X1 年年底並無意將此股票出售，試問下列有關甲公司於 X1 年對此股票投資會計處理之敘述何者有誤？

(1)將產生按公允價值衡量之損失$40,000

(2)X1 年年初之入帳金額為$600,860

(3)公允價值變動不認列為當期損益

(4)續後按公允價值衡量無須考量預期處分成本

答案：(1)

　補充說明：

　　投資原始認列金額＝$60×10,000 股＋$860＝$600,860

4.【依 IAS 或 IFRS 改編】甲公司 X1 年購入乙公司股票 8,000 股分類為「透過其他綜合損益按公允價值衡量之權益工具投資」，假設乙公司 X2 年每股發放$3 之現金股利，請問甲公司應作何會計記錄？

(1)不需作分錄

(2)借：現金$24,000

(3)借：透過其他綜合損益按公允價值衡量之權益工具投資$24,000

(4)貸：透過其他綜合損益按公允價值衡量之權益工具投資未實現評價利益 $24,000

答案：(2)

　補充說明：

　　甲公司收到現金股利$24,000(＝$3×8,000 股)時，應貸記：股利收入。

5.【依 IAS 或 IFRS 改編】甲公司本期購入乙公司股票$130,000 並不可撤銷的選擇透過其他綜合損益按公允價值衡量，期末市價為$100,000，則期末有關「透過其他綜合損益按公允價值衡量之權益工具投資」之敘述，何者正確？
(1)列入股東權益中之未實現評價損失為$0
(2)列入損益表之未實現評價損失為$30,000
(3)帳面金額為$100,000
(4)帳面金額為$130,000

答案：(3)

　補充說明：

　　於期末會**發生未實現評價損失**$30,000(＝$130,000－$100,000)，**該金額應列為其他綜合損益**；經由評價後，投資之**帳面金額為$100,000**。

【100 年四等地方特考試題】

1.【依 IAS 或 IFRS 改編】X1 年初甲公司以$600,000 購買乙公司之公司債並分類為透過其他綜合損益按公允價值衡量之債務工具投資。X1 年底該項投資之市價為$400,000，X2 年以市價$460,000 出售，試問 X2 年甲公司綜合損益表或損益表(如有列報時)中之損益項目應列示與金融資產投資有關之(損)益為何？
(1)$60,000　　　(2)$140,000　　　(3)$(60,000)　　　(4)$(140,000)

答案：(4)

　補充說明：

　　與金融資產投資有關之(損)益為**損失$140,000**(＝$600,000－$$460,000)，**此即先前認列於權益項目之累計評價損失金額**。

2.甲公司於 X1 年 4 月 1 日以現金$500,000 購入乙公司普通股 50,000 股，乙公司有 200,000 股普通股流通在外，同年 9 月 1 日又以$600,000 增購 45,000 股乙公司普通股。乙公司 X1 年淨利為$800,000，試問甲公司應認列多少投資收益？

(1)$0　　　(2)$210,000　　　(3)$380,000　　　(4)$800,000

答案：(2)

📝 補充說明：

1. X1 年 4 月 1 日投資比例＝50,000 股÷200,000 股＝25%
2. X1 年 9 月 1 日投資比例＝45,000 股÷200,000 股＝22.5%
3. 甲公司應認列投資收益
   ＝$800,000 × 25%×9/12＋$800,000 × 22.5%×4/12
   ＝$150,000＋$60,000＝**$210,000**

【99 年普考試題】

1.【依 IAS 或 IFRS 改編】甲公司 X1 年 10 月底以$1,000,000 取得一筆分類為透過其他綜合損益按公允價值衡量之債務工具投資，X1 年 12 月底之公允價值為$1,015,000，X2 年 3 月以$1,012,000 處分該金融資產。下列損益表中之數字何者正確？
(1)X1 年度按公允價值衡量之利益為$15,000
(2)X1 年度按公允價值衡量之損失$15,000
(3)X2 年度處分投資損失為$3,000
(4)X2 年度處分投資利益為$12,000

答案：(4)

📝 補充說明：

應認列處分投資利益＝$1,012,000－$1,000,000＝**$12,000**，此即先前認列於權益項目之累計評價利益，**應自權益重分類調整至損益。**

2. 甲公司擁有乙公司 70% 之股權，本年度乙公司之淨利為$640,000，並支付$300,000 之現金股利，則甲公司之投資科目當年度的帳面金額將：
(1)增加$238,000   (2)增加$448,000
(3)減少$210,000   (4)不變

答案：(1)

📝 補充說明：

$640,000×70%－$300,000×70%＝投資科目帳面金額增加**$238,000**

【99年初等特考試題】

1. 甲公司以折價購入乙公司之公司債作為投資，此種情況隱含該公司債之票面利率與有效利率間之關係為：
(1)票面利率與有效利率相等
(2)票面利率小於有效利率
(3)票面利率大於有效利率
(4)以上皆非

答案：(2)

> 補充說明：
> 甲公司以折價投資乙公司之公司債，**表示該公司債票面利率較小。**

2.【依 IAS 或 IFRS 改編】權益工具投資按其對被投資公司之影響程度，可分為下列那幾類？
(1)具合併能力、具有影響、不具重大影響
(2)具有控制、具有重大影響、不具重大影響
(3)具合併能力、具有控制、具有影響
(4)具合併能力、具有控制、具有重大影響、不具重大影響

答案：(2)

> 補充說明：
> 國際財務報導準則並無「合併能力」一詞。

3. 甲公司持有透過其他綜合損益按公允價值衡量之權益工具投資之乙公司普通股股票 5,000 股，原始購入成本為每股$25，該股票在 X1 年底之公允價值為每股$24。乙公司在 X1 年 10 月宣告並發行 10% 股票股利。若 X2 年 5 月乙公司宣告並發放每股$1.5 之現金股利，則甲公司於收到該現金股利時應記錄：
(1)股利收入$8,250
(2)股利收入$7,500
(3)股利收入$2,500
(4)無須記錄

答案：(1)

> 補充說明：
> $1.5×(5,000 股×1.1)＝**$8,250**，應認列為股利收入。

【99年四等地方特考試題】

1.【依 IAS 或 IFRS 改編】 下列四種情況之權益工具(股權)投資共有幾項應採權益法處理？ ①投資於有表決權之股權 15%，且具有控制　②投資於有表決權之股權 30%，但不具重大影響　③投資於有表決權之股權 10%，且不具重大影響　④投資於有表決權之股權 20%，且具有重大影響

(1)皆不適用　　　　(2)一項　　　　(3)二項　　　　(4)三項

答案：(3)

　　補充說明：

　　權益工具(股權)投資若具有重大影響應採權益法之會計處理，至於擁有多少表決權之股權並非惟一的關鍵因素。各項分析如下：

　　①具有控制，表示一定具有重大影響，**應採權益法**。

　　②不具重大影響，不應採權益法。

　　③不具重大影響，不應採權益法。

　　④具有重大影響，**應採權益法**。

2. 甲公司 X1 年度「按攤銷後成本衡量之金融資產」的相關資訊如下：

(一) 1 月 1 日以 $103,312 購入乙公司一年前發行的公司債，公司債面額 $100,000，票面利率 9%，市場利率 8%，付息日為每年 12 月 31 日，到期日為 X4 年 12 月 31 日。

(二) 4 月 1 日以$100,750 購入面額$100,000 丙公司之公司債，票面利率 9%，市場利率 9%，付息日為每年 3 月 1 日，到期日為 X5 年 3 月 1 日。

(三) 7 月 1 日以$97,513 購入面額$100,000 丁公司之公司債，票面利率9%，市場利率 10%，付息日為每年 7 月 1 日，到期日為 X4 年 7 月 1 日。

甲公司採有效利息法攤銷折溢價，且未作迴轉分錄。

試求：(請一律四捨五入至整數位)

　　記錄甲公司 X1 年 12 月 31 日對乙公司、丙公司及丁公司相關投資的分錄。

　　(每家公司的投資各作一筆分錄)計算甲公司 X2 年度的利息收入。

解題如下：

1. X1 年 12 月 31 日對乙公司相關投資之分錄為：

X1/12/31	現金	9,000①	
	利息收入		8,265②
	按攤銷後成本衡量之金融資產		735③

☛補充說明：

①為每期付息日利息收現金額(＝面額(票面金額)$100,000×票面利率 9%)，為下列第 4 項第(1)點攤銷表第二欄之金額。

②為投資溢價攤銷金額(＝投資成本$103,312×市場利率 8%)，為下列第 4 項第(1)點攤銷表第三欄之金額。

③＝①－②，為下列第 4 項第(1)點攤銷表第四欄之金額。

2. X1 年 12 月 31 日對丙公司相關投資之分錄為：

X1/12/31	應收利息	6,750	
	利息收入		6,750①

☛補充說明：

①為報導期間結束日(X1 年 12 月 31 日)應認列利息收入金額(＝面額(票面金額)$100,000×票面利率 9%×9/12)。

因為投資金額$100,750 中內含付息日 3 月 1 日至 4 月 1 日之利息$750(＝$100,000×9%×1/12)，故投資成本為$100,000(＝$100,750－$750)，**投資成本等於公司債面額，表示投資無折、溢價金額。**

3. X1 年 12 月 31 日對丁公司相關投資之分錄為：

X1/12/31	應收利息	4,500①	
	按攤銷後成本衡量之金融資產	376③	
	利息收入		4,876②

☛補充說明：

①為應計利息金額(＝面額$100,000×票面利率 9%×6/12)，為下列第 4 項第(3)點攤銷表第二欄之金額乘以 6/12。

②為利息收入認列金額(＝投資成本$97,513×市場利率 10%×6/12)，為下列第 4 項第(3)點攤銷表第三欄之金額乘以 6/12。

③為投資折價攤銷金額＝②－①，為下列第 4 項第(3)點攤銷表第四欄之金額乘以 6/12。

4.甲公司 X2 年度的利息收入為：

(1)投資乙公司之公司債於 X2 年度之利息收入為：

編製溢價攤銷表，即可求得答案，列示如下：

日期	借:現金	貸:利息收入 8%	攤銷數	帳面金額
X1/01/01				$103,312
X1/12/31	$9,000	$8,265	$735	102,577
X2/12/31	9,000	**8,206**	794	101,783
……	……	……	……	……

此即投資乙公司之公司債於 X2 年度之利息收入

(2)投資丙公司之公司債於 X2 年度之利息收入為：

面額$100,000×票面利率 9%＝**$9,000**

(3)投資丁公司之公司債於 X2 年度之利息收入為：

編製溢價攤銷表，即可求得答案：

日期	借:現金	貸:利息收入 10%	攤銷數	帳面金額
X1/07/01				$97,513
X2/07/01	$9,000	$9,751	－$751	98,264
X3/07/01	9,000	9,826	－$826	99,090
……	……	……	……	……

投資丁公司之公司債於 X2 年度之利息收入
＝$9,751×6/12＋$9,826×6/12＝**$9,789**

(4)投資乙公司、丙公司及丁公司之公司債於 X2 年度之利息收入合計

金額＝$8,206＋$9,000＋$9,789＝**$26,995**

【99年五等地方特考試題】

1.【依 IAS 或 IFRS 改編】透過其他綜合損益按公允價值衡量之權益工具投資重分類為透過損益按公允價值衡量之金融資產時，應：
(1)不得重分類
(2)於重分類時以帳面金額與公允價值二者較高者，作為透過損益按公允價值衡量之金融資產的成本
(3)於重分類時以帳面金額與公允價值二者較低者，作為透過損益按公允價值衡量之金融資產的成本
(4)於重分類時以帳面金額作為透過損益按公允價值衡量之金融資產的成本

答案：(1)

☛補充說明：

透過其他綜合損益按公允價值衡量之權益工具投資**係為不可撤銷的選擇，故不可以重分類**。

2.甲公司於 X1 年 6 月 30 日以$120,000 購入面額$100,000 票面利率 5%之債券，作為「按攤銷後成本衡量之金融資產」，該債券期末公允價值為$130,000，則甲公司有關此資產之會計處理，下列敘述何者為真？
(1)X1 年利息收入$2,500
(2)期末債券之帳面金額小於$120,000
(3)期末債券之帳面金額為$120,000
(4)期末債券之帳面金額為$130,000

答案：(2)

☛補充說明：

1.由題目可知甲公司是以溢價方式投資債券，採有效利息法攤銷，**金融資產的帳面金額會逐期減少至票面金額**，故答案為選項(2)。

2.按攤銷後成本衡量之金融資產於報導期間結束日**不須按公允價值衡量**，故選項(4)的答案並不正確。

3.雖然題目未告知債券的持有期間及市場利率，但可以確定選項(1)所列示的利息收入答案是錯誤的，**因其未考量溢價攤銷金額**。

3. 【依 IAS 或 IFRS 改編】甲公司於 X1 年 7 月 1 日以 $92,278 購入面額 $100,000 公司債，4 年期，票面利率 8%，有效利率 10%，每年 6 月 30 日及 12 月 31 日付息，該投資分類為按攤銷後成本衡量之金融資產，X1 年 12 月 31 日該公司債公允價值為 $93,268，甲公司將此公司債重分類為透過其他綜合損益按公允價值衡量之債務工具投資，則甲公司應：

(1) 認列金融資產已實現利益 $376
(2) 認列金融資產未實現評價利益 $376
(3) 認列金融資產已實現利益 $238
(4) 認列金融資產未實現評價利益 $238

答案：(2)

☞ 補充說明：

1. 編製折價攤銷表如下：

日期	借:現金	貸:利息收入 5%	攤銷數	帳面金額
X1/07/01				$92,278
X1/12/31	$4,000	$4,614	−$614	92,892
……	……	……	……	……

2. 金融資產未實現評價利益金額
　＝ X1 年 12 月 31 日公司債公允價值 $93,268
　－ X1 年 12 月 31 日投資科目帳面金額 $92,892 ＝ **$376**

4. 【依 IAS 或 IFRS 改編】甲公司於 X1 年 1 月 1 日以 $95,500 價格並另支付手續費 $3,500 購入面額 $100,000，票面利率 10% 之公司債投資，該公司債每年 6 月 30 日及 12 月 31 日收息。若甲公司將此投資分類為透過損益按公允價值衡量之金融資產，則購入此債券時之會計處理何者錯誤？

(1) 該債券之現金支出金額為 $99,000
(2) 該債券之入帳金額為 $95,500
(3) 將支付 $3,500 之手續費認列為費用
(4) 該債券之入帳金額為 $100,000

答案：(4)

☞ 補充說明：

選項(4)之正確答案應為 $95,500，即選項(2)之答案。

【98年普考試題】

1.【依IAS或IFRS改編】權益工具(股權)投資若獲配股票股利,應：
(1)貸記股利收入 (2)貸記投資
(3)註明取得股數不作分錄 (4)貸記投資收益
答案：(3)

2.【依IAS或IFRS改編】 ①過其他綜合損益按公允價值衡量之債務工具投資 ②按攤銷後成本衡量之金融資產 ③透過損益按公允價值衡量之金融資產 ④採用權益法之投資,上述金融資產取得時之交易成本,有幾項得列為當期費用？
(1)零項   (2)一項   (3)二項   (4)三項以上
答案：(2)

　　☜補充說明：
　　　國際財務報導準則規定原始認列金融資產時,若金融資產 非屬 透過損益按公允價值衡量者,企業應按公允價值加計直接可歸屬於取得或發行金融資產之交易成本衡量。

【98年初等特考試題】

1.【依IAS或IFRS改編】甲公司依契約約定,可操控乙公司之財務、營運及人事方針,在會計上,甲公司對乙公司具有：
(1)合併能力 (2)控制
(3)重大影響 (4)無重大影響
答案：(2)

　　☜補充說明：
　　　國際財務報導準則定義控制係指**主**導某一個體之財務及營運政策決策之權力,以從其活動中獲取利益。

第38頁 (第十二章 投資)

【98年四等地方特考試題】

*1.【依 IAS 或 IFRS 改編】*甲公司於 X1 年初購入乙公司面額$2,000,000，5年期公司債，分類為按攤銷後成本衡量之金融資產，每年6月30日及12月31日發放利息，有關資料如下：

期　間	現金利息	利息收入	投資帳面金額
X1 年初	—	—	$1,934,042
X1.06.30	$80,000	A	1,941,074
X1.12.31	B	C	?
X2.06.30	D	E	F

試求：

(一)說明甲公司對此按攤銷後成本衡量之金融資產之折溢價係採何法進行攤銷(請說明理由)。

(二)市場利率與票面利率分別為何？

(三)計算 C 及 F。

(四)X2 年 6 月 30 日乙公司以$640,000出售三分之一公司債之出售利益(損失)為何？

(五)求 X2 年 9 月 30 日按攤銷後成本衡量之金融資產之帳面金額。

解題：

(一)甲公司對於按攤銷後成本衡量之金融資產之折溢價應**採有效利息法進行攤銷**，因為採用有效利息法會使各付息期間的有效利率相同。

(二)市場利率與票面利率分別為：

　　1.市場利率：

　　　(1)A－$80,000＝1,941,074－$1,934,042

　　　　　A＝$87,032

　　　(2)A＝$1,934,042×市場利率？％

　　　　$87,032＝$1,934,042×每半年市場利率？％

　　　　每半年市場利率＝4.5%，**每年市場利率＝9%**

第 39 頁 (第十二章　投資)

2.票面利率：

$$\$80,000 = 面額\$2,000,000 \times 每半年票面利率？\%$$

每半年票面利率＝4%，**每年票面利率＝8%**

(三)計算 C 及 F 如下：

1. C＝$1,941,074×4.5%＝**$87,348**

2. ?＝$1,941,074－($80,000－87,348)＝$1,948,422

3. E＝$1,948,422×4.5%＝$87,678

4. F＝$1,948,422－($80,000－87,678)＝**$1,956,100**

(四)X2 年 6 月 30 日乙公司出售三分之一公司債之出售利益(損失)為：

1. 出售時三分之一投資的帳面金額

　＝F×1/3＝$1,956,100×1/3＝$652,033

2. **出售損失**＝$652,033－出售價格$640,000＝**$12,033**

(五)X2 年 9 月 30 日按攤銷後成本衡量之金融資產之帳面金額：

1. X2 年 7 月 1 日至 X2 年 9 月 30 日應計利息

　＝$2,000,000 × 2/3 × 4% × 3/6＝$26,667

2. X2 年 7 月 1 日至 X2 年 9 月 30 日利息收入

　＝$1,956,100 × 2/3 × 4.5% × 3/6＝$29,342

3. X2 年 7 月 1 日至 X2 年 9 月 30 日折價攤銷金額

　＝利息收入$29,342－應計利息$26,667＝$2,675

4. X2 年 9 月 30 日按攤銷後成本衡量之金融資產之帳面金額

　＝$1,956,100×2/3＋2,675＝**$1,306,742**

2.甲公司以溢價購入公司債作為投資，此種情況隱含該公司債之票面利率與有效利率間之關係為：
(1)票面利率與有效利率相等　　　(2)票面利率小於有效利率
(3)票面利率大於有效利率　　　　(4)無法判定

答案：(3)

✎補充說明：

溢價購入公司債表示該公司債之票面利率較高，票面利率會大於有效利率(或為市場利率)。

【97年初等特考試題】

1. 【依 IAS 或 IFRS 改編】甲公司投資於乙公司發行之公司債，分類為透過損益按公允價值衡量之金融資產。嗣後，甲公司因某些特殊原因，希冀將該投資進行重分類。試問相關之會計處理為：
(1)可以重分類至透過其他綜合損益按公允價值衡量之債務工具投資
(2)不可以重分類至按攤銷後成本衡量之金融資產
(3)可以重分類至指定為透過損益按公允價值衡量之金融資產
(4)以上均非

答案：(1)

2. 【依 IAS 或 IFRS 改編】甲公司以每股$30購入5,000股乙公司股票，並支付手續費$250，甲公司對乙公司未具重大影響，試問下列有關此交易之會計處理說明何者錯誤？
(1)購入股票之現金為$150,250
(2)該股票之帳面金額為$150,000
(3)手續費$250應認列為當期費用
(4)公司應分類為透過其他綜合損益按公允價值衡量之權益工具投資

答案：(4)

✎補充說明：

甲公司對乙公司未具重大影響之情況下，**除非甲公司之投資符合特定條件而不可撤銷的選擇透過其他綜合損益按公允價值衡量**；否則均應分類為透過損益按公允價值衡量之金融資產。

3.【依 IAS 或 IFRS 改編】甲公司於 X1 年 7 月 1 日支付$105,417 取得面額 $100,000，票面利率 8%之公司債投資，該公司債每年 6/30 及 12/31 付息，該債券之有效利率為 6%。該債券投資分類為按攤銷後成本衡量之金融資產，則甲公司於 X1 年度應認列之利息收入為：

(1)$3,163　　　　(2)$4,000　　　　(3)$4,217　　　　(4)$3,000

答案：(1)

✎補充說明：

$105,417 × 6% × 6/12＝**$3,163**

【97 年五等地方特考試題】

1.【依 IAS 或 IFRS 改編】甲公司以$105,000 價格購買乙公司發行之 3 年期面額 $100,000 公司債，分類為透過其他綜合損益按公允價值衡量之債務工具投資並支付券商手續費$3,000。此外，甲公司為支應該交易的資金需求而進行融資，並支付該筆借款利息共$3,500。試問甲公司投資乙公司債券之入帳成本為：

(1)$100,000　　　(2)$105,000　　　(3)$108,000　　　(4)$111,500

答案：(3)

✎補充說明：

投資成本＝$105,000＋$3,000＝**$108,000**

2.【依 IAS 或 IFRS 改編】下列對於按攤銷後成本衡量之金融資產的描述，何者正確？

(1)期末按公允價值衡量時所產生的未實現評價損失應列在損益表

(2)期末按公允價值衡量時所產生的未實現評價損失應列在財務狀況表

(3)買進債券之溢價的攤銷會造成認列之利息收入低於收現數

(4)買進債券之折價的攤銷，應貸記：按攤銷後成本衡量之金融資產折價，借記：利息收入

答案：(3)

✎補充說明如下：

1. 選項(1)及選項(2)之敘述是錯誤的，**因為按攤銷後成本衡量之金融資產不須按公允價值衡量。**

2. 買進分類為按攤銷後成本衡量之金融資產，於溢價攤銷時，應借記：利息收入，貸記：按攤銷後成本衡量之金融資產；一般金融資產投資並不另設折、溢價科目，而是直接調整投資會計科目的帳面金額)，其會造成利息收入低於收現數，**故選項(3)之敘述是正確的。**

3. 買進分類為按攤銷後成本衡量之金融資產，於折價攤銷時，**應借記：按攤銷後成本衡量之金融資產，貸記：利息收入**，故選項(4)之敘述是錯誤的。

【96年普考試題】

1.高雄公司持有台北公司30%股權，採權益法處理，當台北公司發放股票股利時，高雄公司應：
(1)貸記股利收入 　　　　　　　　　　(2)貸記長期股權投資
(3)僅做備忘分錄，註明取得股數 　　　(4)以上皆可

答案：(3)

> 補充說明：
> 投資企業對於被投資企業宣告發放之**股票股利**，並未支付另任何成本，**故僅須做備忘記錄，註明取得股數。**

【96年初等特考試題】

1.【依IAS或IFRS改編】採權益法之投資，當關聯企業於投資當年度發放現金股利時，投資企業應貸記：
(1)股利收入 　　　　　　　　　　(2)投資損益
(3)採權益法之投資 　　　　　　　(4)應收股利

答案：(3)

> 補充說明：
> 投資企業應按投資比例連動**減少投資科目之帳列金額。**

【96年五等地方特考試題】

1.【依 IAS 或 IFRS 改編】甲公司在 X1 年 1 月 1 日以$100,000 購買乙公司面額$100,000 之公司債分類為透過其他綜合損益按公允價值衡量之債務工具投資。該債券將於 X2 年 12 月 31 日到期，票面利率為 6%，付息日為每年 6 月 30 日及 12 月 31 日。甲公司在每次收到乙公司支付之利息時，應：

(1)貸記利息收入$6,000　　　　(2)借記利息收入$6,000
(3)貸記利息收入$3,000　　　　(4)借記利息收入$3,000

答案：(3)

> 補充說明：
>
> 每次(每半年)收到利息之金額
> ＝面額$100,000×每半年票面利率 3%＝**$3,000**

2.【依 IAS 或 IFRS 改編】在權益法之下，下列何種情況可能導致投資企業帳上「採權益法之投資」金額的減少？

(1)關聯企業宣告股票股利
(2)關聯企業宣告現金股利，或股票股利時
(3)關聯企業宣告現金股利，或發生虧損時
(4)關聯企業宣告現金，或股票股利，或關聯企業發生虧損時

答案：(3)

> 補充說明：
>
> 會導致投資公司帳上「採權益法之投資」金額減少之情況，**為該等交易將造成關聯企業權益(股東權益)減少者**。
>
> 關聯企業宣告現金股利或發生虧損時，均會造成該企業權益減少；關聯企業宣告股票股利會使保留盈餘減少，「待分配股票股利」增加，二者均為權益項目，一增一減，關聯企業之權益總金額並未發生增、減變動，故關聯企業宣告股票股利並不會造成投資企業帳上「採權益法之投資」金額的減少。

3.甲公司於 X1 年 2 月 1 日以$98,500 購入面額$100,000，票面利率 10%之公司債，投資該公司債每年 1 月 31 及 7 月 31 日付息，並支付手續費$4,500。若甲公司分類為按攤銷後成本衡量之金融資產，則下列何者敘述正確：
(1)該債券投資需考慮折價攤銷
(2)該債券投資之有效利率等於 10%
(3)該債券投資需考慮溢價攤銷
(4)該債券投資之有效利率超過 10%

答案：(3)

❧補充說明：

1.甲公司支付之手續費$4,500 應列為投資成本，故投資成本(按攤銷後成本衡量之金融資產之原始認列金額)為$103,000(＝$98,500＋$4,500)，**投資溢價為**$3,000(投資成本$103,000－面額$100,000)。

2.因為甲公司之**投資成本高於該公司債之面額，表示有效利率較低**。

【95 年初等特考試題】

1.【依 IAS 或 IFRS 改編】甲公司 X1 年底透過損益按公允價值衡量之金融資產投資總成本為$300,000，總市價為$260,000，至 X2 年時，部分投資已經出售，X2 年底剩餘股票的總成本為$275,000，總市價為$270,000，透過損益按公允價值衡量之金融資產評價調整科目餘額為$40,000(貸方)，則：
(1) X2 年應認列$5,000 之透過損益按公允價值衡量之金融資產損失
(2) X2 年應認列透過損益按公允價值衡量之金融資產利益$35,000
(3) X2 年無法計算透過損益按公允價值衡量之金融資產利益或損失，因當期出售投資之詳細資料無法取得
(4) X2 年應認列透過損益按公允價值衡量之金融資產利益$10,000

答案：(2)

❧補充說明：

可以 T 字帳分析「透過損益按公允價值衡量之金融資產評價調整」會計科目金額之變動，即可求得答案，計算如下：

透過損益按公允價值衡量之金融資產評價調整

X2 年底應調整金額　？	餘額　$40,000
	X2 年底應有之餘額　$5,000

X2 年底應調整金額？
= X2 年應認列透過損益按公允價值衡量之金融資產利益
= $40,000 － X2 年底應有之餘額$5,000
= **借記$35,000，其貸方科目為利益**

2. 甲公司於 X1 年 5 月 1 日購入乙公司七年期的公司債十張，每張面額為$10,000，票面利率 6%，每年 2 月 1 日及 8 月 1 日各付息一次。甲公司實際支付出現金合計$108,000。則其投資成本為：

(1)$106,500　　　(2)$108,000　　　(3)$100,000　　　(4)$109,500

答案：(1)

➢ 補充說明：

1. X1/2/1 至 X1/5/1 之利息金額＝$10,000 × 10 張 × 6% × 3/12 ＝$1,500

2. 現金支付數$108,000 － X1/2/1 至 X1/5/1 之利息金額$1,500
   ＝**$106,500**

【95 年五等地方特考試題】

1. 購買公司債時產生公司債折價，此時下列何種情況成立：

(1)市場利率高於票面利率　　　(2)市場利率等於票面利率

(3)市場利率低於票面利率　　　(4)以上皆非

答案：(1)

➢ 補充說明：

公司債折價表示**票面利率較低，市場利率較高**。

2. 【依 IAS 或 IFRS 改編】甲公司 X2 年底結帳時當年度淨利$191,000，但發現下列會計處理有誤：X1 年初投資乙公司 30%之股票 30,000 股，成本$135,000，X1 年乙公司淨利$10,000，X2 年初甲公司收到$5,000 之現金股利，X2 年乙公司淨利$15,000，甲公司按成本衡量。X2 年底正確淨利為(不考慮所得稅)：

(1)$190,500　　　　(2)$194,000　　　　(3)$195,500　　　　(4)$197,000

答案：(1)

補充說明：

$$\text{X2 年底正確淨利} = \$191,000 - \underline{\$5,000} + \$15,000 \times 30\% = \mathbf{\$190,500}$$

> 此金額不須再乘以投資比例，因其為甲公司收到之現金股利金額，而非乙公司發放股利的總金額。

「X1 年乙公司淨利$10,000」不須納入計算，**因為該金額與甲公司 X2 年 之淨利無關**。

第十三章　現金流量表

重點內容：

● 現金流量表中現金流入及流出之分類

1. 來自營業活動之現金流量：**與損益科目有關**之現金流入或流出。

2. 來自投資活動之現金流量：**與資產科目**(須排除與損益有關之科目)**有關**之現金流入或流出。

3. 來自籌資活動之現金流量：**與負債及權益科目**(須排除與損益有關之科目)**有關**之現金流入或流出。此分類過去稱為「融資活動」，更早以前稱為「理財活動」，**我國現行翻譯國際財務報導準則採「籌資活動」之用詞**，以下歷屆考題不論原以「融資活動」或「理財活動」列示，如有必要均已改列為「籌資活動」，不再個別註明。

● 具 選擇性歸類 之項目

依前項之說明，**收取利息、支付利息、收取股利及支付股利所造成的現金流量，應分別歸類為來自營業活動、營業活動、營業活動及籌資活動之現金流量**。國際財務報導準則對於收取利息、支付利息、收取股利及支付股利所造成的現金流量， 可由企業選擇 其於現金流量表中之歸類，其分別可另歸類為來自**投資活動、籌資活動、投資活動及營業活動**之現金流量。將上列說明以表格彙總列示如下：

項目	一般慣例之歸類	可選擇之歸類
收取利息	營業活動	投資活動
支付利息	營業活動	籌資活動
收取股利	營業活動	投資活動
支付股利	籌資活動	營業活動

以下歷屆經典試題若有收取利息、支付利息、收取股利及支付股利所造成的現金流量，均以一般慣例之歸類為解題依據。

● 現金流量表的編製基礎為**現金及約當現金**。國際財務報導準則對於約當現金之定義及說明為：

「約當現金係指短期並具高度流動性之投資，該投資可隨時轉換成定額現金且價值變動之風險甚小。……**通常只有短期內(例如，自取得日起三個月內)到期之投資**方可視為約當現金」。

● 現金流量表的編製方法有「**直接法**」及「**間接法**」二種方法；其主要差異為來自營業活動之現金流量的計算過程；另**於間接法應揭露利息及所得稅支付數**。

國際財務報導準則 鼓勵 企業採用直接法報導營業活動之現金流量。

● 透過損益按公允價值衡量之金融資產所產生的現金流入及流出，應歸類為來自營業活動現金流量。

● 編製現金流量表時，對於非現金交易(即不影響現金之投資及籌資活動)應為補充揭露。「非現金交易」之實例如：以長期票據購買土地、發行股票購買設備、發行股票清償債務等

【108年普考試題】

1. 甲公司預計將於20x8年底擴充產能以因應市場需求，為因應擴充產能之資金需求，20x8年底至少需有現金餘額$800,000。甲公司於20x7年底之現金餘額為$1,200,000。甲公司正在編製20x8年度之現金預算，預計該年度之相關資料如下：銷貨$2,000,000，進貨$2,100,000，營業費用$550,000(其中包括折舊費用$70,000)，應收帳款增加$200,000，應付帳款增加$130,000，存貨增加$150,000。債券投資利息收現$80,000，以現金交易處分帳面金額為$360,000之設備產生利益$40,000，償還到期借款$500,000及購置設備$300,000。

試作：計算甲公司20x8年底需另籌資之金額，需詳列計算過程。

解題：

由營業活動產生之現金流量		
從客戶收取現金數	$1,800,000①	
債券投資利息收現數	80,000	
支付存貨供應商現金數	(1,970,000)②	
支付營業費用現金數	(480,000)③	
由營業活動產生之淨現金流出		$(570,000)
由投資活動產生之現金流量		
處分設備收取現金數	400,000	
購置設備支付現金數	(300,000)	
由投資活動產生之淨現金流入		100,000
由籌資活動產生之現金流量		
償還借款支付現金數		(500,000)
現金淨流出		$(970,000)

①從客戶收取現金數＝$2,000,000－$200,000＝$1,800,000

②支付存貨供應商現金數＝$2,100,000－$130,000＝$1,970,00

③支付營業費用現金數＝$550,000－$70,000＝$480,000

20x7年底之現金餘額$1,200,000

－20x8年現金淨流出$970,000＋20x8年底需另籌資之金額？

＝20x8年底至少需有現金餘額$800,000

20x8年底需另籌資之金額？＝**$570,000**

延伸：

以上解題之「由營業活動產生之現金流量」**係以直接法列示**，亦可採間接法求得，讀者可自行練習。

2.乙公司 X2 年之淨利為$380,000，折舊費用$60,000，支付現金股利$90,000，處分土地利益$15,000。X2 年比較資產負債表顯示，期末較期初之變動如下：應收帳款減少$30,000，應付帳款減少$45,000，存貨增加$15,000，請問乙公司 X2 年營業活動現金流量為何？

(1)$380,000　　　　(2)$395,000　　　　(3)$455,000　　　　(4)$470,000

答案：(2)

📖補充說明：

$380,000＋$60,000－$15,000＋$30,000－$45,000－$15,000

＝**$395,000**

3.甲公司 X9 年期初應收帳款為$33,000，期末應收帳款為$34,000，期初存貨為$63,000，期末存貨為$65,000，期初應付帳款為$25,000，期末應付帳款為$29,000，銷貨成本為$950,000，則甲公司 X9 年度進貨付現金額為何？

(1)$944,000　　　　(2)$948,000　　　　(3)$952,000　　　　(4)$956,000

答案：(2)

📖補充說明：

期初存貨$63,000＋進貨淨額－期末存貨$65,000＝銷貨成本$950,000

進貨淨額＝$952,000

進貨付現金額(＝支付存貨供應商現金數)

＝$952,000－($29,000－$25,000)＝**$948,000**

【108年初等特考試題】

1. 屬機器製造業之甲公司X1年度淨利為$500,000，並由財務報表得到X1年度下列資料：折舊費用$117,500，存貨增加$13,000，應付帳款減少$4,000，購置土地支付$100,000。根據上述資料，X1年度來自營業活動之現金流量為：
(1)$491,000　　(2)$500,500　　(3)$600,500　　(4)$634,500

答案：(3)

> **補充說明：**
>
> $500,000 + $117,500 − $13,000 − $4,000 = **$600,500**

2.【依IAS或IFRS改編】 甲公司X1年度淨利為$500,000，X1年1月1日以每股$20購入乙公司普通股10,000股，列為透過其他綜合損益按公允價值衡量之金融資產，X1年底乙公司每股公允價值為$25。若甲公司X1年度並無其他相關資訊，則該公司X1年度營業活動現金流量為何？
(1)$500,000　　(2)$300,000　　(3)$250,000　　(4)$200,000

答案：(1)

> **補充說明：**
>
> 甲公司購入乙公司普通股，列為透過其他綜合損益按公允價值衡量之金融資產係屬與投資活動有關之現金流量；故X1年度營業活動現金流量即為X1年度淨利$500,000。

3. 下列有關利息與股利在現金流量表中的分類何者錯誤？
(1)所收取的利息可以列為投資活動
(2)所支付的股利可以列為投資活動
(3)所收取的利息可以列為營業活動
(4)所支付的利息可以列為營業活動

答案：(2)

> **補充說明：**
>
> 選項(2)可分類為**籌資活動**或**營業活動**。

【107年普考試題】

1. 甲公司 X1、X2 年度比較資產負債表及 X2 年度綜合損益表資料如下：

甲公司
比較資產負債表
X2 年及 X1 年 12 月 31 日

資產	X2 年	X1 年
現金	$325,000	$287,000
應收帳款	87,600	105,000
存貨	54,700	48,700
預付費用	3,000	2,750
土地成本	276,000	200,000
機器設備成本(淨額)	250,000	320,000
資產合計	$997,200	$963,450
負債及權益		
應付帳款	$250,000	$278,000
預收貨款	20,000	13,000
應付利息	3,600	3,200
應付公司債	100,000	120,000
應付公司債折價	(3,170)	(3,680)
普通股股本(面值$10)	300,000	330,000
資本公積	150,000	165,000
保留盈餘	176,770	57,930
負債及權益合計	$997,200	$963,450

甲公司
綜合損益表
X2 年度

銷貨收入	$1,350,000
銷貨成本	(930,000)
折舊費用	(70,000)
其他營業費用	(122,000)
租金收入	10,000
利息費用	(8,710)
淨利	$229,290

X2年其他補充資料如下：

(1) 6月通過並發放普通股現金股利每股$3(視為取得財務資源之成本)。

(2) 9月底增購擴建廠房所需土地$76,000。

(3) 11月底購回庫藏股票並註銷，購回成本超過原發行價格部分借記保留盈餘。

(4) 保留盈餘有關交易除註銷庫藏股票外，餘為7月通過並支付現金股利。

(5) 應付公司債每年分期償還$20,000，相關利息費用為取得財務資源之成本。

為編製X2年現金流量表，試計算下列有關金額：

(一) 從客戶收取現金數？

(二) 支付存貨供應商現金數？

(三) 其他營業費用付現數？

(四) 發放現金股利金額？

(五) 購回註銷普通股金額？

解題：

(一) 從客戶收取現金數

$1,350,000＋($105,000－$87,600)＋($20,000－$13,000)＝**$1,374,400**

(二) 支付存貨供應商現金數

期初存貨＋進貨淨額－期末存貨＝銷貨成本

→$48,700＋進貨淨額－$54,700＝$930,000

進貨淨額＝$936,000

支付存貨供應商現金數

$936,000＋($278,000－$250,000)＝**$964,000**

(三) 其他營業費用付現數

$122,000＋($3,000－$2,750)＝**$122,250**

(四) 發放現金股利金額

普通股股本$330,000 ÷ 每股面值$10 × 每股股利$3＝**$99,000**

(五)購回註銷普通股金額

　　期初普通股股本$330,000－期末普通股股本$300,000＝減少$30,000

　　期初資本公積$165,000－期末資本公積$150,000＝減少$15,000

　　期初保留盈餘$57,930＋本期淨利$229,290

　　　－發放現金股利金額$99,000－購回註銷普通股沖銷金額？

　　　＝期末保留盈餘$176,770

　　　　購回註銷普通股沖銷金額＝**$11,450**

　　購回註銷普通股金額

　　　＝普通股股本減少數$30,000＋資本公積減少數$15,000

　　　　＋購回註銷普通股保留盈餘金額$11,450＝**$56,450**

2.甲公司採直接法編製現金流量表，上年度營業活動現金流量中之進貨付現數為$540,000，已知當年度存貨增加$50,000，應付帳款減少$60,000，則綜合損益表中的銷貨成本為：
(1)$430,000　　　　(2)$550,000　　　　(3)$600,000　　　　(4)$650,000
答案：(1)

　　📖**補充說明：**

　　　因為：本期進貨？－存貨增加$50,000＝銷貨成本？

　　　　　本期進貨？＋應付帳款減少$60,000＝進貨付現數$540,000

　　所以：

　　　本期進貨＝$540,000－$60,000＝$480,000

　　　銷貨成本＝$480,000－$50,000＝$430,000

【107年初等特考試題】

1.非金融機構編製現金流量表時，對於下列那一項現金交易得自營業活動或投資活動兩者擇一分類？
(1)進貨付現　　　(2)支付薪資　　　(3)收取股利　　　(4)銷貨收現
答案：(3)

【107年四等地方特考試題】

1. 甲公司X1年銷貨收入淨額為$1,600,000，銷貨毛利為$400,000；年初應收帳款$1,200,000，存貨$1,280,000，應付帳款$400,000；而年底應收帳款$960,000，存貨$1,440,000，應付帳款$240,000，請問甲公司X1年度支付給供應商的現金數額為：

(1)$880,000　　　(2)$1,360,000　　　(3)$1,520,000　　　(4)$1,600,000

答案：(3)

✍補充說明：

1. 銷貨成本＝$1,600,000－$400,000＝$1,200,000

2. 期初存貨＋進貨淨額－期末存貨＝銷貨成本
   → $1,280,000＋進貨淨額－$1,440,000＝$1,200,000
   進貨淨額＝$1,360,000

3. 支付存貨供應商現金數
   $1,360,000＋($400,000－$240,000)＝**$1,520,000**

2.【依IAS或IFRS改編會計科目名稱】乙公司X5年度之收益、費損科目餘額顯示：本期淨利為$255,000，公司債溢價攤銷$15,000，投資公司債折價攤銷$6,000，出售不動產、廠房及設備損失$30,000，折舊與攤銷費用$45,000。X4及X5兩年度之資產、負債科目餘額顯示：存貨增加$36,000，應收帳款增加$9,000，遞延所得稅資產減少$18,000，應付帳款減少$21,000，遞延所得稅負債增加$12,000。基於前述資料，乙公司X5年度營業活動現金流量為：

(1)$273,000　　　(2)$285,000　　　(3)$297,000　　　(4)$309,00

答案：(1)

✍補充說明：

$255,000－$15,000－$6,000＋$30,000＋$45,000－$36,000－$9,000
＋$18,000－$21,000＋$12,000＝**$273,000**

3.甲公司X6年的財務資料顯示：銷貨收入為$1,210,000，期初應收帳款餘額為$440,000，期末應收帳款餘額為$310,000，期初預付貨款餘額$335,000，期末預付貨款餘額$260,000，期初預收貨款餘額$410,000，期末預收貨款餘額$305,000。甲公司X6年度之銷貨收現金額為：

(1)$1,180,000　　(2)$1,235,000　　(3)$1,310,000　　(4)$1,415,000

答案：(2)

✎補充說明：

$1,210,000＋($440,000－$310,000)－($410,000－$305,000)

＝$1,235,000

【107年五等地方特考試題】

1.甲公司X1年度之銷貨成本為$400,000，X1年初及年底各有存貨金額：$16,000及$32,000、應付帳款金額：$36,000及$40,000、預付貨款金額：$16,000及$24,000、預收貨款金額：$60,000及$32,000。若採直接法編製，則甲公司X1年度現金流量表中營業活動之現金流量部分有關支付供應商之現金數額應為多少？

(1)$392,000　　(2)$400,000　　(3)$420,000　　(4)$448,000

答案：(3)

✎補充說明：

1.期初存貨＋進貨淨額－期末存貨＝銷貨成本

→$16,000＋進貨淨額－$32,000＝$400,000

進貨淨額＝$416,000

2.支付存貨供應商現金數

$416,000－($40,000－$36,000)＋($24,000－$16,000)

＝$420,000

2.乙公司X3年發生下列交易：以$45,000購買一台新機器設備；貸款給其他企業$30,000；出售一塊帳面金額為$100,000的土地，獲利$8,000；出售供交易目的持有之金融資產，帳面金額$60,000，損失$5,000。試問乙公司X3年現金流量表中投資活動之現金流量淨現金流入金額為多少？

(1)$25,000　　　　(2)$33,000　　　　(3)$85,000　　　　(4)$88,000

答案：(2)

　補充說明：
　　－$45,000－$30,000＋($100,000＋$8,000)＝**$33,000**

3.X1年，甲公司期初現金餘額為$56,700，據會計人員在期末計算得知：營業活動淨現金流入$84,500，投資活動淨現金流出$135,400，籌資活動淨現金流入$60,800，另外，不影響現金流量的投資及籌資活動為$68,300。試問甲公司在X1年期末之現金餘額為多少？

(1)$9,900　　　　(2)$66,600　　　　(3)$134,900　　　　(4)$224,000

答案：(2)

　補充說明：$56,700＋$84,500－$135,400＋$60,800＝**$66,600**

【106年普考試題】

1.【依IAS或IFRS改編】甲公司X7年之相關資料如下：專利權攤銷$6,000，取得庫藏股$135,000，應付帳款減少$30,000，以帳面金額出售之設備資產減少$90,000，採權益法認列之損益份額(利益)$480,000，並收到被投資公司分配現金股利$30,000，按攤銷後成本衡量之金融資產溢價攤銷$15,000，本期淨利$639,000。則甲公司X7年度由營業活動產生之現金流入金額為何？

(1)$135,000　　　　(2)$150,000　　　　(3)$165,000　　　　(4)$180,000

答案：(4)

　補充說明：
　　$639,000＋$6,000－$30,000－$480,000＋$30,000＋$15,000
　　＝**$180,000**

2.【依IAS或IFRS改編】在編製現金流量表時，針對營業活動現金流量會產生增減變動之敘述，下列何項在間接法下對淨利的調整方向為正確？
(1)預期信用減損損失為營業活動現金流量的減項
(2)償債損失為營業活動現金流量的減項
(3)出售廠房利益為營業活動現金流量的減項
(4)應付公司債溢價攤銷為營業活動現金流量的加項
答案：(3)

【106年初等特考試題】

1.乙公司X2年從顧客收到的現金數為$62,000，當期應收帳款增加$10,000，應付帳款增加$7,000，預付費用減少$3,000，預收收入增加$5,300。試問乙公司X2年之銷貨收入為多少？
(1)$56,700　　　(2)$57,300　　　(3)$66,700　　　(4)$67,300
答案：(3)

> 補充說明：
> 銷貨收入？－$10,000＋$5,300＝$62,000
> 銷貨收入＝**$66,700**

【105年普考試題】

1.【依IAS或IFRS改編】戊公司X2年之淨利為$150,000，其他相關資料如下：
試問現金流量表中營業活動之現金流量為若干？

	X2年12月31日	X2年1月1日
應收帳款	$29,000	$23,000
備抵損失	1,000	800
應付帳款	22,400	19,400
預付保費	8,200	12,400

(1)$151,400　　　(2)$151,200　　　(3)$148,600　　　(4)$145,400
答案：(1)

✎ 補充說明：

由營業活動產生之現金流量
= $150,000 − ($29,000 − $23,000) + ($1,000 − $800)
+ ($22,400 − $19,400) + ($12,400 − $8,200) = 流入 **$151,400**

2.【依IAS或IFRS改編】採直接法編製現金流量表，下列何者得列為營業活動的現金流量？
(1)買回庫藏股　　　　　　　　　　(2)收到債券投資的利息
(3)出售不動產、廠房及設備利益　　(4)提列當年折舊費用
答案：(2)

【105年初等特考試題】

1.丙公司X3年由營業產生之現金流量為$36,500，其中應收帳款淨額減少$2,000，應付帳款增加$1,400，預付款項增加$800，長期債券投資折價攤銷$500，折舊費用$3,300，處分不動產、廠商及設備利得$2,600，試問丙公司X3年淨利為多少(該公司將收取之利息分類為營業活動現金流量)？
(1)$32,700　　　(2)$33,700　　　(3)$37,900　　　(4)$39,300
答案：(2)

✎ 補充說明：

設：淨利為x

由營業活動的現金流量 = 淨利x + $2,000 + $1,400 − $800 − $500
+ $3,300 − $2,600 = 流入$36,500

淨利 = **$33,700**

【104年普考試題】

1.採直接法編製現金流量表時，下列何者不會出現在營業活動之現金流量中？
(1)支付供應商之現金　　　　　　(2)向客戶收取之現金
(3)金融資產重分類損失　　　　　(4)支付之所得稅

答案：(3)

&補充說明：

金融資產重分類損失不會造成現金流入或流出，故不會出現在直接法編製現金流量表中之營業活動之現金流量。

2.乙公司X7年期初保留盈餘$90,000，期末保留盈餘$135,000。若乙公司X7年發行新普通股共獲得$105,000現金，購買設備付出$80,000 現金，購買庫藏股付出$60,000 現金，當期淨利$120,000，所有股利均為現金股利且已發放。試問X7年乙公司籌資活動之現金流量為多少(該公司選擇不將股利支付列為營業活動)？

(1)淨現金流入$45,000　　　　　　(2)淨現金流出$30,000
(3)淨現金流出$35,000　　　　　　(4)無法計算

答案：(2)

&補充說明：

1.設：股利為x

期初保留盈餘$90,000＋淨利$120,000－股利x
＝期末保留盈餘$135,000
股利x＝$75,000

2.X7年乙公司籌資活動之現金流量
＝$105,000－$60,000－$75,000＝**淨流出$30,000**

【103年普考試題】

1.甲公司X1年度淨利為$850,000、折舊費用$200,000、應收帳款增加$400,000、存貨減少$500,000、應付帳款增加$300,000及應付所得稅減少$100,000。試問以間接法編製現金流量表時，該公司X1年度營業活動之現金流量為多少？

(1)$350,000　　(2)$550,000　　(3)$750,000　　(4)$1,350,000

答案：(4)

✍補充說明：

由營業活動產生之現金流入
$= \$850,000 + \$200,000 - \$400,000 + \$500,000 + \$300,000 - \$100,000$
$= \$1,350,000$

2. 甲公司 X4 年度的相關資料如下：

本期淨利	$400,000
支付所得稅	70,000
支付利息	270,000
出售機器得款 (含處分資產損失$100,000)	340,000
折舊費用	90,000
應收帳款估列預期信用減損損失	40,000
應收帳款淨額增加	60,000

根據以上資料，若甲公司對利息之收取與支付以及股利之收取均選擇列入營業活動，股利之支付則列入籌資活動，則甲公司 X4 年度來自營業活動之現金流量為多少？

(1)現金流量淨流入$450,000　　(2)現金流量淨流入$460,000
(3)現金流量淨流入$530,000　　(4)現金流量淨流入$570,000

答案：(3)

✍補充說明：

本期淨利	$400,000
處分資產損失	+100,000
折舊費用	+90,000
應收帳款估列預期信用減損損失	+40,000
應收帳款淨額增加	−100,000
	淨流入$530,000

3. 甲公司X1年度淨利為$850,000、折舊費用$200,000、應收帳款增加$400,000、存貨減少$500,000、應付帳款增加$300,000及應付所得稅減少$100,000。試問以間接法編製現金流量表時,該公司X1年度營業活動之現金流量為多少?

(1)$350,000　　　(2)$550,000　　　(3)$750,000　　　(4)$1,350,000

答案:(4)

　　✎補充說明:

　　　由營業活動產生之現金流入＝$850,000＋$200,000－$400,000
　　　　＋$500,000＋$300,000－$100,000＝**$1,350,000**

【103年四等地方特考試題】

1. 下列為甲公司X1年度部分財務資料:

本期淨利	$12,600
應收帳款增加數	3,800
存貨增加數	2,200
應付帳款增加數	4,000
折舊費用	2,600
出售土地損失	2,800

另外,甲公司出售土地收到現金$48,000,購買設備付現$37,000,支付現金股利$3,500。請問甲公司X1年度投資活動之淨現金流量為若干?

(1)淨現金流入$8,200　　　　　(2)淨現金流入$11,000
(3)淨現金流出$11,000　　　　(4)淨現金流入$13,800

答案:(2)

　　✎補充說明:

　　　現金流入$48,000－現金流出$37,000＝**淨現金流入$11,000**

2.甲公司之本期淨利$100,000,其他相關資料如下:

(一)透過其他綜合損益按公允價值衡量之債務工具投資之溢價攤銷$2,000

(二)權益法認列之關聯企業損益份額$2,000 (利益)

(三)提前收回公司債利益$6,000

則營業活動現金流入若干?

(1)$90,000　　(2)$94,000　　(3)$94,500　　(4)$106,000

答案:(2)

　補充說明:

$100,000＋$2,000－$2,000－$6,000＝淨流入$94,000

【102 年普考試題】

1.公司採直接法編製現金流量表,下列敘述何者正確?

(1)若當年度有部分流通在外之可轉換公司債被轉換為普通股,此一事項應列入籌資活動之現金流量

(2)應在營業活動現金流量列入折舊費用,以作為調整項

(3)處分設備利得應列入營業活動現金流量之調整項

(4)銷貨收現應列於營業活動現金流量

答案:(4)

【101 年普考試題】

1.甲公司在 X1 年綜合損益表有利息費用$70,000,現金流量表中現金支付之利息為$65,000,X1 年初財務狀況表之應付利息為$50,000。甲公司在 X1 年並無預付利息及利息資本化發生,試問甲公司在 X1 年底之應付利息餘額為多少?

(1)$20,000　　(2)$55,000　　(3)$65,000　　(4)$85,000

答案:(2)

　補充說明如下:

利息費用與利息現金支付數之關係為：

利息費用$70,000＋應付利息減少數？＝利息現金支付數$65,000

或

利息費用$70,000－應付利息增加數？＝利息現金支付數$65,000

由上列算式可知為第二式，表示 X1 年應付利息增加$5,000(＝$70,000－$65,000)，X1 年初應付利息為$50,000，X1 年底應付利息應為$55,000(＝$50,000＋$5,000)。

2.甲公司在 X1 年底以成本$500,000，累計折舊$200,000 的運輸設備換入公允價值$400,000 之機器設備，另支付現金$60,000。試問該交易對甲公司在 X1 年淨投資活動現金流量的影響為多少？
(1)流入$160,000　　(2)流出$40,000　　(3)流入$100,000　　(4)流出$60,000

答案：(4)

☞補充說明：

以運輸設備交換機器設備，因有支付現金$60,000，故交換交易對甲公司在 X1 年淨投資活動現金流量的影響金額為**流出現金$60,000**。

【101 年初等特考試題】

1.現金流量表的「現金」係包含現金與約當現金，下列何者最不適合列入「現金」範圍？
(1)2 個月內到期之國庫券　　(2)1 個月內到期之定期存款
(3)10 天內到期之商業本票　　(4)持有之上市公司股票

答案：(4)

☞補充說明：

現金流量表的編製基礎為現金及約當現金，**通常只有短期內(如自取得日起三個月內)到期之投資方可視為約當現金**；答案為選項(4)。

【100年普考試題】

1. 應付公司債溢價的攤銷，在依間接法編製之現金流量表中，是當作：
(1)來自營業活動之現金流量中本期淨利之加項
(2)來自營業活動之現金流量中本期淨利之減項
(3)籌資活動之現金流量之加項
(4)籌資活動之現金流量之減項

答案：(2)

補充說明：

應付公司債溢價攤銷時之分錄為：

| xx/xx/xx | 應付公司債溢價 | xx,xxx |
| | 利息費用 | xx,xxx |

此項分錄會使利息費用減少，進而造成本期淨利增加，**但實際並未流入現金流量**，故採間接法計算來自營業活動之現金流量時，**此應付公司債溢價攤銷金額應自本期淨利中扣除。**

2. 甲公司發行普通股$5,000,000，由乙公司以現金購入，此項交易在兩公司分別被列為：
(1)甲公司：投資活動，乙公司：籌資活動
(2)甲公司：籌資活動，乙公司：投資活動
(3)甲乙公司皆為投資活動
(4)甲乙公司皆為籌資活動

答案：(2)

補充說明：

甲公司為發行普通股之公司，因為發行普通股與權益科目有關，**故甲公司應將發行普通股取得之現金歸類為來自籌資活動之現金流入。** 乙公司為投資普通股之公司，其列帳投資科目係與資產科有關，**故乙公司應將購入股票所支付之現金歸類為因投資活動之現金流出。**

【100年初等特考試題】

1.出售一設備有利益$9,000,其原始成本為$32,000,出售當時之累計折舊為$24,000,則此交易產生之投資活動現金流量為:
(1)$1,000　　　　(2)$8,000　　　　(3)$9,000　　　　(4)$17,000

答案:(4)

✎補充說明:

出售設備時之分錄為:

xx/xx/xx	現金	?	
	累計折舊－設備	24,000	
	設備		32,000
	處分不動產、廠房及設備利益		9,000

由上列出售設備之分錄可知**出售設備之價款為$17,000**,此即來自投資活動現金流入金額。

2.甲公司本期銷貨收入為$242,000,期初應收帳款餘額為$88,000,期末應收帳款餘額為$62,000,期初預付貨款餘額$67,000,期末預付貨款餘額$52,000,期初預收貨款餘額$82,000,期末預收貨款餘額$61,000,則銷貨收現數為何?
(1)$236,000　　　(2)$247,000　　　(3)$262,000　　　(4)$283,000

答案:(2)

✎補充說明:

1.分析應收帳款之當年度變動金額:

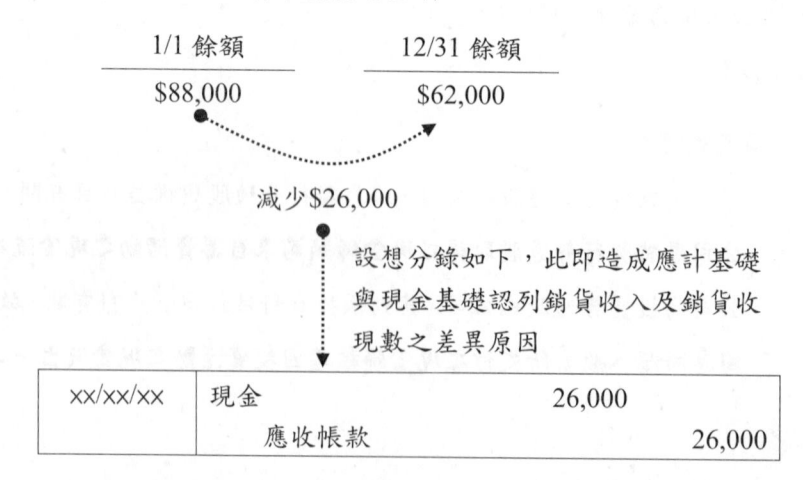

1/1 餘額	12/31 餘額
$88,000	$62,000

減少 $26,000

設想分錄如下,此即造成應計基礎與現金基礎認列銷貨收入及銷貨收現數之差異原因

xx/xx/xx	現金	26,000	
	應收帳款		26,000

第20頁 (第十三章 現金流量表)

分析說明

由分錄可知應計基礎下之銷貨收入$242,000 並未包括此筆金額；**但在現金基礎下，因其有流入現金，故應列為銷貨收入的**加項**，以計算銷貨收現數。**

2. 分析預收貨款之當年度變動金額：

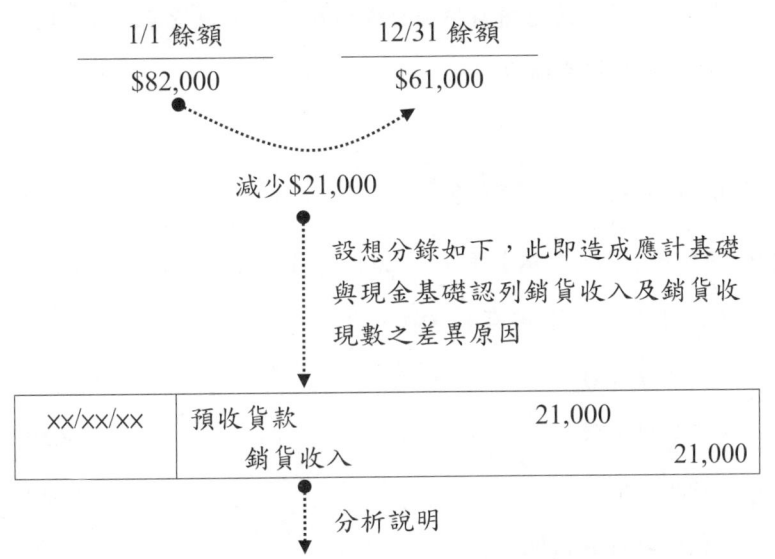

1/1 餘額	12/31 餘額
$82,000	$61,000

減少$21,000

設想分錄如下，此即造成應計基礎與現金基礎認列銷貨收入及銷貨收現數之差異原因

xx/xx/xx	預收貨款	21,000	
	銷貨收入		21,000

分析說明

由分錄可知應計基礎下之銷貨收入$242,000 已包括此筆金額；**但在現金基礎下，因其未有流入現金，故應列為銷貨收入的**減項**，以計算銷貨收現數。**

3. 預付貨款與銷貨收現數無關，故不須分析。

4. 綜合以上分析，銷貨收現數＝銷貨收入$242,000＋應收帳款減少數$26,000－預收貨款減少數$21,000＝**$247,000**。

3.【依 IAS 或 IFRS 改編】甲公司 X1 年各帳戶的有關資料：應付帳款減少$6,000，專利權攤銷費用$10,000，應付公司債折價攤銷$1,000，應收帳款減少$9,000，預付費用增加$2,000，出售舊設備損失$32,000，購買透過損益按公允價值衡量之金融資產$50,000，支付現金股利$30,000，當年淨利$100,000，則來自營業活動的現金流量為：

(1)$112,000　　(2)$120,000　　(3)$142,000　　(4)$94,000

答案：(4)

✎補充說明：

來自營業活動的現金流量

＝淨利$100,000－應付帳款減少$6,000＋專利權攤銷費用$10,000

　＋應付公司債折價攤銷$1,000＋應收帳款減少$9,000

　－預付費用增加$2,000＋出售舊設備損失$32,000

　－購買透過損益按公允價值衡量之金融資產$50,000

＝流入$94,000

【100年五等地方特考試題】

1. 【依IAS或IFRS改編】甲公司20x1年1月1日的現金餘額為$35,400，下列是該公司20x1年度的有關資訊：

銷貨收現數	$32,500
購貨付現數	8,500
折舊費用	$300
發行公司債收現	20,000
購買透過損益按公允價值衡量之金融資產	10,000
出售不動產、廠房及設備損失	500
支付員工薪資	3,000
發放現金股利	2,500
購置不動產、廠房及設備	4,500
收到利息收入	120
收到投資金融資產之現金股利	300
支付營業費用	3,200
償還非流動負債	3,000
出售不動產、廠房及設備收現	2,800

則20x1年度來自營業活動之現金流量金額為：

(1)$8,220　　(2)$17,920　　(3)$18,020　　(4)$18,220

答案：(1)

✎補充說明：

　　來自營業活動之現金流量

　　＝銷貨收現數$32,500－購貨付現數$8,500

　　　　－購買透過損益按公允價值衡量之金融資產$10,000

　　　　－支付員工薪資$3,000＋收到利息收入$120

　　　　＋收到投資金融資產之現金股利$300－支付營業費用$3,200

　　＝流入$8,220

2.承上題，20x1年度來自投資活動之現金流量為：
(1)淨流出$1,700　　　　　　　　(2)淨流出$11,400
(3)淨流出$11,700　　　　　　　 (4)淨流出$11,780

答案：(1)

　✎補充說明：

　　來自投資活動之現金流量

　　＝出售不動產、廠房及設備收現$2,800

　　　　－購置不動產、廠房及設備$4,500＝流出$1,700

3.承前二題，20x1年度來自籌資活動之現金流量為：
(1)淨流入$14,500　　　　　　　　(2)淨流入$14,800
(3)淨流入$14,920　　　　　　　 (4)淨流入$17,000

答案：(1)

　✎補充說明：

　　來自籌資活動之現金流量

　　＝發行公司債收現$20,000－發放現金股利$2,500

　　　　－償還非流動負債$3,000＝流入$14,500

4.承前三題，20x1年12月31日的現金餘額為：
(1)$56,140　　(2)$56,420　　(3)$56,840　　(4)$57,020

答案：(2)

📝 **補充說明：**

20x1 年 12 月 31 日的現金餘額

＝20x1 年 1 月 1 日的現金餘額$35,400

　　＋來自營業活動之淨現金流入$8,220

　　－來自投資活動之淨現金流出$1,700

　　＋來自籌資活動之淨現金流入$14,500＝**$56,420**

【99 年普考試題】

1. 甲公司本期淨利$60,000，提列折舊$1,000，攤銷無形資產$1,000，發行新股$50,000 償還負債，期初現金餘額$73,000，試問期末現金餘額為何？
(1)$135,000　　(2)$185,000　　(3)$183,000　　(4)$184,000

答案：(1)

📝 **補充說明：**

期末現金餘額＝期初現金餘額$73,000＋本期淨利$60,000

　　＋提列折舊$1,000＋攤銷無形資產$1,000＝**$135,000**

【99 年四等地方特考試題】

1.【依 IAS 或 IFRS 改編】甲公司 X9 年出售採權益法處理之 A 公司股票獲得現金$700,000，處分不動產、廠房及設備獲得現金$500,000 同時發生處分不動產、廠房及設備利得$100,000，購買運輸設備付出現金$600,000，購買 B 公司股票分類為透過損益按公允價值衡量之金融資產付出現金$200,000，請計算甲公司 X9 年投資活動之現金流量？
(1)$300,000　　(2)$400,000　　(3)$500,000　　(4)$600,000

答案：(4)

📝 **補充說明：**

來自投資活動之現金流量

＝出售採權益法處理之 A 公司股票獲得現金$700,000

　　＋處分不動產、廠房及設備獲得現金$500,000

　　－購買運輸設備付出現金$600,000＝**$600,000**

【99 年五等地方特考試題】

1.【依 IAS 或 IFRS 改編】甲公司設備成本於 X2 年減少$80,000，累計折舊減少$48,000，甲公司於 X2 年曾出售設備一批，成本$200,000，出售設備利益$13,000，X2 年提列之折舊費用合計$110,000，其餘成本之差異係以現金購入新運輸設備，甲公司 X2 年度來自投資活動現金流量為何？
(1)淨流出$52,000　　(2)流出$65,000　　(3)流出$78,000　　(4)淨流出$175,000

答案：(2)

補充說明：

1.以 T 字帳分析設備及累計折舊會計科目金額之變動如下：

設：X2 年初設備餘額為 X，X2 年初設備累計折舊餘額為 Y

設備

X2 年初　　　　　　　X	出售設備　　　　$200,000
購入新運輸設備　　？	
X2 年底　　$X-\$80,000$	

$X+$購入新運輸設備？$-$出售設備$200,000＝X-\$80,000$

購入新運輸設備＝$120,000

累計折舊—設備

出售設備除列金額　？	X2 年初　　　　　　Y
	提列折舊數　　$110,000
	X2 年底　　$Y-\$48,000$

$Y+$提列折舊數$\$110,000-$出售設備除列金額？$＝Y-\$48,000$

出售設備除列金額＝$158,000

2.出售設備之分錄為：

xx/xx/xx	現金	？	
	累計折舊—設備	158,000	
	設備		200,000
	處分不動產、廠房及設備利益		13,000

由上列分錄可推算出售設備之價款為**$55,000**。

3.綜合以上分析，可知甲公司 X2 年度來自投資活動之現金流量為：

出售設備現金流入 $55,000 － 購入新運輸設備現金流出 $120,000

＝**來自投資活動之淨現金流出 $65,000**

【98年普考試題】

1.【依 IAS 或 IFRS 改編】 以現金 $520,000 出售帳面金額為 $490,000 之採用權益法之投資，其對現金流量表之影響為：

(1)來自投資活動現金流入 $520,000

(2)來自投資活動現金流入 $520,000，來自營業活動現金流入 $30,000

(3)來自投資活動現金流入 $30,000

(4)來自籌資活動現金流入 $520,000

答案：(1)

補充說明：

出售投資之分錄為：

xx/xx/xx	現金	520,000	
	採用權益法之投資		490,000
	投資利益		30,000

由上列分錄可知來自投資活動現金流入 $520,000，**另採間接法計算來自營業活動現金流量時，本期淨利應扣除出售投資利益 $30,000**。

2.

甲公司
比較財務狀況表
X9年及X8年12/31

	X9/12/31	X8/12/31		X9/12/31	X8/12/31
現金	$24,000	$16,000	應付帳款	$162,000	$160,000
應收帳款	164,000	174,000	普通股(每股		
土地	150,000	129,000	面額@$10)	500,000	460,000
機器	750,000	650,000	資本公積	29,000	26,000
累計折舊	(256,000)	(230,000)	保留盈餘	141,000	93,000
總計	$832,000	$739,000	總計	$832,000	$739,000

X9 年度其他相關資料：

(一)出售一部成本$70,000，累計折舊$52,000 之機器，收到現金$23,000，另外用現金添購新機器。

(二)發行 2,000 股普通股換取土地一塊，其餘現金增資。

試編製甲公司 X9 年度現金流量表(間接法)。

解題：

X9 年之現金流量表如下：

甲公司
現金流量表
X9 年度

來自營業活動之現金流量		
本期淨利		$48,000
調整項目：		
折舊費用	$78,000	
處分機器設備利益	(5,000)	
應收帳款減少	10,000	
應付帳款增加	2,000	85,000
來自營業活動之淨現金流入		133,000
來自投資活動之現金流量		
處分機器設備	23,000	
購買機器設備	(170,000)	
來自投資活動之淨現金流出		(147,000)
來自籌資活動之現金流量		
發行股票		22,000
本期現金增加數		8,000
期初現金餘額		16,000
期末現金餘額		$24,000
非現金交易(不影響現金流量之投資及籌資活動)		
發行普通股 2,000 股取得土地		

【98年初等特考試題】

1. 甲公司本月不含折舊費用之營業費用為$55,000，月初預付費用餘額$1,600，應付費用餘額$4,000；月底預付費用餘額$3,500，應付費用餘額$5,000，則本月營業費用付現數為：

(1)$52,100　　　　(2)$54,100　　　　(3)$55,900　　　　(4)$57,900

答案：(3)

☞補充說明：

1.分析預付費用之當年度變動金額：

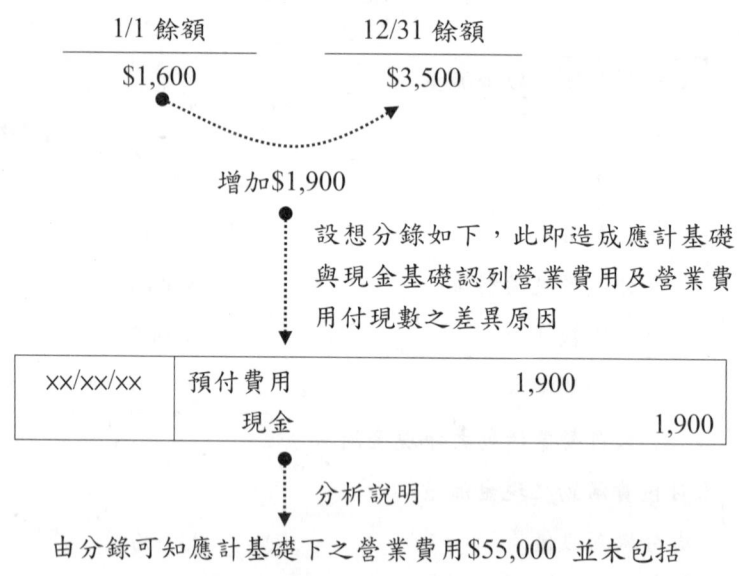

1/1 餘額	12/31 餘額
$1,600	$3,500

增加$1,900

設想分錄如下，此即造成應計基礎與現金基礎認列營業費用及營業費用付現數之差異原因

xx/xx/xx	預付費用　　　　1,900	
	現金	1,900

分析說明

由分錄可知應計基礎下之營業費用$55,000 並未包括此筆金額；**但在現金基礎下，因其有流出現金，故應列為營業費用的 加項**，以計算營業費用付現數。

2.分析應付費用之當年度變動金額：

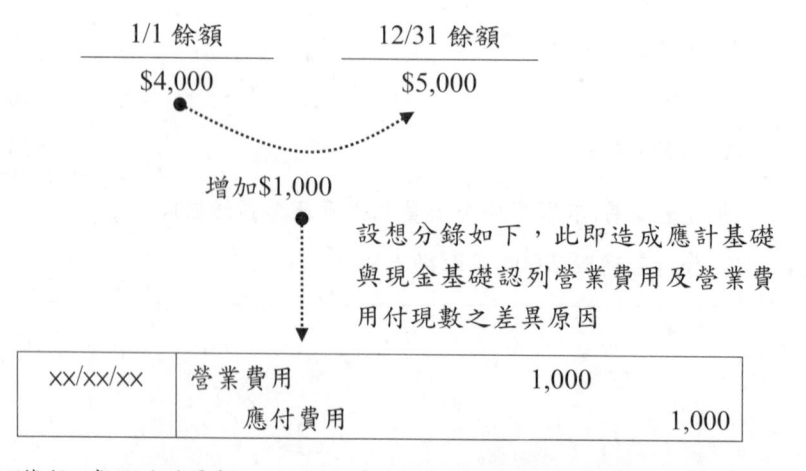

1/1 餘額	12/31 餘額
$4,000	$5,000

增加$1,000

設想分錄如下，此即造成應計基礎與現金基礎認列營業費用及營業費用付現數之差異原因

xx/xx/xx	營業費用　　　　1,000	
	應付費用	1,000

▼ 分析說明

由分錄可知應計基礎下之營業費用$55,000 已包括此筆金額；但在現金基礎下，因其未有流出現金，故應列為營業費用的 減項 ，以計算營業費用付現數。

3.綜合以上分析：**營業費用付現數**＝營業費用$55,000
＋預付費用增加數$1,900－應付費用減少數$1,000＝**$55,900**

2.在編製現金流量表時，「公司發行之可轉換公司債轉換為普通股」應如何報導？
(1)列為投資活動　　　　　　　(2)列為籌資活動
(3)只須作補充揭露　　　　　　(4)不必作任何表達與揭露

答案：(3)

✐補充說明：

「公司發行之可轉換公司債轉換為普通股」**屬非現金交易(不影響現金之投資及籌資活動)，僅須作補充揭露即可**。

【98年四等地方特考試題】

1.

A公司
損益表
X9年度

銷貨	$180,000
銷貨成本	(95,000)
銷貨毛利	$ 85,000
營業費用(除折舊、呆預期信用減損損失外)	(35,000)
折舊費用	(9,000)
預期信用減損損失	(1,000)
稅前淨利	$ 40,000
所得稅費用	(10,000)
稅後淨利	$ 30,000

流動資產及流動負債當年度變動如下：

會計科目	增	減
應收帳款		$5,500
備抵損失		500
存貨	$3,000	
預付費用	2,000	
應付帳款	6,000	
預收貨款		2,000

試依上列資料以間接法編製計算來自營業活動之現金流入(出)。

解題：

	A 公司	
	現金流量表	
	X9 年度	
來自營業活動之現金流量		
本期淨利		$30,000
調整項目：		
折舊費用	$9,000	
預期信用減損損失	1,000	
應收帳款減少	4,000	
存貨增加	(3,000)	
預付費用增加	(2,000)	
應付帳款增加	6,000	
預收貨款減少	(2,000)	13,000
來自營業活動之淨現金流入		$43,000

⋯▶ 可淨額表達如下：

```
                    A 公司
                   現金流量表
                   X9 年度
```

來自營業活動之現金流量		
本期淨利		$30,000
調整項目：		
折舊費用	$9,000	
應收帳款(淨額)減少	**5,000**	
存貨增加	(3,000)	
預付費用增加	(2,000)	
應付帳款增加	6,000	
預收貨款減少	(2,000)	13,000
來自營業活動之淨現金流入		$43,000

【97 年初等特考試題】

1. 甲公司本年度來自營業活動之現金流量為$77,000，另有處分不動產、廠房及設備收益$7,000、應收帳款減少$5,000 及折舊$9,000，則本期淨利應為？

(1)$66,000　　(2)$70,000　　(3)$74,000　　(4)$80,000

答案：(2)

　補充說明：

　　來自營業活動現金流量$77,000

　　　＝本期淨利？－處分不動產、廠房及設備收益$7,000

　　　　＋應收帳款減少$5,000＋折舊$9,000

　　本期淨利＝$70,000

2. 下列項目何者在現金流量表中應列為籌資活動之現金流量？

(1)出售土地　　　　　　　　(2)購買不動產、廠房及設備

(3)發行公司債　　　　　　　(4)發放股票股利

答案：(3)

【97年四等地方特考試題】

1.應付公司債折價的攤銷，在依間接法編製之現金流量表中，是當作：
(1)來自營業活動之現金流量中本期淨利之加項
(2)來自營業活動之現金流量中本期淨利之減項
(3)籌資活動之現金流量之加項
(4)籌資活動之現金流量之減項

答案：(1)

補充說明：

應付公司債折價攤銷時之分錄為：

xx/xx/xx	利息費用	xx,xxx	
	應付公司債折價		xx,xxx

此項分錄會使利息費用增加，進而造成本期淨利減少，但實際並未流出現金流量，故採間接法計算來自營業活動之現金流量時，**此應付公司債折價攤銷金額應自本期淨利中加回。**

【97年五等地方特考試題】

1.甲公司本年度稅後淨利 $750,000，年中並曾發放 $230,000 的現金股利。乙公司擁有甲公司60%股權，並採間接法編製現金流量表，則投資甲公司之收益，在乙公司本年度現金流量表之營業活動項下，應如何調整本期淨利？
(1)增加$138,000   (2)減少$138,000
(3)增加$312,000   (4)減少$312,000

答案：(4)

補充說明：

因乙公司擁有甲公司60%股權，應採權益法處理，乙公司會依投資比例認列投資收益$450,000(＝$750,000 ×60%)，另會收到股利$138,000(＝$230,000×60%)。**乙公司於現金流量表中之來自營業活動現金流量，本期淨利應扣除認列的投資收益$450,000，並加回收到之股利$138,000，淨額為扣除$312,000**($450,000－$138,000)。

【96年初等特考試題】

1. 採「直接法」或「間接法」編製現金流量表時,主要差異會出現在下列那一項活動的內容?
(1)不影響現金流量之重大投資或籌資活動
(2)營業活動
(3)投資活動
(4)籌資活動

答案:(2)

> 補充說明:
> 直接法及間接法主要差異為來自營業活動之現金流量的計算過程。

2. 下列何種情況下,現金基礎下的淨利會大於應計基礎下的淨利:
(1)現購辦公設備　　　　(2)賒購文具用品
(3)償還賒欠貨款　　　　(4)提供服務尚未收款

答案:(2)

> 補充說明:
> 選項(2)賒購文具用品因為未付出現金(前題:賒購之文具用品須於當年度耗用並認列為費用),會使現金基礎下的淨利大於應計基礎下的淨利。

【96年四等地方特考試題】

1. 編製現金流量表時,下列何者非為必要資訊?
(1)調整後試算表　　　　(2)比較財務狀況表
(3)當期損益表　　　　　(4)其他補充資訊

答案:(1)

> 補充說明:
> 選項(1)調整後試算表之資料會表達於當期損益表及財務狀況表。

【95年初等特考試題】

1. 在現金流量表中將現金之流入與流出區分為那些活動？
(1)營業活動、投資活動與籌資活動
(2)投資活動、籌資活動與股利活動
(3)籌資活動、股利活動與營業活動
(4)股利活動、營業活動與投資活動

答案：(1)

【95年四等地方特考試題】

1. 現金流量表最主要的目的，係在表達下列何者，在一個會計期間的變動狀況？
(1)營運資金   (2)約當現金
(3)現金及約當現金   (4)流動資產及流動負債

答案：(3)

✎補充說明：
　　國際財務報導準則規定**現金流量表的編製基礎為現金及約當現金**。

【95年五等地方特考試題】

1. 宣告並發放股票股利應報導於現金流量表中那一項活動？
(1)投資活動
(2)籌資活動
(3)不影響現金流量之重大投資或籌資活動
(4)以上皆非

答案：(4)

✎補充說明：
　　宣告並發放股票股利僅會增加股數，並不會影響現金流量，其也不是非現金交易(不影響現金流量之投資或籌資活動)。

第十四章　財務報表比率及分析

重點內容：

● 本章主題

　1. 水平分析

　2. 垂直分析

　3. 比率分析

● 水平分析是為不同年度、相同項目之比較，又稱為動態分析或趨勢分析，可為絕對金額之比較、絕對金額之變動金額比較或以某一年為基期將各年度之該項金額化為百分比以看出趨勢。

● 垂直分析是為同一年度內不同項目間之比較，又稱為靜態分析，其可為共同比分析或比率分析。

● 共同比分析

　共同比分析時，是以某一項目之金額為 100%，再將其他項目除以該 100%項目之金額，以了解各項目為該 100%項目金額之比例，**損益表是以銷貨收入淨額為 100%，財務狀況表是以資產總額(＝負債加權益之總額)為 100%**。共同比分析適用於不同規模企業之比較，可避免比較絕對金額之缺點。

● 比率分析

　係計算同一年度內不同項目間之比率。比率分析可了解企業之流動性、償債能力、財務結構、獲利能力(績效)及資產運用情形。列示常用之比率如下：

　(一)財務結構

　　1. 負債比率＝負債總額÷資產總額

　　2. 權益比率＝權益(股東權益)÷資產總額

(二)償債能力

1. 流動比率＝流動資產 ÷ 流動負債

2. 速動比率＝速動資產 ÷ 流動負債

　　　　或 (流動資產－存貨－預付費用) ÷ 流動負債

3. 利息保障倍數＝息前稅前淨利 ÷ 利息費用

(三)獲利能力(績效)

1. 銷貨毛利率＝銷貨毛利 ÷ 銷貨收入淨額

2. 營業利益率＝營業利益 ÷ 銷貨收入淨額

3. 淨利率＝本期淨利 ÷ 銷貨收入淨額

4. 每股盈餘

　　＝(本期淨利－特別股股利)÷流通在外普通股加權平均股數

5. 總資產報酬率

　　＝〔本期淨利＋利息費用×(1－稅率)〕÷ 平均總資產

6. 股東權益報酬率＝本期淨利 ÷ 平均股東權益

7. 每股淨值(又稱每股帳面金額)

　　＝淨值(普通股股東權益) ÷ 普通股流通在外股數

(四)資產週轉率(使用效率)

1. 應收帳款週轉率＝銷貨收入淨額 ÷ 平均應收帳款

2. 應收帳款收現天數＝365 天(或 360 天) ÷ 應收帳款週轉率

3. 存貨週轉率＝銷貨成本 ÷ 平均存貨

4. 平均存貨週轉天數＝365 天(或 360 天) ÷ 存貨週轉率

5. 不動產、廠房及設備週轉率

　　＝銷貨收入淨額 ÷ 平均不動產、廠房及設備

6. 總資產週轉率＝銷貨收入淨額 ÷ 平均總資產

(五)股票投資價值

1. 本益比＝每股市價 ÷ 每股盈餘

2. 股利收益率(又稱股票殖利率)＝每股股利 ÷ 每股市價

3. 股利發放率＝每股股利 ÷ 每股盈餘＝現金股利 ÷ 本期淨利

【108年普考試題】

1. 乙公司 X4 年度之相關財務資料如下：銷貨淨額$625,000，銷貨成本$467,000，期初應收帳款淨額$60,000，期末應收帳款淨額$65,000，期初存貨$105,000，期末存貨$128,500。試問營業週期約為多少天？

(1)105 天　　　　(2)140 天　　　　(3)128 天　　　　(4)117 天

答案：(3)

補充說明：

1. $625,000 ÷〔($60,000＋$65,000)÷2〕＝10次
2. 365天 ÷ 10次 ＝36.5天
3. $467,000 ÷〔($105,000＋$128,500)÷2〕＝4次
4. 365天 ÷ 4次 ＝91.25天
5. 營業週期之天數＝36.5天＋91.25天＝**約128天**

2. 下列何項將使公司之負債對資產比率增加？(假設公司淨值為正數)

(1)支付應付現金股利　　　　(2)發放股票股利
(3)收回公司債產生利得　　　(4)處分設備產生損失

答案：(4)

補充說明：

各選項分析如下：

1. 選項(1)：支付應付現金股利→造成負債減少→造成資產減少→造成負債對資產比率**減少**。
2. 選項(2)：發放股票股利→造成權益一增一減→造成負債對資產比率**不變**。
3. 選項(3)：收回公司債產生利得→造成負債減少→造成資產減少→因為是產生利得，故資產減少之金額較負債減少之金額少→造成負債對資產比率**減少**。
4. 選項(4)：處分設備產生損失→造成資產一增一減→因為是產生損失，故資產減少之金額較資產增加之金額多→造成負債對資產比率**增加**。答案為本選項。

【108年初等特考試題】

1. 若甲公司之營運資金大於零，試問當甲公司以現金償還應付帳款會造成下列何種影響？
(1)營運資金增加　　　　　　　(2)營運資金減少
(3)流動比率增加　　　　　　　(4)流動比率減少

答案：(3)

> **補充說明：**
> 1. 以現金償還應付帳款→造成資產及負債均減少→**營運資金不變。**
> 2. 以現金償還應付帳款→造成資產及負債均減少→以現金償還應付帳款[前]之流動比率大於1，以現金償還應付帳款**會使流動比率分子及分母均減少**→**造成流動比率增加。**

2. 流動比率與速動比率主要是用來評估企業的：
(1)流動性　　(2)長期償債能力　　(3)市場價值　　(4)獲利能力

答案：(1)

3. 甲公司X7年度股利支付率為50%，今知該公司每股股利為$5，本益比為20，則甲公司普通股每股市價應為多少？
(1)$50　　　　(2)$100　　　　(3)$150　　　　(4)$200

答案：(4)

> **補充說明：**
> 1. 股利發放率＝每股股利$5÷每股盈餘？＝50%
>
>   每股盈餘？＝$10
>
> 2. 本益比＝每股市價？÷每股盈餘 $10＝20倍
>
>   **每股市價？＝$200**

4.乙公司X5年銷貨收入為$1,750,000,銷貨毛利率為28%,若平均存貨為$252,000,一年以365天計算,試問存貨平均銷售天數為幾天?
(1)5天　　　　　(2)45天　　　　　(3)53天　　　　　(4)73天

答案：(4)

✍補充說明：

1. 銷貨成本＝$1,750,000×(1－28%)＝$1,260,000
2. $1,260,000 ÷ $252,000＝5次
3. 365天 ÷ 5次 ＝**73天**

【107年普考試題】

1. 甲公司X6年底每股盈餘為$6,每股可配現金股利$3,已知X6年底每股帳面金額為$30,每股市價則為$45。試問該公司股票之本益比為：
(1)5倍　　　　　(2)7.5倍　　　　　(3)10倍　　　　　(4)15倍

答案：(2)

✍補充說明：

本益比＝$45 ÷ $6＝**7.5倍**

2. 甲公司X1年之平均資產總額為$580,000、利息費用$25,000,另外,資產週轉率為2.5、淨利率為12%、所得稅率為25%。試問甲公司之利息保障倍數為何？
(1)6.22　　　　　(2)7.96　　　　　(3)10.28　　　　　(4)15.50

答案：(3)

✍補充說明：

1. 銷貨收入淨額÷平均資產總額為$580,000＝資產週轉率2.5次
　　銷貨收入淨額＝**$1,450,000**
2. 本期淨利＝$1,450,000×12%＝**$174,000**
3. 利息保障倍數＝(稅前淨利＋利息費用)÷利息費用
　＝〔$174,000 ÷ (1－25%)＋$25,000〕÷ $25,000＝**10.28倍**

3. 若一企業淨值為正數，下列何項交易之發生會將負債比率提高？
(1)產生公司債收回利益　　　　(2)處分不動產、廠房及設備發生損失
(3)發行普通股　　　　　　　　(4)發放股票股利

答案：(2)

📖 補充說明：
　　選項(2)會使權益減少，進而使負債比率提高。

【107年初等特考試題】

1. 甲公司X9年資料如下：面額$10之普通股流通在外股數500,000股(全年未變)、普通股現金股利$400,000、股利發放率為40%，若甲公司僅發行普通股，且X9年普通股每股市價$32，試問年底本益比為若干？
(1)8%　　　　　　(2)16　　　　　　(3)40　　　　　　(4)100

答案：(2)

📖 補充說明：
1. 普通股現金股利$400,000 ÷ 本期淨利？＝40%
　　　本期淨利＝$1,000,000
2. 每股盈餘＝$1,000,000 ÷ 500,000股＝$2
3. **本益比**＝$32 ÷ $2＝**16倍**

【107年四等地方特考試題】

1. 甲公司相關財務資料如下：應收帳款期初與期末餘額分別為$940,000與$960,000、本年度賒銷總額為$8,000,000，銷貨折扣$150,000，銷貨運費$200,000，銷貨退回與折讓$250,000，銷貨成本$4,000,000，期初存貨與期末存貨分別為$150,000與$250,000。請問甲公司營業週期為幾天？(請四捨五入至小數點後二位)
(1)63.88天　　　(2)61.59天　　　(3)62.71天　　　(4)65.11天

答案：(1)

📖 補充說明如下：

1. 賒銷淨額＝$8,000,000－$150,000－$250,000＝$7,600,000

2. 銷貨成本＝$4,000,000

3. $7,600,000÷〔($940,000＋$960,000)÷2〕＝8次

4. 365天÷8次＝45.63天

5. $4,000,000÷〔($150,000＋$250,000)÷2〕＝20次

6. 365天÷20次＝18.25天

7. 營業循環之天數＝45.63天＋18.25天＝**63.88天**

2.甲公司與乙公司屬於同產業，兩公司X1年度之財務資料如下：

	甲公司	乙公司
營業收入	$2,000,000	$1,800,000
營業成本	800,000	1,080,000
營業費用	400,000	360,000
本期淨利	100,000	270,000

甲公司的財務績效表現與乙公司財務績效不同，其可能原因為：

(1)甲公司產品附加價值低。

(2)因為經濟不景氣，甲公司的產品嚴重滯銷

(3)甲公司為了開發高利潤產品，致力於研究發展

(4)甲公司依賴舉借鉅額貸款擴充設備

答案：(4)

✐補充說明：

1.推算甲公司及乙公司其他損益金額及共同比分析如下：

	甲公司		乙公司	
營業收入	$2,000,000	100%	$1,800,000	100%
營業成本	(800,000)	(40%)	1,080,000	(60%)
銷貨毛利	1,200,000	60%	720,000	40%
營業費用	(400,000)	(20%)	(360,000)	(20%)
營業利益	800,000	40%	360,000	20%
其他(損)益(推算)	(700,000)	(35%)	(90,000)	(5%)
本期淨利	100,000	5%	270,000	15%

2.由以上分析可知甲公司的營業利益率較高，表示其本業經營較乙公司為佳，但**其他損益金額比例過高，其最可能的原因為選項(4)甲公司依賴舉借鉅額貸款擴充設備,因為其會造成利息費用較高**。

3.甲公司本期稅後淨利$332,000，所得稅率17%，流動資產$800,000，流動負債$400,000，利息費用$100,000，利率10%。請問甲公司本期之利息保障倍數為何？
(1)3.5倍　　　　　(2)5倍　　　　　(3)6倍　　　　　(4)7倍
答案：(2)

📖 補充說明：

$$\frac{\$332{,}000 \div (1-17\%) + 利息費用\$100{,}000}{利息費用\$100{,}000} = 5 \text{ 倍}$$

4.丙公司X8年底營運資金為$540,000。X9年初賒購商品$600,000，稍後並將該商品按成本加計30%利潤賒銷。丙公司採取永續盤存制，計入前述兩項交易後之流動比率為2，則丙公司X8年底之流動資產金額為：
(1)$120,000　　　(2)$540,000　　　(3)$600,000　　　(4)$660,000
答案：(4)

📖 補充說明：

1.營運資金＝流動資產－流動負債
　　移項➔流動資產＝營運資金＋流動負債

2.二項交易之分錄列示如下：

X9/xx/xx	存貨　　　　　　　　600,000	
	應付帳款	600,000

X9/xx/xx	應收帳款　　　　　　780,000	
	銷貨收入	780,000

X9/xx/xx	銷貨成本　　　　　　600,000	
	存貨	600,000

二項交易後，流動比率之變化如下：

$$\frac{流動資產}{流動負債} = \frac{交易前之流動資產+\$600,000+\$780,000-\$600,000}{交易前之流動負債+\$600,000} = 2\text{ 倍}$$

交易前之流動資產＋$780,000＝(交易前之流動負債＋600,000)×2

→交易前之流動資產－交易前之流動負債×2＝$420,000

因為：交易前之流動資產＝營運資金$540,000＋交易前之流動負債

所以：

　　營運資金$540,000＋交易前之流動負債－交易前之流動負債×2
　　　＝$420,000

　　　交易前之流動負債＝$120,000→代入下列算式

$$\frac{流動資產}{流動負債} = \frac{交易前之流動資產+\$600,000+\$780,000-\$600,000}{\$120,000+\$600,000} = 2\text{ 倍}$$

交易前之流動資產＋$600,000＋$780,000－$600,000＝$720,000×2 倍

交易前之流動資產＝$660,000

5.乙公司X1年度進貨$3,500,000，進貨運費為$500,000，X1年底期末存貨比期初存貨多$1,000,000，銷貨毛利率為60%，營業費用合計$1,500,000。乙公司X1年度營業淨利率為：
(1)25%　　　　(2)30%　　　　(3)35%　　　　(4)40%

答案：(4)

🖎補充說明：

1.銷貨成本＝$3,500,000＋$500,000－$1,000,000＝$3,000,000
2.銷貨收入＝$3,000,000÷(1－60%)＝$7,500,000
3.營業淨利＝$7,500,000－$3,000,000－$1,500,000＝$3,000,000
4.**營業淨利率**＝$3,000,000÷$7,500,000＝**40%**

【107年五等地方特考試題】

1.財務報表使用者可以利用權益比率及負債比率進行下列何者之分析？
(1)現金流量分析　　　　　　　　(2)短期償債能力分析
(3)長期獲利能力分析　　　　　　(4)資本結構分析

答案：(4)

2.流動資產超過流動負債部分為：
(1)營運資金　　(2)速動資產　　(3)變現資產　　(4)約當現金

答案：(1)

3.某公司的流動資產$1,000，流動負債$500，應收帳款$100，存貨$200，試問其流動比率為：
(1)10　　　　(2)5　　　　(3)2.5　　　　(4)2

答案：(4)

　　補充說明：$1,000÷$500＝2倍

【106年普考試題】

1.以下三小題係有關財務報表分析，請分別作答：
(一)甲公司採用曆年制，其X1年度及X2年度發生如下之錯誤：
X1年之期末存貨高估$5,000，X2年之期末存貨低估$10,000；
X1年之設備折舊費用低估$8,000，X2年之設備折舊費用低估$60,000。
假設甲公司至X3年底均未發現上項錯誤，且X3年度未再發生其他錯誤。若不考慮所得稅之影響。
試作：上述錯誤對甲公司X3年12月31日流動比率之影響為何(高估或低估或不影響)？

解題：
　　不影響X3年12月31日流動比率，因為X3年12月31日之流動資產及流動負債是正確的。

(二)乙公司之流動資產包括現金、應收帳款、存貨及預付費用，在X1年12月31日之流動比率為2，速動比率為1.2。公司於X2年1月間出售一批售價$100,000，毛利率為30%之商品後，速動比率變為1.7。

試作：商品售出後，乙公司之流動比率變為多少？

解題：

設：流動負債為×

1. 原流動比率如下：

$$\frac{流動資產}{流動負債} = \frac{2×}{×}$$

2. 原速動比率如下：

$$\frac{速動資產}{流動負債} = \frac{1.2×}{×}$$

3. 商品售出後，乙公司之速動比率之變化如下：

$$\frac{速動資產}{流動負債} = \frac{1.2× + \$100,000}{×} = 1.7$$

$$× = \$200,000$$

4. 商品售出後，乙公司之流動比率之變化如下：

出售商品之銷貨成本 = $100,000 × (1 − 30\%) = \$70,000$

$$\frac{流動資產}{流動負債} = \frac{2 \times \$200,000 + \$100,000 - \$70,000}{\$200,000} = \mathbf{2.15}$$

(三)丙公司X2年之銷貨收入為$500,000，毛利率為30%。期初應收帳款為$110,000，期末應收帳款為$90,000。另丙公司X2年之期初存貨為$100,000，期末存貨為$60,000。

試作：丙公司營業循環之天數為多少(一年以365天計算，四捨五入至小數點後二位)？

解題如下：

1. 銷貨成本＝$500,000×(1－30%)＝$350,000

2. $500,000 ÷〔($110,000＋$90,000) ÷ 2〕＝5次

3. 365天 ÷ 5次 ＝73天

4. $350,000 ÷〔($100,000＋$60,000) ÷ 2〕＝4.375次

5. 365天 ÷ 4.375次 ＝83.43天

6. 營業循環之天數＝73天＋ 83.43天＝**156.43天**

【106年初等特考試題】

1. 水平分析評估不同年度相關之財務資訊：
(1)係將不同年度相關財務報表項目按數值由大至小排序
(2)係將不同年度相關財務報表項目按數值由小至大排序
(3)用以比較分析那些財務報表項目有錯誤
(4)用以比較分析財務報表項目金額或百分比的增減變動

答案：(4)

【105年普考試題】

1. 甲公司本年度存貨週轉率為8，以銷貨收入為基礎計算之毛利率30%，存貨期初、期末金額分別為$315,000、$210,000，應收帳款期初、期末金額分別為$120,000、$180,000，請問其應收帳款週轉率為：
(1)20次　　　　(2)18次　　　　(3)12.5次　　　　(4)9次

答案：(1)

補充說明：

1. 存貨週轉率＝銷貨成本？÷〔($315,000＋$210,000)÷2〕＝8次
   銷貨成本＝$2,100,000

2. 銷貨收入＝$2,100,000 ÷ (1－30%)＝$3,000,000

3. 應收帳款週轉率＝$3,000,000÷〔($120,000＋$180,000)÷2〕＝**20次**

2.下述項目有幾項會因為期末提列存貨跌價損失而受影響？①速動比率
②流動比率　③利息保障倍數　④股東權益報酬率
(1)一項　　　　　(2)二項　　　　　(3)三項　　　　　(4)四項

答案：(3)

　　✍補充說明：受影響之項目有②、③及④三項。

【105年初等特考試題】

1.甲公司X9年度銷貨淨額$3,750,000，淨利$500,000，期初總資產$1,200,000，期末總資產為期初的1.5倍，其總資產週轉率為何？
(1)0.33倍　　　(2)2.08倍　　　(3)2.5倍　　　(4)3.125倍

答案：(3)

　　✍補充說明：$3,750,000÷〔($1,200,000＋$1,200,000×1.5)÷2〕＝**2.5倍**

2. X3年度甲公司稅後淨利為$500,000，支付現金股利$200,000，普通股加權平均流通在外股數為100,000股，年底每股市價$50，若甲公司並未發行特別股，則甲公司X3年度股利支付率是多少？
(1)40%　　　(2)4%　　　(3)8%　　　(4)10%

答案：(1)

　　✍補充說明：$200,000÷$500,000＝**40%**

【105年四等地方特考試題】

1.乙公司X3年部分項目之期末餘額如下：權益$1,200,000、特別股股本$300,000。X3年度綜合損益表中淨利$150,000。另外，X3年度權益變動表中列示特別股股利$10,000、普通股現金股利$60,000。X3年12月31日普通股每股市價為$35，X3年之加權平均流通在外普通股股數為50,000股。乙公司X3年度之本益比為：
(1)12.5　　　(2)2.8　　　(3)3.0　　　(4)2.0

答案：(1)

☙補充說明：

1.每股盈餘＝($150,000－$10,000) ÷ 50,000股＝$2.8

2.本益比＝$35 ÷ $2.8＝**12.5倍**

【104年普考試題】

1.台南公司X2年12月31日之資產負債表如下：

台南公司
資產負債表
X2 年 12 月 31 日

資產		
流動資產		
現金	$ 60,000	
短期投資	30,000	
應收帳款	48,750	
存貨	41,250	$ 180,000
非流動資產		
不動產、廠房及設備	$880,000	
累計折舊	(70,000)	810,000
資產總額		$ 990,000
負債及權益		
流動負債		
應付帳款	$ 40,000	
短期借款	20,000	$ 60,000
長期負債		
長期應付票據	$ 30,000	
應付公司債	100,000	130,000
負債合計		$190,000
權益		
普通股股本	$500,000	
資本公積	100,000	
保留盈餘	200,000	800,000
負債及權益總額		$ 990,000

其他補充資料如下：

1. X2年度扣除利息及所得稅前之淨利為$131,450。
2. X2年度銷貨淨額為$400,000(假設均為賒銷)、銷貨成本為$250,000。
3. X1年12月31日存貨餘額為$38,000，應收帳款餘額為$59,250。
4. X2年度利息費用為$6,450。

一年以365天計，試依據上述資料，計算下列各項比率：(四捨五入至小數第二位)

(一)速動比率。

(二)存貨週轉率。

(三)帳款收回平均天數。

(四)營業週期。

解題：

(一)速動比率：

公式	分子	速動資產＝$138,750
	分母	流動負債＝$60,000
答案		2.31倍、或231.25%

(二)存貨週轉率：

公式	分子	銷貨成本＝$250,000
	分母	平均存貨 ＝($38,000＋$41,250)÷2＝$39,625
答案		6.31次

(三)帳款收回平均天數：

1. 應收帳款週轉率：

公式	分子	銷貨收入淨額＝$400,000
	分母	平均應收帳款 ＝($59,250+$48,750)÷2＝$54,000
答案		7.41次

2.帳款收回平均天數(應收帳款週轉天數)：

公式	分子	全年度天數＝365 天
	分母	應收帳款週轉率＝7.41 次
答案		49.26 天

(四)營業週期：

1.存貨週轉天數：

公式	分子	全年度天數＝365 天
	分母	存貨週轉率＝6.31 次
答案		57.84 天

2.營業週期天數：

公式	應收帳款週轉天數＋存貨週轉天數
答案	49.26 天＋57.84 天＝107.10 天

2.甲公司X1年和X2年的財務報表包含以下錯誤：X1年期末存貨低估$6,000、折舊費用低估$8,000，X2年期末存貨低估$2,000、折舊費用高估$3,000。若X1和X2年都未做改正分錄，X3年並沒有其他錯誤發生，則上述之錯誤對於X3年底之營運資金有何影響(不考慮所得稅)？

(1)無影響　　　(2)低估$2,000　　　(3)高估$2,000　　　(4)低估$5,000

答案：(1)

⊱補充說明：

營運資金＝流動資產－流動負債。分析各項錯誤之影響如下：

1. X1 年期末存貨低估$6,000→不會影響 X3 年底之營運資金。
2. X1 年折舊費用低估$8,000→不會影響 X3 年底之營運資金。
3. X2 年期末存貨低估$2,000→不會影響 X3 年底之營運資金。
4. X2 年折舊費用高估$3,000→不會影響 X3 年底之營運資金。

綜合以上分析，**可知題目所列之各項錯誤均不會影響 X3 年底之營運資金。**

3.甲公司之營運資金為$51,100、流動比率2.4、速動比率為1.44。甲公司之速動資產應為：

(1)$21,292　　　　(2)$30,660　　　　(3)$52,560　　　　(4)$60,875

答案：(3)

　　補充說明：

　　　設：流動負債為x

$$\frac{流動資產}{流動負債} = \frac{2.4x}{1x}$$

$$\frac{速動資產}{流動負債} = \frac{1.44x}{1x}$$

營運資金＝流動資產－流動負債＝2.4x－1x＝$51,100

x＝$36,500

速動資產＝1.44 × $36,500＝**$52,560**

【104年初等特考試題】

1.下列那一項財務指標最能反映公司普通股股東的獲利能力？

(1)總資產報酬率　　　　　　(2)每股淨值
(3)利息保障倍數　　　　　　(4)每股盈餘

答案：(4)

【104年五等地方特考試題】

1.乙公司X10年度稅後淨利為$230,000，普通股現金股利為$30,000(每股股利為$0.25)、累積特別股當年現金股利為$20,000，X10年1月1日流通在外普通股股數為100,000股，X10年10月1日增資發行20,000股，則X10年度普通股股利支付率為何？

(1)0.114　　　　(2)0.125　　　　(3)0.132　　　　(4)0.143

答案：(2)

📖補充說明：

1.流通在外普通股加權平均股數計算如下：

流通在外股數	加權期間	加權平均股數
100,000	× 12/12 =	100,000
20,000	× 03/12 =	5,000
合　計		105,000 (股)

2.每股盈餘＝($230,000－$20,000)÷105,000股＝$2

3.普通股股利支付率＝$0.25÷$2＝**0.125**

【103年普考試題】

1.假設甲公司X3年度之存貨週轉率為12，應付帳款週轉率為15，應收帳款週轉率為10，若1年以365天計算，請問甲公司之淨營業週期為何？(請四捨五入至小數點後第二位)

(1)18.25天　　　(2)30.41天　　　(3)42.59天　　　(4)91.25天

答案：(3)

📖補充說明：

淨營業週期＝(365天÷12)＋(365天÷10)－(365天÷15)＝**42.59天**

【103年五等地方特考試題】

1.乙公司X8年的股利發放率為70%，若X8年底每股股價$120，本益比為20，則乙公司X8年每股現金股利為何？

(1)$4.2　　　(2)$6　　　(3)$14　　　(4)$84

答案：(1)

📖補充說明：

1.每股股價$120÷每股盈餘？＝本益比20倍

　每股盈餘＝$6

2.每股現金股利？÷每股盈餘$6＝股利發放率70%

　每股現金股利＝**$4.2**

【102年普考試題】

1. 甲公司 20x1 稅後淨利為$45,000,所得稅率 25%,利息保障倍數為 5 倍,且當期應付利息增加$2,000。甲公司在 20x1 年以現金支付利息之金額為多少?

(1)$11,000　　　(2)$13,000　　　(3)$15,000　　　(4)$17,000

答案:(2)

✐ 補充說明:

$$\frac{稅前淨利 + 利息費用}{利息費用} = \frac{\$45,000 \div (1-25\%) + 利息費用}{利息費用} = 5 倍$$

利息費用 = $15,000

以現金支付利息之金額 = $15,000 − $2,000 = **$13,000**

【102年初等特考試題】

1. 選定某一年為基期,同一會計要素各年之數字即以此基期之百分比表示,以顯示不同期間的變化關係,謂之:

(1)共同比分析　　　　　　(2)趨勢百分比分析
(3)垂直分析　　　　　　　(4)比率分析

答案:(2)

【101年初等特考試題】

1. 甲公司本期的所得稅費用為$34,000,本期淨利為稅前淨利的75%,毛利率為銷貨的40%,銷貨成本為銷管費用的3倍,除銷管費用外,本期無其他的損益項目,則本期的銷貨收入為若干?

(1)$1,360,000　　　(2)$680,000　　　(3)$850,000　　　(4)$1,700,000

答案:(2)

✐ 補充說明如下:

1. 題目告知「本期淨利為稅前淨利的 75%」，可知稅率為 25% (＝1－75%)。

2. 稅前淨利＝所得稅費用為$34,000÷25%＝$136,000。

3. 銷貨收入－銷貨成本－銷管費用＝稅前淨利，因為銷貨成本為銷管費用的 3 倍，銷貨收入＝銷貨成本÷(1－毛利率 40%)，故前列算式可列示為：

   銷貨收入－銷貨成本－銷管費用＝稅前淨利$136,000

   →銷貨收入－銷管費用×3 倍－銷管費用＝$136,000

   →銷貨成本÷(1－毛利率 40%)－銷管費用×4 倍＝$136,000

   →銷管費用× 3 倍÷60%－銷管費用×4 倍＝$136,000

   →銷管費用× 5 倍－銷管費用×4 倍＝$136,000

   →銷管費用＝$136,000

4. 銷貨成本＝銷管費用×3 倍＝$136,000×3 倍＝$408,000。

5. 銷貨收入＝銷貨成本$408,000÷(1－毛利率 40%)＝**$680,000**。

2.下列那兩個比率相加等於 1？
(1)總資產報酬率與股東權益報酬率
(2)負債對總資產比率與股東權益對總資產比率
(3)流動比率與速動比率
(4)每股盈餘與本益比

答案：(2)

☞補充說明：

答案為選項(2)，因為負債對總資產比率與股東權益對總資產比率之分母均為總資產，分子分別為負債及股東權益，分子之負債及股東權益二者相加會等於總資產，故負債對總資產比率與股東權益對總資產比率二者相加，分子及分母均為總資產，故會等於1。

3.何謂財務報表的「水平分析」？
(1)比較同一家公司不同年度之財務資料
(2)計算各種有用的財務比率
(3)係以共同比財務報表方式分析
(4)可表現應收帳款及存貨週轉率

答案：(1)

✎補充說明：
　　選項(2)、選項(3)及選項(4)**均為垂直分析**。

4.甲公司 X1 年初淨值為$3,000,000，負債對資產比率為 40%，則該公司 X1 年初負債為：
(1)$2,000,000　　(2)$3,000,000　　(3)$4,000,000　　(4)$5,000,000

答案：(1)

✎補充說明：
1.題目所稱之「淨值」，即為權益總額。

2.負債總額÷資產總額＝40%，表示：
　　權益總額÷資產總額＝60%（＝1－40%）
　　$3,000,000÷資產總額＝60%
　　資產總額＝$5,000,000

3.負債總額＝資產總額$5,000,000－權益總額$3,000,000
　　　　　＝**$2,000,000**

5.甲公司的財務報表資料顯示如下：銷貨收入$810,000，銷貨成本$520,000，營業淨利$90,000，本期淨利$60,000，期初存貨$53,000，期末存貨$47,000，期初應收帳款$86,000，期末應收帳款$94,000。則該公司之存貨週轉率為：
(1)10.4 次　　(2)9 次　　(3)16.2 次　　(4)1.2 次

答案：(1)

✎補充說明：
　　存貨週轉率＝$520,000÷$(53,000＋47,000)＝**$10.4**

【100年普考試題】

1.【依 IAS 或 IFRS 改編】 以下係甲公司的相關資料：

(1) X6年1月1日的存貨及應收帳款分別為 $40,000 及$20,000。

(2) X6年的進貨、進貨折讓、進貨運費及銷貨運費分別為$201,000、$5,000、$4,000及$12,500。

(3) 毛利率為銷貨之30%，X6年銷貨(均為賒銷)金額為$300,000。

(4) 應收帳款平均收款期間為 36 天(一年 360 天)。

(5) X6年平均不動產、廠房及設備金額為$100,000，平均總資產金額為$240,000。

試求：

假設一年360天，計算甲公司X6年的：

　(一)總資產週轉率

　(二)應收帳款期末餘額

　(三)平均存貨銷售天數

　(四)營運週期

解題：

　(一)總資產週轉率

　　＝銷貨收入淨額÷平均總資產＝$300,000÷$240,000＝**1.25 次**

　(二)應收帳款期末餘額

　　1.由題目告知應收帳款平均收款期間為 36 天，可推算應收帳款週轉率為：

　　　360 天÷應收帳款週轉率＝36 天

　　　應收帳款週轉率＝10 次

　　2.由應收帳款週轉率，可推算應收帳款期末餘額為：

　　　銷貨收入淨額÷平均應收帳款＝應收帳款週轉率 10 次

　　　$300,000÷平均應收帳款＝10 次

　　　平均應收帳款＝$30,000

　　　(1/1 應收帳款$20,000＋12/31 應收帳款$？)÷2＝$30,000

　　　　1/1 應收帳款$20,000＋12/31 應收帳款$？＝$60,000

　　　　12/31 應收帳款(應收帳款期末餘額)＝**$40,000**

(三)平均存貨銷售天數

　　1.銷貨成本＝$300,000×(1－毛利率 30%)＝$210,000

　　2.計算期末存貨如下：

　　　　1/1 存貨$40,000＋進貨$201,000－進貨折讓$5,000

　　　　　＋進貨運費$4,000－12/31 存貨$？＝銷貨成本$210,000

　　　　12/31 存貨＝$30,000

　　3.存貨貨週轉率＝銷貨成本÷平均存貨

　　　　　　　　＝$210,000÷〔($40,000＋$30,000)÷2〕＝6 次

　　4.**平均存貨銷售天數**＝360 天÷存貨貨週轉率 6 次＝**60 天**

(四)**營運週期**＝應收帳款平均收款期間 36 天＋平均存貨銷售天數 60 天

　　　　　＝**96 天**

【100 年初等特考試題】

*1.*甲公司只有普通股權益，X3 年期初普通股權益為$650,000，期末資產總額為$1,200,000，負債比率為40%。若X3年淨利為$109,600，試問普通股股東權益報酬率為多少？

(1)15.00%　　　(2)15.22%　　　(3)16.00%　　　(4)16.68%

答案：(3)

　補充說明：

　　1.期末普通股股東權益＝$1,200,000×(1－40%)＝$720,000。

　　2.普通股股東權益報酬率

　　　＝淨利$109,600÷〔$(650,000＋720,000)÷2〕＝**16%**

2.甲公司 X1 年度之銷貨淨額為$200,000，期初存貨為$20,000，進貨淨額為$130,000，過去 3 年平均毛利率為40%，則甲公司 X1 年度存貨平均銷售日數(假設 1 年為 365 日計)估計為：
(1)4.80 日　　　　(2)36.50 日　　　　(3)60.80 日　　　　(4)76.04 日

答案：(4)

　　✐補充說明：
　　　1.銷貨成本＝銷貨淨額$200,000×(1－毛利率 40%)＝$120,000

　　　2.計算期末存貨如下：
　　　　　期初存貨$20,000＋進貨淨額$130,000－期末存貨？
　　　　　＝銷貨成本$120,000
　　　　　期末存貨＝$30,000

　　　3.存貨週轉率＝銷貨成本÷平均存貨
　　　　　　　　＝$120,000÷〔$(20,000＋30,000)÷2〕＝4.8 次

　　　4.平均存貨銷售天數＝365 天÷存貨貨週轉率 4.8 次＝**76.04 天**

3.會計師發現甲公司錯將長期借款誤列為短期借款，此項錯誤對營運資金及流動比率之影響為何？
(1)營運資金低估，流動比率高估
(2)營運資金高估，流動比率低估
(3)營運資金及流動比率均低估
(4)營運資金及流動比率均高估

答案：(3)

　　✐補充說明：
　　　1.甲公司錯將長期借款誤列為短期借款，**造成流動負債高估，非流動負債低估。**
　　　2.由前列第 1 項之分析，會計處理錯誤**造成流動負債高估，進而會造成營運資金(流動資產－流動負債)及流動比率(流動資產÷流動負債)低估。**

【100年四等地方特考試題】

1.公司的流動比率為 2.6，預付費用為流動資產的 10%，存貨為流動資產的 30%，則速動比率為：

(1)1.2　　　　　(2)1.45　　　　　(3)1.56　　　　　(4)1.8

答案：(3)

✎補充說明：

1.流動資產÷流動負債＝流動比率 2.6

　　流動資產＝流動負債×2.6

2.速動比率＝速動資產÷流動負債

　　＝(流動資產－預付費用－存貨)÷流動負債

　　＝(流動資產－流動資產×10%－流動資產×30%)÷流動負債

　　＝流動資產×60%÷流動負債

　　＝流動負債×2.6×60%÷流動負債

　　＝流動負債×2.6×60%÷流動負債＝**1.56 (倍)**

【100年五等地方特考試題】

1.丙公司只有發行普通股股票，X5 年加權平均流通在外股數為 136,400，平均總資產為$1,240,000，總資產週轉率為82.5%，淨利率為16%，試問丙公司 X5 年的每股盈餘為多少？

(1)$1.2　　　　　(2)$2.4　　　　　(3)$2.8　　　　　(4)$3.6

答案：(1)

✎補充說明：

1.計算銷貨收入淨額如下：

　　總資產週轉率＝銷貨收入淨額÷平均總資產$1,240,000＝82.5%

　　銷貨收入淨額＝$1,023,000

2.本期淨利＝銷貨收入淨額$1,023,000×淨利率 16%＝$163,680

3.每股盈餘＝本期淨利$163,680

　　÷流通在外普通股加權平均股數 136,400＝**$1.2**

2.甲公司X10年度稅後淨利為$200,000，折舊費用為$60,000，X10年期末較X10年期初應收帳款增加$200,000、預付費用減少$50,000、應付帳款增加$200,000，而X10年期初負債總額為$800,000，期末負債總額為$900,000，則X10年度營業淨現金流量對負債比率為：

(1)0.11　　　　　(2)0.36　　　　　(3)0.72　　　　　(4)0.84

答案：(2)

✎補充說明：

1.營業(來自營業活動)淨現金流量
　＝稅後淨利$200,000＋折舊費用$60,000
　　－應收帳款增加數$200,000＋預付費用減少數$50,000
　　＋應付帳款增加數$200,000＝$310,000

2.平均總負債＝(期初負債總額$800,000＋期末負債總額$900,000)÷2
　　　　　　＝$850,000

3.營業淨現金流量對負債比率
　＝營業淨現金流量$310,000÷平均總負債$850,000＝**36.47%**

【99年普考試題】

1.下列何者最不宜用於衡量企業的流動性？
(1)速動比率　　　　　　　　　(2)應收帳款週轉率
(3)資產週轉率　　　　　　　　(4)存貨週轉率

答案：(3)

✎補充說明：

選項(1)、選項(2)及選項(4)均涉及流動資產及其組成項目，係用以衡量企業的流動性；選項(3)**資產週轉率係衡量總資產之使用效率，而總資產包括流動資產及非流動資產。**

【99年四等地方特考試題】

1. 甲公司 X1 年度的銷貨毛利為銷貨收入的 40%；營業費用為銷貨毛利的 50%；折舊費用為$240,000，占全部營業費用的 30%，利息費用為營業費用的 10%；所得稅稅率為 20%。

此外，甲公司 X1 年普通股平均流通在外股數為 96,000 股，普通股每股市價為$84。

試求：根據上述資料計算甲公司 X1 年度下列金額或數字：

(一)淨利

(二)淨利率

(三)利息保障倍數

(四)每股盈餘

(五)本益比

解題：

(一)淨利計算如下：

銷貨收入	$4,000,000④
－銷貨成本	2,400,000⑤
＝銷貨毛利	1,600,000③
－營業費用	－800,000①
－利息費用	－80,000②
＝稅前淨利	720,000⑥
－所得稅	－144,000⑦
＝**本期淨利**	**$576,000**⑧

①＝折舊費用$240,000÷30%。

②＝①營業費用×10%。

③＝①營業費用÷50%。

④＝銷貨毛利÷40%。

⑤＝④銷貨收入－③銷貨毛利。

⑥＝③銷貨毛利－①營業費用－②利息費用。

⑦＝⑥稅前淨利×20%。

⑧＝⑥稅前淨利－⑦所得稅。

(二)淨利率＝本期淨利÷銷貨收入＝$576,000÷$4,000,000＝**14.4%**

(三)利息保障倍數＝(稅前淨利＋利息費用)÷利息費用
　　　　　　　　＝(本期淨利＋所得稅＋利息費用)÷利息費用
　　　　　　　　＝($576,000＋$144,000＋$80,000)÷$80,000＝**10 倍**

(四)每股盈餘＝本期淨利÷流通在外普通股加權平均股數
　　　　　　＝$576,000÷96,000 股＝**$6**

(五)本益比＝每股市價÷每股盈餘＝$84÷$6＝**14 倍**

2.①利息保障倍數　②流動比率　③營運資金　④營業活動之現金流量對流動負債比率，上述項目有幾項會因為支付應付利息而受到影響？
(1)一項　　　　(2)二項　　　　(3)三項　　　　(4)四項

答案：(2)

　　✎補充說明：

　　1.支付應付利息時應借記：應付利息、貸記：現金，**此項交易未影響損益項目，但會減少流動負債及流動資產。**

　　2.分析支付應付利息對各項之影響如下：

　　①利息保障倍數：因為支付應付利息不會影響損益項目，故利息保障倍數**不會受到影響**。

　　②流動比率：支付應付利息是否會使流動比率受到影響，**將視支付應付利息前之流動比率大小而定**，分析如下：

　　❶支付應付利息前之流動比率為 1 倍時(假設＝流動資產$10÷流動負債$10)，則支付應付利息(假設金額為$1)時，則流動比率＝1 倍(流動資產$9÷流動負債$9)，**流動比率並未改變。**

　　❷支付應付利息前之流動比率為 2 倍時(假設＝流動資產$20÷流動負債$10)，則支付應付利息(假設金額為$1)時，則流動比率＝2.11 倍(流動資產$19÷流動負債$9)，**會使流動比率增加。**

❸支付應付利息前之流動比率為 0.8 倍時(假設＝流動資產$8÷流動負債$10)，則支付應付利息(假設金額為$1)時，則流動比率＝0.78 倍(流動資產$7÷流動負債$9)，**會使流動比率減少**。

③營運資金：支付應付利息會使流動負債及流動資產均減少，**營運資金(流動資產－流動負債)不會受到影響**。

④營業活動之現金流量對流動負債比率：支付應付利息會使來自營業活動之現金流量減少，也會使流動負債減少，其影響同前列②**流動比率之分析，有可能會使營業活動之現金活動對流動負債比率不變、增加或減少**。

綜合以上說明，支付應付利息時，①利息保障倍數及③營運資金不會受到影響，②**流動比率及④營業活動之現金流量對流動負債比率可能會有影響也可能沒有影響**。

【99 年五等地方特考試題】

1.乙公司 X3 年淨利為$1,088,000，並發放特別股股利$408,000、普通股股利$503,200。普通股加權平均流通在外股數為 272,000 股。若普通股本益比為 14，則普通股每股市價為多少？

(1)$25.9　　　　　(2)$30.1　　　　　(3)$35　　　　　(4)$56

答案：(3)

　　✎補充說明：

　　1.每股盈餘＝(淨利$1,088,000－特別股股利$408,000)
　　　　　　　　÷流通在外普通股加權平均股數 272,000 股＝$2.5

　　2.本益比 14＝普通股每股市價？÷每股盈餘$2.5

　　　普通股每股市價＝$35

2.乙公司 X2 年銷貨收入$220,000，銷貨退回$5,000，銷貨折扣$15,000，期末總資產為$80,000，資產週轉率為 2。請問乙公司 X2 年期初總資產為何？
(1)$140,000　　　(2)$120,000　　　(3)$110,000　　　(4)$100,000
答案：(2)

　　✍補充說明：
　　　　資產週轉率＝$(220,000－5,000－15,000)
　　　　　　　　　÷〔(期初總資產？＋期末總資產$80,000)÷2〕＝2

　　　　$200,000＝期初總資產？＋期末總資產$80,000

　　　　　　期初總資產＝**$120,000**

3.甲公司原流動資產為$150,000，流動負債為$100,000，今若公司償還供應商貨款$50,000，則償還貨款後之流動比率為多少？
(1)0　　　　　(2)1.5　　　　　(3)2　　　　　(4)2.5
答案：(3)

　　✍補充說明：
　　　1.償還供應商貨款**前**之流動比率
　　　　＝流動資產$150,000÷流動負債$100,000＝1.5 倍

　　　2.**償還供應商貨款後之流動比率**
　　　　＝$(150,000－50,000)÷$(100,000－50,000)＝**2 倍**

4.丙公司 X9 年底特別股股本為$100,000、普通股股本為$450,000、保留盈餘為$300,000；X10 年底特別股股本為$200,000、普通股股本為$550,000、保留盈餘為$450,000。丙公司 X10 年度稅後淨利為$56,000，特別股股利為$16,000，普通股股利為$25,000，則 X10 年度普通股股東權益報酬率為：
(1)1.71%　　　(2)3.54%　　　(3)3.90%　　　(4)4.57%
答案：(4)

　　✍補充說明如下：

1.期初普通股股東權益＝$450,000＋$300,000＝$750,000。

2.期末普通股股東權益＝$550,000＋$450,000＝$1,000,000。

3.**普通股股東權益報酬率**
　　＝(本期淨利－特別股股利)÷平均普通股股東權益
　　＝$(56,000－16,000)÷〔$(750,000＋1,000,000)÷2〕＝**4.57%**

【98年普考試題】

1. ①以現金購置機器　②向銀行貸款購置廠房　③提列折舊　④以現金支付提高機器效能之支出　⑤依帳面金額出售機器　⑥以低於帳面金額之市價出售機器，上述交易發生時，有幾項會影響企業的負債對資產比率？
(1)一項　　　　　(2)二項　　　　　(3)三項　　　　　(4)四項

答案：(3)

補充說明：

分析各項對於負債對資產比率之影響如下：

①以現金購置機器：會使現金減少，機器增加，資產總額一增一減，**不會影響負債對資產比率**。

②向銀行貸款購置廠房：會使負債增加，廠房增加，**原則上原負債對資產比率會小於1，則會使負債對資產比率增加**。

③提列折舊：會使費用增加，資產減少，**會使負債對資產比率增加**。

④以現金支付提高機器效能之支出：會使現金減少，機器增加，資產總額一增一減，**不會影響負債對資產比率**。

⑤依帳面金額出售機器：會使現金增加，機器帳面金額(機器成本減累計折舊)減少，資產總額一增一減，**不會影響負債對資產比率**。

⑥以低於帳面金額之市價出售機器：會使現金增加，機器帳面金額(機器成本減累計折舊)減少，處分資產損失增加，因為此項交易會使資產增加金額小於減少的金額，資產總額會減少，**進而造成負債對資產比率增加**。

2.以下為甲公司 X1 年度所有收益費損之相關資料,平均應收帳款為$50,000,平均存貨為$30,000,存貨週轉率為4,應收帳款週轉率為5,營業費用為$20,000,請問該公司當年度之淨利為:

(1)$60,000　　　(2)$110,000　　　(3)$30,000　　　(4)$130,000

答案:(2)

　　✍補充說明:

　　　　1.存貨週轉率＝銷貨成本$?÷平均存貨$30,000＝4

　　　　　　銷貨成本＝$120,000

　　　　2.應收帳款週轉率＝銷貨收入$?÷平均應收帳款$50,000＝5

　　　　　　銷貨收入＝$250,000

　　　　3.**本期淨利**＝銷貨收入$250,000－銷貨成本$120,000

　　　　　　－營業費用$20,000＝**$110,000**

3.下列何者對公司而言為不利之狀況?

(1)應收帳款週轉率高　　　　　　(2)應收帳款週轉平均天數高

(3)存貨週轉率高　　　　　　　　(4)存貨週轉平均天數低

答案:(2)

　　✍補充說明:

　　　　1.選項(1):應收帳款週轉率高,表示收回應收帳款快速,**對公司是有利的**。

　　　　2.選項(2):應收帳款週轉平均天數高,表示應收帳款週轉率低,收回應收帳款慢,**對公司是不利的,答案為本選項**。

　　　　3.選項(3):存貨週轉率高,表示存貨出售速度快,**對公司是有利的**。

　　　　4.選項(4):存貨週轉平均天數低,表示存貨週轉率高,存貨出售速度快,**對公司是有利的**。

【98年初等特考試題】

1. 下列何者不會造成利息保障倍數下降？
(1)利率上升
(2)普通股股利上升
(3)銷貨成本提高而利息費用不變
(4)利率不變下，應付公司債增加而營運收入不變

答案：(2)

✎補充說明：

利息保障倍數＝(稅前淨利＋利息費用)÷利息費用＝ 稅前息前 淨利÷利息費用，分析各選項對利息保障倍數的影響如下：

1. 選項(1)：利率上升不會影響分子之稅前息前淨利金額，但會使分母之利息費用金額增加，**故會使利息保障倍數減少(下降)**。

2. 選項(2)：普通股股利上升，不會影響分子之稅前息前淨利金額，也不影響分母之利息費用金額，**故不會影響利息保障倍數**。

3. 選項(3)：銷貨成本提高而利息費用不變，會使分子之稅前息前淨利金額減少，但不會影響分母之利息費用金額，**故會使利息保障倍數減少**。

4. 選項(4)：利率不變下，應付公司債增加而營運收入不變，表示負債會增加，雖然利率不變，但利息費用之金額會增加。對利息保障倍數而言，不會影響分子之稅前息前淨利金額，但會使分母之利息費用金額增加，**進而使利息保障倍數減少**。

2. 下列何者會導致速動比率高估？
(1)應收帳款高估　　(2)存貨高估　　(3)商譽高估　　(4)應付帳款高估

答案：(1)

✎補充說明：

1. 選項(1)：應收帳款為速動資產之一，故應收帳款高估**會導致速動比率高估**。

2.選項(2)：存貨並非速動資產，其高估**不會影響速動比率**。

3.選項(3)：商譽並非速動資產，其高估**故不會影響速動比率**。

4.選項(4)：應付帳款高估會使流動負債高估，**進而導致速動比率低估**。

【98年四等地方特考試題】

1. ①利息保障倍數　②股利支付率　③存貨週轉率　④應收帳款週轉率　⑤來自營業活動現金流量對銷貨收入比率　⑥來自營業活動現金流量對銷貨成本比率，上述項目有幾項可用於衡量企業的獲利能力？
(1)1項　　　　(2)2項　　　　(3)3項　　　　(4)4項

答案：(2)

> 補充說明：
> 衡量企業獲利能力最主要的項目為本期淨利，來自營業活動現金流量與本期淨利相關，故可用於衡量企業的獲利能力為⑤及⑥。

【98年五等地方特考試題】

1. 就股東而言，下列財務比率，何者是愈高愈佳？
(1)利息保障倍數　　　　　　　(2)流動比率
(3)股東權益報酬率　　　　　　(4)負債比率

答案：(3)

> 補充說明：
> 題目重點在於以「股東」角度評估，答案為選項(3)。

【97年初等特考試題】

1. 沖銷陳廢過時的存貨，對公司的流動性有何影響？
(1)增加速動比率　　　　　　　(2)減少速動比率
(3)增加營運資金　　　　　　　(4)減少流動比率

答案：(4)

> 補充說明如下：

沖銷陳廢過時的存貨應借記：損失，貸記：存貨，其將造成流動資產減少，**營運資金減少，速動資產不變；對於比率之影響為減少流動比率，速動比率不變。**

【97年五等地方特考試題】

1. 共同比財務報表中會選擇一些項目作為100%，這些項目包括那些？

(1)總資產和股東權益   (2)總資產和銷貨總額

(3)總資產和銷貨淨額   (4)股東權益和銷貨淨額

答案：(3)

✎ 補充說明：

損益表之共同比分析是以銷貨收入淨額為100%，**財務狀況表之共同比分析是以資產總額**(＝負債加權益之總額)**為**100%。

【96年普考試題】

1. 假設 E 公司 X1 年度之淨利率為 0.2，而資產週轉率為 0.5，請問該公司 X1 年度之資產報酬率為：

(1) 0.1   (2) 0.4   (3) 2.5   (4) 0.7

答案：(1)

✎ 補充說明：

1. 淨利率＝淨利÷銷貨收入＝0.2

2. 資產週轉率＝銷貨收入÷平均總資產＝0.5

3. 資產報酬率＝淨利÷平均總資產＝淨利率0.2×資產週轉率0.5＝**10%**

【96年四等地方特考試題】

1. 下列為甲公司 X1 年度之財務比率：

淨利率	16%
利息保障倍數	11 倍
應收帳款週轉率	4 倍
速動比率	2:1
流動比率	3:1
負債對總資產比率	12%

甲公司 X2 年度之財務報表如下：

甲公司
比較財務狀況表
X2年及X1年12月31日

	X2年12月31	X1年12月31
資產		
現金	$ 60,000	$ 90,000
短期投資	20,000	50,000
應收帳款(淨額)	?(1)	50,000
存貨	?(2)	100,000
不動產、廠房及設備	400,000	350,000
資產總額	$?(3)	$640,000
負債與股東權益		
應付帳款	$?(4)	$ 60,000
短期應付票據	50,000	70,000
應付公司債	?(5)	40,000
普通股	440,000	400,000
保留盈餘	75,000	70,000
負債與股東權益總額	$?(6)	$640,000

甲公司
損益表
X2年度

銷貨淨額	$375,000
銷貨成本	180,000
銷貨毛利	195,000
費用項目：	
折舊費用	?(7)
銷售費用	16,000
管理費用	24,000
研發費用	45,000
利息費用	8,000
總費用	?(8)
稅前淨利	?(9)
所得稅(稅率25%)	?(10)
淨利	$?(11)

請利用上述資訊計算出問號空格中的數值。

解題：

答案為：

項目編號	項目名稱	答案
(1)	應收帳款(淨額)	$137,500
(2)	存貨	108,750
(3)	資產總額	726,250
(4)	應付帳款	58,750
(5)	應付公司債	102,500
(6)	負債與股東權益總額	726,250
(7)	折舊費用	22,000
(8)	總費用	115,000
(9)	稅前淨利	80,000
(10)	所得稅	20,000
(11)	淨利	60,000

各項金額計算如下：

1. 第(1)項：X2年12月31日應收帳款(淨額)：

    應收帳款週轉率

    ＝銷貨淨額$375,000÷($50,000＋期末應收帳款(淨額)$？)÷2〕＝4倍

    期末(X2年12月31日)應收帳款(淨額)＝$137,500

2. 第(11)項：X2年度淨利

    淨利＝銷貨淨額$375,000×淨利率16%＝**$60,000**

3. 第(9)項：X2年度稅前淨利

    稅前淨利＝淨利$60,000÷(1－25%)＝**$80,000**

    或

    利息保障倍數＝(稅前淨利？＋利息費用$8,000)÷利息費用$8,000

    ＝11倍

    稅前淨利＝$80,000

4. 第(10)項：X2年度所得稅

    所得稅＝稅前淨利$80,000×25%＝**$20,000**

5. 第(8)項：X2年度總費用

    總費用＝銷貨毛利$195,000－稅前淨利$80,000＝**$115,000**

6. 第(7)項：X2年度折舊費用

    折舊費用＝總費用$115,000－$16,000－$24,000－$45,000－$8,000

    ＝**$22,000**

7. 第(4)項：X2年12月31日應付帳款

    速動資產＝現金$ 60,000＋短期投資$20,000

    ＋應收帳款(淨額) $137,500＝$217,500

    速動比率2:1＝速動資產$217,500÷流動負債？

    流動負債＝$108,750

    流動負債＝應付帳款？＋短期應付票據$50,000＝$108,750

    應付帳款＝$58,750

8.第(2)項：X2年12月31日存貨

　　流動比率3:1＝流動資產？÷流動負債$108,750

　　　　流動資產＝**$326,250**

　　流動資產＝現金$60,000＋短期投資20,000

　　　　　　　＋應收帳款(淨額)$137,500＋存貨？＝$326,250

　　存貨＝$108,750

9.第(3)項：X2年12月31日資產總額

　　資產總額＝流動資產$326,250＋不動產、廠房及設備$400,000

　　　　　　＝**$726,250**

10.第(6)項：X2年12月31日負債與股東權益總額

　　負債與股東權益總額＝資產總額＝**$726,250**

11.第(5)項：X2年12月31日應付公司債

　　應付公司債＝負債與股東權益總額$726,250－應付帳款$58,750

　　　　－短期應付票據$50,000－普通股$440,000－保留盈餘$75,000

　　　　＝**$102,500**

【96年五等地方特考試題】

1. 下列何種情況表示公司的財務風險高？
(1)高權益比　　　　　　　　(2)高流動比率
(3)高負債比率　　　　　　　(4)高銷貨毛利

答案：(3)

　📝**補充說明：**

　　選項(3)高負債比率表示公司的資金許多來自舉債，利息費用負擔重，表示財務風險高。

2. 下列何者對共同比財務報表分析的敘述錯誤？
(1)共同比損益表是以銷貨淨額為總數
(2)共同比財務狀況表是以股東權益總額為總數
(3)適用於不同規模公司的比較
(4)有助於瞭解公司的資本結構

答案：(2)

☞補充說明：

財務狀況表之共同比分析是以資產總額(＝負債加權益之總額)為100%。

3. 當流動比率較高，但速動比率偏低，則代表公司具有：
(1)較高的應收帳款餘額　　　(2)較高的流動負債
(3)較高的現金　　　　　　　(4)較高的存貨

答案：(4)

☞補充說明：

流動比率較高，但速動比率偏低，表示公司速動資產較少，**也表示流動資產中之非速動資產較多，存貨及預付費用為非速動資產，故答案為選項(4)。**

【95年初等特考試題】

1. 某公司X1年初負債為$2,000,000，股東權益對資產比率為60%。X1年度，該公司宣布並發放現金股利$400,000，股票股利$200,000，X1年底股東權益為$3,800,000，則該公司X1年度盈餘為：
(1)$800,000　　(2)$1,000,000　　(3)$1,200,000　　(4)$1,400,000

答案：(3)

☞補充說明：

1. X1年初負債比率＝1－股東權益對資產比率60%＝40%。

2. X1年初資產總額＝負債$2,000,000÷負債比率40%＝$5,000,000。

3. X1 年初股東權益總額

　　＝資產總額$5,000,000×股東權益對資產比率 60％＝$3,000,000

4. X1 年初股東權益總額$3,000,000＋X1 年度盈餘(本期淨利)？

　　－現金股利$400,000＝X1 年底股東權益總額$3,800,000

　　　　X1 年度盈餘(本期淨利)＝**$1,200,000**

☞ **想一想**：為什麼第 4 項不減除股票股利 200,000？

　　答：因為宣布(宣告)並發放股票股利$200,000，應借記：保留盈餘，貸記：普通股股本，**其對股東權益總額之影響為一增一減，結果並未造成股東權益總額發生變動**。

【95 年四等地方特考試題】

1. 有關財務報表分析之敘述，下列何者正確？

(1)企業之流動資產愈多，不動產、廠房及設備資產愈少，表示公司償債能力愈好

(2)任何行業，存貨週轉率愈高愈好

(3)本益比係用以衡量企業支付股利能力之指標

(4)應收帳款收回平均天數超過企業核准賒欠期間，表示企業收帳不力

答案：(4)

☞ **補充說明**：

　　分析各選項如下：

　1.選項(1)：企業之流動資產愈多僅**表示短期償債能力較佳**，但不動產、廠房及設備資產愈少並不代表公司長期償債能力愈好。

　2.選項(2)：任何行業，**存貨週轉率不一定愈高愈好，因為有時存貨週轉率高，可能是因為企業存貨過低**，其有可能會無法滿足客戶訂單之需求。

　3.選項(3)：**本益比係用以衡量企業股票股價之合理性**而非支付股利能力之指標。

4.選項(4)：應收帳款收回平均天數超過企業核准賒欠期間，顯示無法於核准賒欠期間收回客戶賒欠的貨款，的確表示企業收帳不力，**答案為本選項**。

【95年五等地方特考試題】

1. 某公司的流動比率為 2：1，下列那一項交易或活動將使該公司的流動比率下降？
(1)宣告5%的股票股利　　　　　　(2)收到客戶還來短期欠款
(3)清償短期負債　　　　　　　　(4)賒購商品

答案：(4)

補充說明：

分析各選項對流動比率之影響如下：

1. 選項(1)：宣告5%的股票股利應借記：保留盈餘，貸記：待分配股票股利，其不會影響流動資產及流動負債，**也就不會影響流動比率**。

2. 選項(2)：收到客戶還來短期欠款應借記：現金，貸記：應收帳款，會使流動資產一增一減，流動資產總數並未變動，**故不會影響流動比率**。

3. 選項(3)：清償短期負債應借記：短期負債，貸記：現金，會使流動資產減少，流動負債減少，**會使流動比率增加**。

4. 選項(4)：賒購商品應借記：購貨，貸記：應付帳款，會使流動負債增加，**會使流動比率減少**，**答案為本選項**。

第十五章　合夥

重點內容：

- 合夥企業特性

  合夥企業是由二人或多人組成，為企業的共有者，該企業是以營利為目的。合夥企業之特性有：

  1. 合夥人互為代理人

     每一位合夥人為合夥企業所為之行為，視為合夥企業之行為；該行為對其他合夥人具有約束力。

  2. 合夥企業是有限年限

     合夥企業會因為新合夥人的加入或原合夥人的退出而自動終止該企業。也會因為原合夥人的死亡或無行為能力自動終止該企業。

  3. 對負債負無限清償責任

     合夥人對合夥企業的負債負有無限清償責任。當債權人要求合夥企業以資產清償其債權，**若合夥企業的資產不足以清償其債權，其可要求任何合夥人以個人資產清償其債權**；因為每一個合夥人均須對合夥企業的負債負責。

  4. 共同擁有合夥企業的財產

     合夥人共同擁有合夥企業的財產。**如果合夥企業解散，每一位合夥人僅能要求退回其資本帳戶的餘額**，而不可要求退還原投入的資產。

- 合夥企業之優點

  1. 結合二位或多位個人的技術及資源。
  2. 較容易設立。
  3. 較不受政府法令的管理及限制。
  4. 較容易作決策，不須經董事會的同意。

● 合夥企業之缺點

　1.合夥人**互為代理人**。

　2.合夥企業為有限年限。

　3.合夥人**對合夥企業之負債負無限清償責任**。

● 合夥契約之內容

　合夥人應簽訂合夥契約，以約定各合夥人之權利及義務等事宜。

● 合夥企業損益之分配

　若合夥契約已有約定合夥企業損益之分配方式，則依其約定；**未約定者，以平均分配方式分配損益金額**。

● 合夥企業之清算程序

　1.**出售非現金資產**，並認列變賣資產的利得及損失。

　2.依損益分配比率分攤變賣資產的利得及損失。

　3.以現金**清償合夥企業之負債**。

　4.**依合夥人的資本餘額發還現金**(不是根據損益分配比率)。

【107年普考試題】

1. 甲、乙與丙三人共同出資成立合夥企業。三人商訂合夥企業之損益分配方式為：首先，設算合夥人薪資為甲合夥人$8,000、乙合夥人$6,000 及丙合夥人$12,000；其次，依各合夥人當期期初之合夥人權益餘額的10%設算當期合夥人應得利息；剩餘之損益則依甲：乙：丙=3：1：2 之比例分配。X1年期初，甲、乙與丙三人之合夥人權益餘額分別為：$50,000、$35,000及$40,000；該合夥企業在X1年淨利為$70,000。試問下列關於X1年合夥人損益之分配敘述，何者錯誤？
(1)甲合夥人應分配淨利$28,750
(2)乙合夥人應分配淨利$14,750
(3)丙合夥人應分配淨利$25,500
(4)三名合夥人之設算薪資總額為$26,000

答案：(3)

✎補充說明：

淨利$70,000 分配如下：

	甲合夥人	乙合夥人	丙合夥人
薪資	$8,000①	$6,000②	$12,000③
利息(10%)	$5,000④	3,500⑤	4,000⑥
損益分配	15,750⑦	5,250⑧	10,500⑨
	$28,750	**$14,750**	**$26,500**

①甲合夥人每年之薪資。
②乙合夥人每年之薪資。
③丙合夥人每年之薪資。
④甲合夥人期初權益$50,000×10%。
⑤乙合夥人期初權益$35,000×10%。
⑥丙合夥人期初權益$40,000×10%。
⑦剩餘淨利$31,500(＝淨利$70,000－①－②－③－④－⑤－⑥)×3/6。
⑧剩餘淨利$31,500×1/6。
⑨剩餘淨利$31,500×2/6。

綜合以上計算可知選項(3)是錯誤的，正確金額應為$26,500。

【103年普考試題】

1. 甲、乙二合夥人其資本帳戶各有餘額$45,000及$36,000，其損益分配比例為2：1，此合夥將所有資產清算拍賣後，得款$180,000，其中處分資產利益為$27,000，則甲合夥人於清算後可收回多少錢？
(1)$45,000　　　　(2)$63,000　　　　(3)$147,000　　　　(4)$165,000

答案：考選部公布答案為(2)

✎補充說明：

甲、乙二合夥人可分配之現金數額計算如下：

	甲君資本 ＋	乙君資本
清算前餘額	$45,000	$36,000
分配處分資產利益	18,000	9,000
分配現金	$63,000	$45,000

本題於分配現金後，合夥企業尚餘現金$72,000(＝$180,000－$63,000－$45,000)，題目未告知如何處理。

【97年普考試題】

1. 南海合夥商店甲合夥人出資$400,000，乙合夥人出資$300,000，其損益分配約定如下：乙每年薪資$60,000，甲乙可從稅後淨利中按資本額計息10%，剩餘淨利平均分配，若南海合夥商店X5年度稅後淨利為$135,000，則X5年度甲、乙可分得淨利：
(1)$40,000；$90,000　　　　　　(2)$42,500；$92,500
(3)$67,500；$67,500　　　　　　(4)$100,000；$35,000

答案：(2)

✎補充說明：

稅後淨利$135,000分配如下：

	甲合夥人	乙合夥人
薪資	—①	$60,000②
利息(10%)	$40,000③	30,000④
損益分配	2,500⑤	2,500⑥
	$42,500⑦	**$92,500⑧**

①甲未享有薪資。

②為乙每年之薪資。

③＝甲合夥人出資$400,000×10%。

④＝乙合夥人出資$300,000×10%。

⑤、⑥＝剩餘淨利$5,000(＝稅後淨利$135,000－②－③－④)÷2。

⑦＝③＋⑤。

⑧＝②＋④＋⑥。

【96年普考試題】

1. 勝興企業合夥人陳、林、謝三君決定清算，此時勝興企業對外並無負債，資產包括現金$20,000及生財器具$400,000，陳、林、謝三君資本帳戶餘額各為$100,000、$140,000、$180,000，其損益分配比例分別為1：2：3。

試作：(一)若生財器具全數報廢無殘值，陳、林、謝三君分別可分配之現金數額？

(二)若清算完成後，陳君收到分配之現金為$35,000，則生財器具之變現金額為何？

解題：

(一)若生財器具全數報廢無殘值，陳、林、謝三君可分配之現金數額計算如下，**另假設若合夥人資本發生負數，該合夥人會回補現金**：

	現金	＋	生財器具	＝	陳君資本	＋	林君資本	＋	謝君資本
清算前餘額	$20,000		$400,000		$100,000		$140,000		$180,000
報廢生財器具	0		(400,000)		(66,667)①		(133,333)②		(200,000)③
小　計	20,000		0		33,333		6,667		(20,000)
林君補回現金	20,000		0		0		0		20,000
小　計	40,000		0		33,333		6,667		0
分配現金(答案)	**(40,000)**		0		**(33,333)**		**(6,667)**		0
清算後餘額	$0		$0		$0		$0		$0

①＝生財器具報廢損失$400,000×陳君損益分配比例1/6。

②＝生財器具報廢損失$400,000×林君損益分配比例2/6。

③＝生財器具報廢損失$400,000×謝君損益分配比例3/6。

(二)若清算完成後,陳君收到分配之現金為$35,000,則生財器具之變現金額計算如下:

	陳君資本
清算前餘額	$100,000
出售生財器具	(65,000) ⑤
小　計	35,000 ④
林君補回現金	0 ③
小　計	35,000 ②
分配現金	**(35,000) ①**
清算後餘額	$0

由①往前推算,可得知⑤為$(65,000),表示陳君分攤的損失為$65,000,則出售生財器具損失總額為$390,000〔＝$65,000÷(1/6)〕,**可推算生財器具之變現金額為$10,000**(＝帳列金額$400,000－出售生財器具損失$390,000)。

【95年初等特考試題】

1. 以下關於合夥企業的描述何者為正確:
(1)責任有限
(2)業主權益包括保留盈餘
(3)業主權益包括資本公積
(4)業主權益包括業主往來

答案:(4)

　補充說明:

　　合夥企業之合夥人負有無限責任;保留盈餘及資本公積為公司組織所使用之會計科目。

【95年四等地方特考試題】

1. 甲乙兩人共組一合夥商店,甲投資一房屋及現金$20,000,房屋原購買成本為$50,000,累計折舊為$20,000,其市價$80,000,但已被甲向銀行抵押借款$20,000,乙同意合夥商店亦同時承受該銀行抵押借款。則甲合夥人投資時之分錄何者正確?

(1)現金　　　　　　　　　　20,000
　　建築物　　　　　　　　　80,000
　　　　抵押借款　　　　　　　　　　　　20,000
　　　　合夥人資本－甲　　　　　　　　　80,000

(2)現金　　　　　　　　　　20,000
　　建築物　　　　　　　　　50,000
　　　　累計折舊－建築物　　　　　　　　20,000
　　　　抵押借款　　　　　　　　　　　　20,000
　　　　合夥人資本－甲　　　　　　　　　30,000

(3)現金　　　　　　　　　　20,000
　　建築物　　　　　　　　　30,000
　　　　抵押借款　　　　　　　　　　　　20,000
　　　　合夥人資本－甲　　　　　　　　　30,000

(4)現金　　　　　　　　　　20,000
　　建築物　　　　　　　　　60,000
　　　　合夥人資本－甲　　　　　　　　　80,000

答案:(1)

補充說明:

因為合夥商店承受合夥人甲之銀行抵押借款,應認列該項負債;不須認列甲已提列的建築物累計折舊金額,應依甲入夥時該建築物之公允價值入帳。

第十六章　製造業會計

重點內容：

● 製造業之存貨種類

1. **原料**(包括直接原料及間接原料)
2. **在製品**：為正在加工且尚未完成的產品。
3. **製成品**：為已完成並可供銷售的產品。

● 製造成本之項目

1. **直接原料**：指能合理辨認是直接用於製成品之生產，成為製成品一部份的所有原料，如製造書桌之木材。

2. **直接人工**：能合理辨認係直接從事製成品之生產所發生之人工成本，如直接從事生產之人工成本；而從事監督工作之廠長的成本，則屬製造費用。

3. **製造費用**：指直接原料及直接人工以外之製造成本，例如：間接原料、間接人工、廠房設備之折舊及水電費用等。**製造費用可分為固定製造費用及變動製造費用。**

　　國際會計準則第 2 號「存貨」說明**固定製造費用係指不隨產量變動之間接製造成本**(如：廠房設備之折舊與維修)及工廠之管理與行政成本。**變動製造費用係指直接或近乎直接隨產量變動之間接製造成本**，如：間接原料及間接人工。

　　固定製造費用分攤時，係基於生產設備之正常產能；若實際產量與正常產能差異不大，亦得按實際產量分攤。產量較低或設備閒置時，**未分攤之製造費用於發生當期認列為費用**；於產量異常偏高之期間，每單位產量所分攤之固定製造費用應予以減少。**變動製造費用係以生產設備之實際使用狀況為基礎分攤至每單位產量。**

● 製造業之製成品成本表及損益表

列示製造業之損益表(至銷貨毛利)範例如下(金額為假設數)：

台北公司
損益表
xx年度

銷貨收入		$70,000
銷貨成本		
期初製成品存貨	$6,000	
加：製成品成本	41,000	
可供銷售產品成本	47,000	
減：期末製成品存貨	5,000	
銷貨成本		42,000
銷貨毛利		$28,000

詳下列「製成品成本表」

……

台北公司
製成品成本表
xx年度

直接原料		
期初原料存貨	$3,000	
本期進料	12,000	
減：期末原料存貨	4,000	
本期耗用原料		$11,000
直接人工		24,000
製造費用		
間接原料	2,000	
間接人工	5,000	
折舊費用	700	
其他製造費用	300	8,000
製造成本		43,000
加：期初在製品存貨		7,000
		50,000
減：期末在製品存貨		9,000
製成品成本		$41,000

【108年初等特考試題】

1. 因設備閒置導致之未分攤固定製造費用，應於發生當期計入：
(1)存貨成本　　　(2)銷貨成本　　　(3)非常損失　　　(4)商譽

答案：(2)

> ✎ 補充說明：
>
> 依國際會計準則第2號「存貨」之規定，**產量較低或設備閒置時，未分攤之製造費用於發生當期認列為費用**。
>
> 現行國際財務報導準則已**不允許分類為非常損益項目**。

【107年四等地方特考試題】

1. 丁公司生產X、Y及Z三種產品。X產品單位售價為$900，單位變動成本為$600；Y產品單位售價為$1,100，單位變動成本為$700；Z產品單位售價為$1,400，單位變動成本為$800。丁公司產品銷售組合為X產品40%、Y產品35%、Z產品25%。若總固定成本為$820,000，丁公司為達到損益兩平，應產銷Y產品單位數為：
(1)500　　　　(2)700　　　　(3)800　　　　(4)2,000

答案：(2)

> ✎ 補充說明：
>
> | | X產品 | Y產品 | Z產品 |
> |---|---|---|---|
> | 單位售價 | $900 | $1,100 | $1,400 |
> | 單位變動成本 | 600 | 700 | 800 |
> | 單位邊際貢獻 | $300 | $400 | $600 |
> | 產品銷售組合 | ×40% | ×35% | ×25% |
> | 產品組合單位邊際貢獻 | $120 | $140 | $150 |
>
> 達到損益兩平，應銷售 產品組合 總單位數
> ＝$820,000÷($120＋$140＋$150)＝2,000 單位
>
> 達到損益兩平，應產銷 Y產品 單位數
> ＝2,000 單位 × 35%＝**700 單位**

【106年普考試題】

1. 假設中晶公司只出售一種產品,每單位售價為$40,平均每單位邊際貢獻率為 20%,公司固定費用總計$560,000,公司需賣出多少單位產品才能損益兩平?

(1)14,000 單位   (2)17,500 單位
(3)70,000 單位   (4)80,000 單位

答案:(3)

📎補充說明:

$560,000 ÷ ($40 × 20%) = **70,000 單位**

【103年普考試題】

1. 甲公司某產品之單位售價為$20,單位變動成本為$15,固定成本為$30,000,所得稅率為 20%。如果希望賺取稅後淨利$12,000,則該產品需銷售多少單位?

(1)6,000 單位   (2)7,920 單位   (3)8,400 單位   (4)9,000 單位

答案:(4)

📎補充說明:

$12,000 ÷ (1 − 20%) = $15,000
($30,000 + $15,000) ÷ ($20 − $15) = **9,000 單位**

【101年初等特考試題】

1. 在製造業,生產完畢可以出售的存貨稱為:

(1)原料   (2)半成品   (3)製成品   (4)用品盤存

答案:(3)

【100年普考試題】

1. ①購入原料　②領用直接原料　③投入直接人工　④認列本月份製造完成並轉至製成品倉庫的產品　⑤認列本月份銷貨及銷貨成本　⑥支付製成品的銷貨運費(起運點交貨)　⑦支付製成品的銷貨運費(目的地交貨)，上述交易中有幾項，其發生之記錄會影響「製成品」帳戶？

(1) 2項　　　　(2) 3項　　　　(3) 4項　　　　(4) 5項

答案：(1)

✍補充說明：
　　④及⑤之交易分錄會影響「製成品」帳戶。

【99年普考試題】

1. 甲公司X1年期初及期末的原料存貨分別為$10,000及$30,000，當年度直接原料耗用$100,000，間接原料耗用$20,000。X1年度的購料金額為：

(1)$110,000　　(2)$120,000　　(3)$130,000　　(4)$140,000

答案：(4)

✍補充說明：
　　期初原料存貨＋購料－期末原料存貨＝直接及間接原料耗用金額
　　　$10,000＋購料？－$30,000＝$100,000＋$20,000
　　　　　　　　　購料＝**$140,000**

【99年四等地方特考試題】

1. ①產品出口的報關費用　②管理部門的辦公室租金　③機器的折舊費用　④按件計酬作業員的薪資　⑤領班的年終獎金。上述有幾項應列為製造費用？

(1)一項　　　(2)二項　　　(3)三項　　　(4)四項

答案：(2)

✍補充說明：
　　③機器的折舊費用及⑤領班的年終獎金應列為製造費用

【98年普考試題】

1. ①成衣出口的報關費用 ②成衣廠購置布料的成本 ③製衣機器的折舊費用 ④按件計酬作業員的薪資 ⑤領班的年終獎金。上述有幾項屬於加工成本？
(1)二項以下　　(2)三項　　(3)四項　　(4)五項

答案：(2)

　　✐補充說明：

　　　　直接人工＋製造費用＝加工成本。③製衣機器的折舊費用、④按件計酬作業員的薪資及⑤領班的年終獎金為加工成本。

【97年普考試題】

1. 葡萄酒製造商購買葡萄的成本為：
(1)期間成本　　　　　　　(2)製造費用
(3)固定成本　　　　　　　(4)變動成本

答案：(4)

　　✐補充說明：

　　　　葡萄酒製造商購買葡萄的成本為直接原料，**因為每一單位的葡萄可製造相同重量的葡萄酒，故其屬變動成本。**

【97年四等地方特考試題】

1. ①營業部門的店面租金 ②成衣廠購置布料的成本 ③依產量法提列的機器折舊 ④按件計酬作業員的薪資 ⑤領班的健保費。上述有幾項是變動成本？
(1)一項　　(2)二項　　(3)三項　　(4)四項

答案：(3)

　　✐補充說明：

　　　　②成衣廠購置布料的成本、③依產量法提列的機器折舊及④按件計酬作業員的薪資為變動成本。